全国安全生产标准化培训宣贯系列教材

烟草企业安全生产标准化建设指南

《全国安全生产标准化培训教材》编委会

胡红春 刘言刚 编著

气象出版社
China Meteorological Press

图书在版编目(CIP)数据

烟草企业安全生产标准化建设指南/胡红春,刘言刚编著.
北京:气象出版社,2013.2
ISBN 978-7-5029-5676-9

Ⅰ.①烟… Ⅱ.①胡… ②刘… Ⅲ.①烟草企业-企业管理-安全生产-标准化管理-中国-指南 Ⅳ.①F426.89-62

中国版本图书馆 CIP 数据核字(2013)第 031755 号

出版发行:	气象出版社		
地　　址:	北京市海淀区中关村南大街46号	邮政编码:	100081
总 编 室:	010-68407112	发 行 部:	010-68407948　68406961
网　　址:	http://www.cmp.cma.gov.cn	E-mail:	qxcbs@cma.gov.cn
责任编辑:	彭淑凡	终　　审:	章澄昌
封面设计:	燕　彤	责任技编:	吴庭芳
印　　刷:	北京奥鑫印刷厂		
开　　本:	787 mm×1092 mm　1/16	印　　张:	18
字　　数:	461 千字		
版　　次:	2013年3月第1版	印　　次:	2013年3月第1次印刷
定　　价:	48.00 元		

本书如存在文字不清、漏印以及缺页、倒页、脱页等,请与本社发行部联系调换

前　言

　　企业安全生产标准化，是在总结长期以来安全生产工作实践经验的基础上，形成的一项重要工作制度。20世纪80年代，煤炭、有色、建材、电力、黄金等行业开展了质量标准化活动，希望通过这项活动，促进相关企业的安全生产。2004年1月9日，《国务院关于进一步加强安全生产工作的决定》（国发[2004]2号）要求："**开展安全质量标准化活动。制定和颁布重点行业、领域安全生产技术规范和安全生产质量工作标准，在全国所有的工矿、商贸、交通、建筑施工等企业普遍开展安全质量标准化活动。企业生产流程各环节、各岗位要建立严格的安全生产质量责任制。生产经营活动和行为，必须符合安全生产有关法律法规和安全生产技术规范的要求，做到规范化和标准化。**"煤矿、金属非金属矿、机械等企业积极开展了相关活动，取得了一定的成绩。

　　2010年4月，国家安全生产监督管理总局制定发布了《企业安全生产标准化基本规范》，对安全生产标准化赋予了全新的概念。**安全生产标准化，是指通过建立安全生产责任制，制定安全管理制度和操作规程，排查治理隐患和监控重大危险源，建立预防机制，规范生产行为，使各生产环节符合有关安全生产法律法规和标准规范的要求，人、机、物、环处于良好的生产状态，并持续改进，不断加强企业安全生产规范化建设。**

　　安全生产标准化要求企业各个生产岗位、生产环节的安全工作，必须符合法律、法规、规章、规程和标准等规定，达到和保持一定的标准，使企业始终处于良好的安全运行状态，以适应企业发展需要，满足职工安全健康、文明生产的愿望。因此，我们现在所说的安全生产标准化，是传统安全质量标准化的继承和发展，体现了"安全第一、预防为主、综合治理"的方针和"以人为本、安全发展"的科学理念，强调企业安全生产工作的规范化、科学化、系统化和法制化，以隐患排查治理为基础，强化风险管理和过程控制，注重绩效管理和持续改进，是一个完整的安全生产管理系统，代表了现代安全管理的发展方向，是国际先进安全管理方法与我国传统安全管理措施、企业具体实践经验的有机结合，具有广泛的适用性。

　　特别是2010年7月，《国务院关于进一步加强企业安全生产工作的通知》（国发[2010]23号）进一步要求："**深入开展以岗位达标、专业达标和企业达标为内容的安全生产标准化建设，凡在规定时间内未实现达标的企业要依法暂扣其生产许可证、安全生产许可证，责令停产整顿；对整改逾期未达标的，地方政府要依法予以关闭。**"使得安全生产标准化建设成为一项强制性的工作。

　　开展安全生产标准化建设，无论对国家还是企业，都具有非常重要的现实意义。开展安全生产标准化建设，是健全安全生产长效机制、加强和创新安全管理的迫切需要；是夯实企业安全生产基础，提高企业安全管理水平，落实企业安全生产主体责任，促进企业可持续健康发展的重要途径。开展安全生产标准化，有助于对企业分级管理、分类指导，提高安全监管水平，促进安全生产形势稳定好转，实现安全生产形势由明显好转向根本好转推进。

为了更好地推广、落实安全生产标准化工作，国务院安委会办公室下发了《关于深入开展全国冶金等工贸企业安全生产标准化建设的实施意见》(安委办[2011]18号)，要求"加大培训工作力度"。一要"加强安全生产标准化有关法规、标准的宣贯培训，把安全生产标准化的宣贯培训工作列为各级安全监管部门、各企业教育培训工作的一项重点内容，以培训促进安全生产标准化建设工作。"二要"加强企业培训。各级安全监管部门要按照职责分工，分层次、分专业开展企业负责人、安全管理人员的培训，重点解决安全生产标准化建设的思想认识和关键问题。企业要开展各种形式的安全生产标准化培训，尤其是要加强基层职工培训，提高职工按照安全规程作业的意识和技能，促进岗位达标。"三要"加强安全监管人员的培训。国家安全监管总局负责组织省级安全监管人员的培训，省级安全监管局负责组织省级以下安全监管人员的培训，培训内容主要是安全生产标准化的内涵和意义、考评制度和程序等。"四要"加强评审人员的培训。国家安全监管总局负责组织培训师资和一级安全生产标准化企业评审人员的培训，省级安全监管局负责组织二级、三级安全生产标准化企业评审人员的培训。培训内容主要是评定标准和考评程序等。"

为了加强全国安全生产标准化的培训和宣贯工作，帮助指导企业开展安全标准化工作，气象出版社根据上述规定，组织经验丰富的专家，成立了《全国安全生产标准化培训教材》编委会，策划编写了《全国安全生产标准化培训宣贯系列教材》丛书。本套书对于从事安全生产标准化工作的安全监管人员、评审和培训人员、企业相关负责人和从业人员，都具有一定的实用性和指导性，可作为工作常备的培训教材和查询手册。

本册《烟草企业安全生产标准化建设指南》，由胡红春、刘言刚编著，王泽方、孙胤、张一峰、程利锋、蔡汉力等领导和专家参与编写，并进行具体指导。本书编写过程中，还得到了国家烟草专卖局、中国安全生产协会、国家安全监管总局培训中心、中国安全生产科学研究院等单位有关领导和专家的大力支持，在此致以诚挚的谢意！

编者

2013年1月

目　录

前　言

第1章　安全生产标准化概述 ……………………………………………………（1）

　1.1　安全生产标准化 ……………………………………………………………（1）

　　1.1.1　安全生产标准化的概念 …………………………………………………（1）

　　1.1.2　安全生产标准化的建设原则 ……………………………………………（1）

　　1.1.3　安全生产标准化的时代需求 ……………………………………………（2）

　　1.1.4　安全生产标准化的特点 …………………………………………………（3）

　　1.1.5　安全生产标准化的着眼点 ………………………………………………（4）

　1.2　我国安全生产标准化的发展 ………………………………………………（5）

　　1.2.1　我国安全生产标准化的发展历程 ………………………………………（5）

　　1.2.2　我国安全生产标准化的工作现状 ………………………………………（8）

　1.3　安全生产标准化的意义 ……………………………………………………（10）

　1.4　烟草企业安全生产标准化相关文件 ………………………………………（11）

　　1.4.1　国家安全生产标准化相关文件 …………………………………………（11）

　　1.4.2　烟草专卖局安全生产标准化相关文件 …………………………………（15）

　1.5　烟草企业安全生产标准化的推行及其应用 ………………………………（16）

　　1.5.1　烟草企业安全生产标准化建设 …………………………………………（16）

　　1.5.2　《烟草企业安全生产标准化规范》编制和发布 …………………………（17）

　　1.5.3　国家烟草专卖局要求 ……………………………………………………（17）

　　1.5.4　《烟草企业安全生产标准化规范》整体架构及其应用 …………………（17）

　　1.5.5　安全生产标准化与管理体系的关系 ……………………………………（19）

第2章　《烟草企业安全生产标准化规范》核心要素解读 ………………………（20）

　2.1　基础管理规范 ………………………………………………………………（20）

　　2.1.1　职业健康安全方针、规划、目标和计划 …………………………………（24）

　　2.1.2　危险源管理 ………………………………………………………………（27）

　　2.1.3　法律法规和其他要求管理 ………………………………………………（30）

2.1.4　组织机构和职责 …………………………………………………………（32）
　　　2.1.5　职业健康安全文件和记录 ………………………………………………（35）
　　　2.1.6　能力、意识和安全培训教育 ……………………………………………（39）
　　　2.1.7　参与、协商和沟通 ………………………………………………………（44）
　　　2.1.8　建设项目"三同时"和企业安全技术措施项目管理 ……………………（46）
　　　2.1.9　车间和班组安全管理 ……………………………………………………（48）
　　　2.1.10　相关方安全管理 …………………………………………………………（50）
　　　2.1.11　安全信息化 ………………………………………………………………（53）
　　　2.1.12　安全标识管理 ……………………………………………………………（54）
　　　2.1.13　设备设施安全基础管理 …………………………………………………（56）
　　　2.1.14　消防安全基础管理 ………………………………………………………（60）
　　　2.1.15　危险物品和危险作业管理 ………………………………………………（63）
　　　2.1.16　交通安全基础管理 ………………………………………………………（67）
　　　2.1.17　职业危害和劳动防护用品管理 …………………………………………（70）
　　　2.1.18　应急准备和响应 …………………………………………………………（76）
　　　2.1.19　安全检查、内部审核和隐患管理 ………………………………………（79）
　　　2.1.20　事件、事故管理 …………………………………………………………（82）
　　　2.1.21　安全绩效考核和管理评审 ………………………………………………（85）
　2.2　安全技术和现场规范 ……………………………………………………………（86）
　　　2.2.1　烟草企业通用安全技术和现场规范要求 ………………………………（92）
　　　2.2.2　烟草工业企业安全技术和现场规范要求 ……………………………（176）
　　　2.2.3　烟草商业企业安全技术和现场规范 …………………………………（190）
　2.3　考核评价准则和方法 …………………………………………………………（196）
　　　2.3.1　安全生产标准化日常检查 ……………………………………………（197）
　　　2.3.2　安全生产标准化自评要求 ……………………………………………（198）
　　　2.3.3　安全生产标准化复评和达标评价概述 ………………………………（199）
　　　2.3.4　烟草企业安全生产标准化考评员 ……………………………………（201）
　　　2.3.5　各模块安全生产标准化考核评价表 …………………………………（202）

第3章　企业安全生产标准化建设 ……………………………………………（203）

　3.1　企业安全生产标准化建设概述 ………………………………………………（203）
　　　3.1.1　企业安全生产标准化建立、保持、评审、监督 ……………………（203）
　　　3.1.2　企业安全生产标准化具体操作步骤 …………………………………（204）
　　　3.1.3　企业安全生产标准化建设中应注意的问题 …………………………（206）

3.2 企业安全管理制度档案记录完善 ……………………………………… (210)
3.2.1 企业安全管理文件现状 …………………………………… (210)
3.2.2 完善修订安全管理制度 …………………………………… (212)
3.2.3 企业安全管理制度范例 …………………………………… (216)
3.3 设备设施的隐患排查治理 ……………………………………………… (233)
3.3.1 设备设施隐患排查治理的重点 ……………………………… (233)
3.3.2 隐患排查的方法 ……………………………………………… (238)
3.3.3 隐患治理的程序 ……………………………………………… (241)
3.4 改进作业环境与现场作业 ……………………………………………… (242)
3.4.1 危险作业管理 ………………………………………………… (243)
3.4.2 改进现场作业 ………………………………………………… (248)

第4章 企业安全生产标准化自评 …………………………………………… (251)
4.1 自评的目的 …………………………………………………………… (251)
4.1.1 保障安全生产标准化的正常运行 …………………………… (251)
4.1.2 为复评做准备 ………………………………………………… (251)
4.1.3 企业管理提升的手段 ………………………………………… (251)
4.2 自评的组织与实施 …………………………………………………… (252)
4.2.1 自评的策划和准备 …………………………………………… (252)
4.2.2 自评启动会议 ………………………………………………… (253)
4.2.3 自评检查 ……………………………………………………… (254)
4.2.4 编写自评报告及自评总结会议 ……………………………… (254)
4.2.5 治理整改、检查落实 ………………………………………… (256)
4.2.6 提交申请复评资料 …………………………………………… (256)
4.3 自评的方法 …………………………………………………………… (261)
4.3.1 自评方式 ……………………………………………………… (261)
4.3.2 自评方法 ……………………………………………………… (262)
4.3.3 自评注意事项 ………………………………………………… (263)
4.3.4 自评活动的控制 ……………………………………………… (264)
4.4 自评表格与自评报告示例 ……………………………………………… (265)

第5章 安全生产标准化评审与监督 ………………………………………… (267)
5.1 安全生产标准化的评审管理 …………………………………………… (267)
5.1.1 一、二、三级企业评审指导 ………………………………… (267)

5.1.2　评审相关单位和人员管理…………………………………………(267)
5.2　企业安全生产标准化评审申请……………………………………………(268)
　　5.2.1　申请安全生产标准化评审的企业必备条件………………………(268)
　　5.2.2　考评程序……………………………………………………………(269)
5.3　安全生产标准化评审………………………………………………………(270)
　　5.3.1　评审目的……………………………………………………………(270)
　　5.3.2　评审程序……………………………………………………………(270)
　　5.3.3　现场评审步骤………………………………………………………(271)
　　5.3.4　后续活动的实施……………………………………………………(276)
　　5.3.5　评审报告的编制与提交……………………………………………(276)
　　5.3.6　审核、公告…………………………………………………………(276)
　　5.3.7　颁发证书、牌匾……………………………………………………(276)
5.4　证后监督……………………………………………………………………(278)
　　5.4.1　监督评审……………………………………………………………(278)
　　5.4.2　复审…………………………………………………………………(279)

第1章 安全生产标准化概述

> 本章主要内容：
> ◆ 介绍了安全生产标准化的定义、特点、意义，并澄清了安全生产标准化与其他容易混淆概念的区别。
>
> 学习要求：
> ◆ 准确把握安全生产标准化的定义和实质；
> ◆ 懂得安全生产标准化的意义，积极推动企业安全生产标准化建设。

1.1 安全生产标准化

1.1.1 安全生产标准化的概念

企业安全生产标准化是指通过建立安全生产责任制，制定安全管理制度和操作规程，排查治理隐患和监控重大危险源，建立预防机制，规范生产行为，使各生产环节符合有关安全生产法律法规和标准规范的要求，人、机、物、环处于良好的生产状态，并持续改进，不断加强企业安全生产规范化建设。

这一定义涵盖了企业安全生产工作的全局，从建章立制、改善设备设施状况、规范人员行为等方面提出了具体要求，实现了管理标准化、现场标准化、操作标准化，是企业开展安全生产工作的基本要求和衡量尺度，是企业夯实安全管理基础、提高设备本质安全程度、加强人员安全意识、建设安全生产长效机制的有效途径。

安全生产标准化体现了"安全第一、预防为主、综合治理"的方针和"以人为本"的科学发展观，强调企业安全生产工作的规范化、科学化、系统化和法制化，强化风险管理和过程控制，注重绩效管理和持续改进，符合安全管理的基本规律，代表了现代安全管理的发展方向，是先进安全管理思想与我国传统安全管理方法、企业具体实际的有机结合，有效提高企业安全生产水平，从而推动我国安全生产状况的根本好转。

1.1.2 安全生产标准化的建设原则

安全生产标准化是安全生产理论创新的重要内容，是科学发展、安全发展战略的基础工作，是创新安全监管体制的重要手段。在全面推进安全生产标准化建设工作中，要坚持"政府推动、企业为主，总体规划、分步实施，立足创新、分类指导，持续改进、巩固提升"的建设原则。

（1）政府推动、企业为主

安全生产标准化是将企业安全生产管理基本的要求进行系统化、规范化，使得企业安全生产工作满足国家安全法律法规、标准规范的要求,是企业安全管理的自身需求,是企业落实主体责任的重要途径,因此创建的责任主体是企业。在现阶段,许多企业自身能力和素质还达不到主动创建、自主建设的要求,需要政府的帮助和服务。政府部门在企业安全生产标准化建设中的职责就是通过出台法律、法规、文件以及约束奖励机制政策,加大舆论宣传,加强对企业主要负责人安全生产标准化内涵和意义的培训工作,推动企业积极开展安全生产标准化建设工作,建立完善的安全管理体系,提升本质安全水平。

(2)总体规划、分步实施

安全生产标准化工作是落实企业主体责任、建立安全生产长效机制的有效手段,各级安全监管部门、负有安全监管职责的有关部门必须摸清辖区内企业的规模、种类、数量等基本信息,根据企业大小不等、素质不齐、能力不同、时限不一等实际情况,进行总体规划,做到全面推进、分步实施,使所有企业都行动起来,在扎实推进的基础上,逐步进行分批达标。防止出现"创建搞运动,评审走过场"的现象。

(3)立足创新、分类指导

在企业安全生产标准化创建过程中,重在企业创建和自评阶段,要建立、健全各项安全生产制度、规程、标准等,并在实际中贯彻执行。各地在推进安全生产标准化建设过程中,要从各地的实际情况出发,创新评审模式,高质量地推进安全生产标准化建设工作。

对无法按照国家安全生产监督管理总局已发布的行业安全生产标准化评定标准进行三级达标的小微企业,各地可创造性地制定地方安全生产标准化小微企业达标标准,把握小微企业安全生产特点,从建立企业基本安全规章制度、提高企业员工基本安全技能、关注企业重点生产设备安全状况及现场条件等角度,制定达标条款,从而全面指导小微企业开展建设达标工作。

(4)持续改进、巩固提升

安全生产标准化的重要步骤是创建、运行和持续改进,是一项长期工作。外部评审定级仅仅是检验建设效果的手段之一,不是标准化建设的最终目的。对于安全生产标准化建设工作存在认识不统一、思路不清晰的问题,一些企业甚至部分地方安全监管部门认为,安全生产标准化是一种短期行为,取得等级证书之后安全生产标准化工作就结束了,这种观点是错误的。企业在达标后,每年需要进行自评工作,通过不断运行来检验其建设效果。一方面,对安全生产标准一级达标企业要重点抓巩固,在运行过程中不断提高发现问题和解决问题的能力;二级企业着力抓提升,在运行一段时间后鼓励向一级企业提升;三级企业督促抓改进,对于建设、自评和评审过程中存在的问题、隐患要及时进行整改,不断改善企业安全生产绩效,提升安全管理水平,做到持续改进。另一方面,各专业评定标准也会按照我国企业安全生产状况,结合国际上先进的安全管理思想不断进行修订、完善和提升。

1.1.3 安全生产标准化的时代需求

历史进入21世纪,中国的经济发展也进入了国际经济快车道,全球经济一体化和现代工业大生产对我国的安全生产管理提出了新的要求。党的十六大提出全面建设小康社会的奋斗目标,并要求进一步建成完善的社会主义市场经济体制,同时还作出了建设更具活力、更加开放的经济体系的战略部署。其中,社会全面发展的内容,就包括建立一套完整、有效的安全生产保障体系。其中,安全生产管理必须融入企业的生产运行和质量管理系统,必须形成集约化的管理网络,因此,不论是企业还是政府行政管理,与职业安全健康有关的标准化工作更显得日益重要。

"安全第一,预防为主"建立有效的安全生产监控体系,是安全生产监督管理的长期方向。目前的主要工作,一是辨识、普查重大危险源,开展重大建设项目(工程)的安全评价,包括对高危险性生产企业的安全现状评价和其他各种专项安全评价;二是抓危险化学品生产、经营、储存、运输的注册、登记,实施针对性的强化管理;三是在煤炭、电力、化工、机电等规模产业推行安全生产标准化工作;四是汲取国外先进管理经验,以认证方式促进用人单位建立职业安全健康管理体系等等。

《安全生产法》的颁布执行,更是对于企业的安全管理提出了很多细节的要求。可是在安全生产相关法律法规的执行方面,却出现了"漏项"。企业的最大目标是获取最大的剩余价值,在市场竞争的过程中,企业采取了两种手段:一是加大生产力,以追求产量为第一要素,一切行动围绕生产,一切其他行动为生产让步,不惜牺牲企业的其他方面,例如质量、安全等等;二是尽量压缩成本,以最小的代价获取最大的利润,在压缩的项目中,其中就有很多安全管理的内容。例如厂房是否符合要求、厂内环境当成了库房,车间设备处于一种病态运行,安全设备设施不到位,很多安全附件被拆除,很多压力表等不符合国家要求且根本不去检验,应该配备的安全管理人员没有配备、安全培训根本没有实施等情况。面对企业纷杂的状况,只是指望安监部门执法,是无法完成的,也不可能指望一两次罚款让企业进行全面的改善。这就造成了企业在安全管理方面还有很多"欠债"。这些欠债严重影响了我国安全生产法律法规的执行,严重影响了我国安全生产形势,严重影响了企业安全管理水平的提升,严重影响了我国经济发展形势对于企业安全管理的要求。为了全面提升企业安全管理水平,让欠债企业的安全管理水平有较大提升,使企业迅速摆脱"头疼医头、脚疼医脚"的现象,摆脱不知道如何搞好安全生产的状况,为了促进企业全面执行安全生产相关法律法规,所以我国集中大型国有企业安全生产的经验,集中我国安全管理学者的意见,把我国安全生产相关法律法规的要求整合为一套安全管理体系,结合企业落实的特点,推出"企业安全生产标准化"建设,我国的安全生产标准化建设不是杜撰,而是我国法律法规的落实,我国的安全生产标准化建设不是理论,而是我国企业安全管理经验的总结与实践,我国的安全生产标准化建设不是简单的拼凑,而是宝贵经验的总结与理论实践相结合的产物。

1.1.4 安全生产标准化的特点

作为一个系统化的管理方式,安全生产标准化有以下重要的特点。

(1) 突出政策法规的符合性,实施依法治理安全生产

安全生产法律法规是加强安全生产,改善劳动条件,保障劳动者在生产过程中安全、健康而采取的各种措施的法律规范总和,是指导人们安全生产的总则,企业现在安全管理无论从本身安全机构设置、安全责任分解、安全制度落实、设备设施的技术符合性都存在不符合国家法律法规要求的现象,按照我国安全生产相关法律法规进行企业安全管理的完善、隐患排查治理,促进企业对于安全生产相关法律法规的符合性,是实施依法治理安全生产的充分体现。

(2) 突出落实安全生产责任制

要搞好安全生产就必须落实安全生产责任制,这是多年来企事业安全生产实践经验的总结,是行之有效的安全管理手段。实施落实安全生产责任制,运用安全生产标准化手段建立、

健全以安全生产责任制为中心的安全管理体系,其关键是全体人员从最高领导到各个作业岗位操作人员、各个管理部门都积极参与并承担相应责任,明确安全业务分工,在实现安全生产方针、目标过程中应作出什么贡献,应承担什么责任,拥有什么权力,要求在规定范围内做好本职工作外,同时监督他人和其他部门,而且也接受到他人和其他部门监督。安全生产要实施单位一把手负责,党政工团齐抓共管的安全综合管理,形成横向到边、纵向到底的安全生产责任保障体系,才能把安全生产搞好。

(3) 全员参与,全过程控制

安全生产标准化要求实施全过程控制。强调员工积极参与安全管理体系的建立、实施与持续改进的重要性是安全生产标准化的重要特点。安全生产标准化从隐患排查入手,分析可能造成事故的危险因素,根据不同情况采取相应的隐患治理方案;同时对于安全管理体系进行完善,从记录、档案、制度等安全管理体系的各个方面进行修订。一部分通过完善安全管理体系,加强安全管理体系的执行力度,堵住危险因素的源头,另一部分,通过隐患排查,治理企业存在的工艺过程、设备设施等存在的隐患,把隐患消除。通过全员参与隐患排查与安全管理制度的执行,通过全员参与危险因素分析,提升安全意识,提升安全管理,提升安全操作水平。通过对于企业全过程的隐患排查,研究整个生产过程的危险因素,通过采取管理和工程技术措施而得以消除或减少,降低企业生产事故发生的概率,让一切风险做到可控。

(4) 预防性

隐患排查治理、安全管理体系完善是安全生产标准化的精髓所在,它充分体现了"安全第一,预防为主,综合治理"的安全生产方针,它是企业安全管理水平持续改进的主要思想,可以说没有隐患排查治理、安全管理体系完善,安全生产标准化体系将成为无根之草和无的之矢。实施有效的隐患排查治理、完善的安全管理体系,可实现对事故的预防和生产作业的全过程控制。对各种作业和生产过程实行隐患排查、风险评价,并在此基础上完善安全管理体系,对各种预知的风险因素做到事前控制,实现预防为主的目的,并对各种潜在事故制定应急程序,力图使损失最小化。

(5) 持续改进

按 PDCA 运行模式所建立的安全生产标准化,在运行过程中,也会随着科学技术水平的提高,安全生产法律、法规及各项技术标准的完善,企业各级管理者及全体员工的安全意识的提高,而不断自觉地加大安全生产工作的力度,强化安全管理体系的功能,达到持续改进的目的。

1.1.5 安全生产标准化的着眼点

(1) 以正确的指标诠释安全

一直以来,衡量一个企业安全管理是否到位,企业是否安全,往往以是否发生事故进行衡量,这种思想导致安全监管着重于抓是否发生事故,尤其是重特大事故,忽视如何指导企业提高本质安全和安全管理水平这一根本点,并常出现疲于"救急"和处理重特大事故的情况。

"安全生产标准化"是"企业安全管理制度、设备设施、运行控制符合国家法律法规并保持的过程",其诠释安全是一种符合国家法律法规的状态,即标准化的程度,而不是发生事故。因此也给企业进行日常安全管理指明了努力的方向和目标,即如何使"安全管理制度、设备设施、运行控制符合国家法律法规并始终保持"。

通过这一着眼点的分析,也可以看出安全生产标准化考评专家对企业进行考评的着眼点和方法,即着眼于安全管理制度、设备设施、运行控制三个方面符合国家法律法规的程度及保持情况进行检查和考评,从这三方面正面考评和打分,这也改变了以前从发生事故的负面影响进行考评的不科学方式。

(2)以安全管理体系"运行"来保证安全

安全生产标准化体系的每个要素所含的要求,都通过制度、文件、记录等形式得以体现,并最终构成了安全管理体系。体系建立不光是制度、文件和记录,更强调制度和文件的落实与执行,并通过记录加以表现,即要通过安全管理体系的运行,来保证安全。这与其他管理体系的思想是一致的,即"写所要求的,做所写的,记所做的",体系要求的要素均要通过制度、文件得以体现,执行和运行情况均要通过记录得以反应。

从这一着眼点分析,考评专家首先注重制度、文件是否健全、明确,若无,则说明没有意识或无相关方面的能力,扣分就会较严重;若有,但通过记录检查发现执行情况不完善,则根据具体情况酌情扣分。

(3)风险控制贯穿于安全

分析安全生产标准化体系的要素及持续改进的宗旨可以看出,体系含有一条主线,即"找隐患,消除隐患"的风险控制主线贯穿于体系。即通过安全法律法规与标准,对管理、设施、人的行为查找隐患,想办法消除隐患。这一主线可以通过"风险控制主线与人体健康体检比较图"进行说明,如图1.1所示。

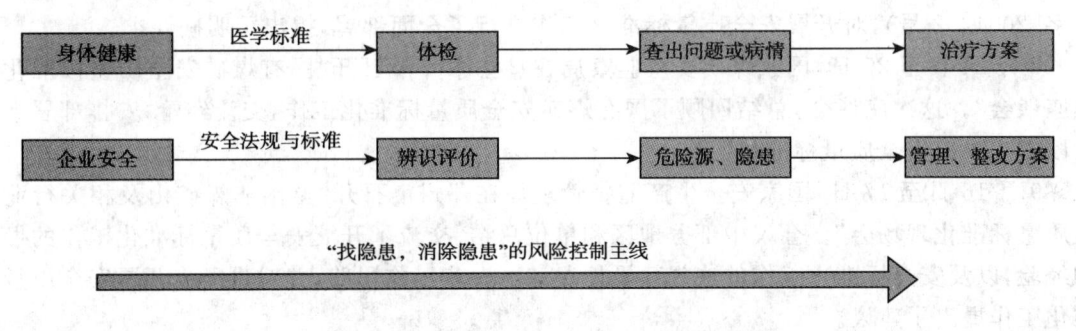

图1.1 风险控制主线与人体健康体检比较图

人参加体检,通过医学标准对人体检查,查出问题或病情后,寻找治疗方案。企业安全管理,通过使用安全法规与标准进行辨识评价,辨识出危险源和隐患,寻找管理、整改方案。

考评专家逐一对照要素查找存在的问题和隐患,并打分和扣分。每个扣分点可以理解为隐患,即企业须整改提高的方向。

1.2 我国安全生产标准化的发展

1.2.1 我国安全生产标准化的发展历程

我国安全标准化是在煤矿质量标准化、煤矿安全质量标准化、安全质量标准化的基础上提出、发展起来的。

煤矿质量标准化是原煤炭工业部在总结山东省肥城矿务局开展煤矿质量标准化工作经验

的基础上提出来的。1988年初,原煤炭工业部发出煤生字第1号文,在全国煤炭企业开展"质量标准化、安全创水平"活动,当时亦称之为"矿井质量标准化"工作。

煤矿安全质量标准化是国家煤矿安全监察局、中国煤炭工业协会总结了黑龙江省七台河矿业精煤(集团)公司的安全质量标准化工作的先进经验,通过2003年10月23日在黑龙江省七台河矿业精煤(集团)公司召开煤矿安全质量标准化现场会向全国推广的。为了将七台河"安全质量标准化"工作现场会的精神向全国推广,国家煤矿安全监察局、中国煤炭工业协会提出了《关于在全国煤矿深入开展安全质量标准化活动的指导意见》。

"安全质量标准化"概念的提出,是煤炭系统基层同志的一个创造,是建立在几十年质量标准化工作实践基础上的一次创新,既是对以往质量标准化工作的继承,也赋予了新的内涵。

2004年

1月9日,国务院发布《关于进一步加强安全生产工作的决定》(国发[2004]2号),进一步明确提出要在全国所有工矿、商贸、交通运输、建筑施工等企业普遍开展安全质量标准化活动,并要求制定、颁布各行业的安全质量标准,以指导各类企业建立健全各环节、各岗位的安全质量标准,规范安全生产行为,推动企业安全质量管理上等级、上水平。

5月11日,国家安全生产监督管理局、国家煤矿安全监察局为了贯彻落实国发[2004]2号文件,切实加强基层和基础的"双基"工作,强化企业安全生产主体责任,促使各类企业加强安全质量工作,建立起自我约束、持续改进的安全生产长效机制,提高企业本质安全水平,推动安全生产状况的进一步稳定好转,提出了《关于开展安全质量标准化工作的指导意见》(安监管政法字[2004]62号),对开展安全质量标准化工作进行了全面部署,提出了明确要求。

8月24日至25日,国家煤矿安全监察局在乌鲁木齐市召开"国有煤矿安全质量标准化工作座谈会"。这次座谈会,总结回顾了国有煤矿安全质量标准化工作,交流经验,安排部署下一阶段国有煤矿安全质量标准化工作。

9月16日至17日,国家安全生产监督管理局在郑州市召开"全国非煤矿山及相关行业安全质量标准化现场会"。会议中部分地区和单位总结、交流了开展安全质量标准化工作的做法和经验,以及安全标准化工作的法规建设情况和下一步工作思路,并对进一步开展安全质量标准化工作提出了建议。

2004年国家安全生产监督管理局还召开了七省市机械行业安全质量标准化研讨会,就如何开展机械行业安全质量标准化工作进行了研讨;委托中国机械工业安全卫生协会组织专家起草《机械制造企业安全质量标准化考核评级办法》和《机械制造企业安全质量标准化评价标准》,并于2004年11月在广州召开了机械制造企业安全质量标准化考核评级办法和评价标准研讨会。此外,国家煤矿安全监察局、中国煤炭工业协会组织编制《煤矿安全质量标准化标准及考核评级办法》,自2004年开始实施。

2005年

1月24日,国家安全生产监督管理局颁布《机械制造企业安全质量标准化考核评级办法》和《机械制造企业安全质量标准化考核评级标准》(安监管管二字[2005]11号)。

12月16日,国家安全生产监督管理总局印发《危险化学品从业单位安全标准化规范(试行)》和《危险化学品从业单位安全标准化考核机构管理办法(试行)》。

2010 年

4 月 15 日,国家安全生产监督管理总局批准下列 1 项安全生产行业标准:《企业安全生产标准化基本规范》,标准编号:AQ/T 9006—2010,自 2010 年 6 月 1 日起施行。此项标准的推行,具体细致地指导了安全生产标准化的逐步推行。国家安全生产监督管理总局副局长孙华山就《企业安全生产标准化基本规范》发布实施答记者问,具体阐述了《企业安全生产标准化基本规范》深刻含义和特点。

7 月 19 日,国务院颁发《关于进一步加强企业安全生产工作的通知》(国发[2010]23 号),提出了深入开展安全生产标准化建设。

8 月 20 日,国家安全监管总局下达《关于进一步加强企业安全生产规范化建设严格落实企业安全生产主体责任的指导意见》(安监总办[2010]139 号),对于企业安全生产规范化建设提出了八大类具体要求。

11 月 3 日,国家安全监管总局工业和信息化部关于危险化学品企业贯彻落实《国务院关于进一步加强企业安全生产工作的通知》的实施意见,提出全面开展安全生产标准化建设、持续提升企业安全管理水平。

2011 年

2 月 14 日,国家安全监管总局颁布《关于进一步加强危险化学品企业安全生产标准化工作的通知》(安监总管三[2011]24 号)。

3 月 24 日至 25 日,国家安全监管总局在广东省广州市召开全国工贸行业安全监管工作会暨安全生产标准化现场会。孙华山副局长布置了 7 项具体工作。

4 月 22 日,国家安全监管总局颁布《关于印发水泥企业安全生产标准化评定标准的通知》(安监总管四[2011]55 号)。

5 月 3 日,国务院安委会颁布《关于深入开展企业安全生产标准化建设的指导意见》(安委[2011]4 号),全面详细地布置安全生产标准化的推进工作。

5 月 30 日,国务院安委会办公室召开推进安全生产标准化工作(专题)视频会议,对安全生产标准化工作进行全面布置。

5 月 30 日,国家安全监管总局、中华全国总工会、共青团中央联合颁布《关于深入开展企业安全生产标准化岗位达标工作的指导意见》(安监总管四[2011]82 号)。

6 月 14 日,国家安全监管总局在辽宁省沈阳市召开全国安全生产标准化建设示范试点城市创建工作座谈会。国家安全监管总局党组成员、副局长付建华出席座谈会并讲话。

6 月 15 日至 16 日,国家安全监管总局在辽宁省沈阳市召开全国工贸企业安全生产标准化建设典型企业创建工作座谈会。

7 月 28 日,国家安全监管总局颁布《关于发纺织造纸食品生产企业安全生产标准化评定标准的通知》(安监总管四[2011]126 号)。

8 月 2 日,国家安全监管总局颁布《关于印发冶金等工贸企业安全生产标准化基本规范评分细则的通知》(安监总管四[2011]128 号)。

8 月 4 日,国家煤矿安全监察局颁布《关于开展煤矿安全质量标准化工作检查的通知》(煤安监行管[2011]26 号)。

8 月 5 日,国家安全监管总局颁布《关于印发有色重金属冶炼有色金属压力加工企业安全生产标准化评定标准的通知》(安监总管四[2011]130 号)。

8月18日,国务院国资委制定了《中央企业安全生产标准化建设实施方案》,全面推进中央企业安全生产标准化建设。

8月25日,国家安全监管总局办公厅颁布《关于印发非煤矿山安全生产标准化评审工作管理办法的通知》(安监总厅管一[2011]190号)。

9月16日,国家安全监管总局办公厅下达《关于进一步做好冶金等工贸行业安全生产标准化典型企业创建工作的通知》(安监总厅管四函[2011]160号)。

9月,国家安全监管总局与电监会先后联合印发了《关于深入开展电力企业安全生产标准化工作的指导意见》和《发电企业安全生产标准化规范及达标评级标准》。

9月16日,国家安全监管总局颁布《关于印发危险化学品从业单位安全生产标准化评审工作管理办法的通知》(安监总管三[2011]145号)。

9月27日,国家安全监管总局颁布《关于全面开展烟花爆竹企业安全生产标准化工作的通知》(安监总管三[2011]151号)。

10月,安全监管总局确定了鞍钢集团公司、宝钢集团有限公司、武汉钢铁(集团)公司、太原钢铁(集团)有限公司、中国铝业公司、云南锡业股份有限公司、中国建筑材料集团有限公司、安徽海螺集团有限责任公司、中国第一汽车集团公司、中国通用技术(集团)控股有限责任公司、中国北方机车车辆工业集团公司、中粮集团有限公司、山东太阳纸业股份有限公司、中国贵州茅台酒厂有限责任公司、四川宜宾五粮液股份有限公司、青岛啤酒股份有限公司、上海纺织控股(集团)公司、上海烟草集团有限责任公司、川渝中烟工业公司四川烟草工业有限责任公司、上海百联集团有限公司、广州百货企业集团有限公司、广东合捷国际供应链有限公司等22家企业作为全国冶金等工贸行业安全生产标准化创建典型企业。

11月3日,国家安全监管总局召开危险化学品从业单位安全生产标准化工作视频会。会议对《危险化学品从业单位安全生产标准化评审标准》进行了介绍说明,对《危险化学品从业单位安全生产标准化评审工作管理办法》进行了解读,部署了危险化学品从业单位安全生产标准化达标创建工作。

11月29日,全国工贸行业安全生产标准化建设示范城市和典型企业工作交流会议在北京召开。会议要求采取有力措施,更加注重实效,更加注重落实责任,更加注重政策措施到位,更加注重创新发展,以加强企业安全生产标准化建设为重要抓手,创新安全管理,推动企业转型升级。

12月9日,国家电监会、国家安全监管总局在山东济南联合召开全国电力安全生产标准化工作会议,贯彻落实《国务院关于进一步加强企业安全生产工作的通知》精神和国务院安委会关于安全生产标准化工作的要求,部署全面开展电力安全生产标准化工作。

为全面有效推进工贸行业企业安全生产标准化建设工作,安监总局举办数次工贸行业企业安全生产标准化建设培训班。

这里特别值得一提的是,近几年来,国家标准化管理委员会和国务院有关部门制定(修订)了近千项安全生产国家标准、行业标准,有力地促进了安全标准化的发展。

1.2.2 我国安全生产标准化的工作现状

(1)国务院总体部署,总局指导推动

国务院《关于坚持科学发展安全发展促进安全生产形势持续稳定好转的意见》(国发

[2011]40号)要求"推进安全生产标准化建设。在工矿商贸和交通运输行业领域普遍开展岗位达标、专业达标和企业达标建设,对在规定期限内未实现达标的企业,要依据有关规定暂扣其生产许可证、安全生产许可证,责令停产整顿;对整改逾期仍未达标的,要依法予以关闭。加强安全标准化分级考核评价,将评价结果向银行、证券、保险、担保等主管部门通报,作为企业信用评级的重要参考依据"。

国务院《关于进一步加强企业安全生产工作的通知》对安全生产标准工作作出了部署,要求"全面开展安全达标。深入开展以岗位达标、专业达标和企业达标为内容的安全生产标准化建设,凡在规定时间内未实现达标的企业要依法暂扣其生产许可证、安全生产许可证,责令停产整顿;对整改逾期未达标的,地方政府要依法予以关闭。"

我国《安全生产"十二五"规划》要求"企业安全生产标准化达标工程。开展企业安全生产标准化创建工作。到2011年,煤矿企业全部达到安全标准化三级以上;到2013年,非煤矿山、危险化学品、烟花爆竹以及冶金、有色、建材、机械、轻工、纺织、烟草和商贸8个工贸行业规模以上企业全部达到安全标准化三级以上;到2015年,交通运输、建筑施工等行业(领域)及冶金等8个工贸行业规模以下企业全部实现安全标准化达标。"

国务院安委会《关于深入开展企业安全生产标准化建设的指导意见》(安委[2011]4号)提出具体的目标任务,文件要求"在工矿商贸和交通运输行业(领域)深入开展安全生产标准化建设,重点突出煤矿、非煤矿山、交通运输、建筑施工、危险化学品、烟花爆竹、民用爆炸物品、冶金等行业(领域)。其中,煤矿要在2011年底前,危险化学品、烟花爆竹企业要在2012年底前,非煤矿山和冶金、机械等工贸行业(领域)规模以上企业要在2013年底前,冶金、机械等工贸行业(领域)规模以下企业要在2015年前实现达标。要建立、健全各行业(领域)企业安全生产标准化评定标准和考评体系;进一步加强企业安全生产规范化管理,推进全员、全方位、全过程安全管理;加强安全生产科技装备,提高安全保障能力;严格把关,分行业(领域)开展达标考评验收;不断完善工作机制,将安全生产标准化建设纳入企业生产经营全过程,促进安全生产标准化建设的动态化、规范化和制度化,有效提高企业本质安全水平",对实施方法和工作要求进行了明确要求。

国家安全监管局逐步推出许多行业安全生产标准化考评办法、评审标准、评分细则,组织召开了各省级安全监管部门和中央企业安全管理部门参加的安全生产标准化宣贯会议、视频会议,并多次在创建、运行安全生产标准化成效显著的省份、企业召开安全生产标准化工作现场会,介绍地方安全监管部门推动及企业创建安全生产标准化的经验,用事实、成果和经验推动安全生产标准化工作。

(2) 针对行业特点,加强制度建设

针对行业特点、生产工艺特征,国家安全监管总局组织力量,制订了煤矿、金属非金属矿山、冶金、机械等行业的评审标准和评分细则,初步形成了覆盖主要行业的安全生产标准化评定标准和评分办法。煤矿考核评级办法分为采煤、掘进、机电、运输、通风、地测防治水等六个专业,同时要求满足矿井百万吨死亡率、采掘关系、资源利用、风量及制定并执行安全质量标准化检查评比及奖惩制度等方面的规定;金属非金属矿山通过国际合作,借鉴南非的经验,围绕建设安全生产标准化的14个核心要素制定了金属非金属地下矿山、露天矿山、尾矿库、小型露天采石场安全生产标准化评分办法;危险化学品采用了计划(P)、实施(D)、检查(C)、改进(A)动态循环、持续改进的管理模式,烟花爆竹分为生产企业和经营企业两部分,制订了考核标准和评分办法;冶金、机械等工贸行业制订了24项评定标准。各地对相关评定标准作了分解细化,提出了实施细则,增强了标准的针对性和可操作性。

(3)出台配套措施,积极推动工作

各地高度重视,突出重点,稳步推进,摸索出了一些行之有效的经验和办法。部分省(区、市)专门成立了安全生产标准化领导小组,加强组织领导,明确各方面的职责;浙江省一些地市把安全生产标准化创建活动作为对各地政府安全生产目标考核、责任制考核的重要内容,并作为参评全省安全生产红旗单位、先进单位的基本条件之一;安排专项经费用于安全生产标准化工作。部分地区出台了有利于推动安全生产标准化发展的奖惩规定,如取得安全生产标准化证书的企业在安全生产许可证有效期届满时,可以不再进行安全评价,直接办理延期手续;在实施安全生产风险抵押金制度中,其存储金额可按下限缴纳;在安全生产评优、奖励、政策扶持等方面优先考虑。对达不到安全生产标准化建设要求的企业,取消其参加安全评优和奖励资格等。这些措施提高了企业开展安全生产标准化工作的积极性,有力推动了安全生产标准化创建工作。

(4)积极开展工作,取得初步成果

在相关行业安全生产标准化文件下发后,各地企业尤其是中央企业积极参加宣贯培训,组织文件学习,按照相关规定,对照标准严格自评,全面、系统地排查事故隐患,对发现的安全隐患,及时、认真地进行整改,并依托外部技术力量进行考评,达到了安全生产标准化的要求。

1.3 安全生产标准化的意义

开展企业安全生产标准化建设工作,是进一步落实企业安全生产主体责任,强化企业安全生产基础工作,改善安全生产条件,提高管理水平,预防事故,对保障生命财产安全有着重要的作用和意义。

(1)落实企业安全生产主体责任的必要途径

国家有关安全生产法律法规和规定明确要求,要严格企业安全管理,全面开展安全达标。企业是安全生产的责任主体,也是安全生产标准化建设的主体,要通过加强企业每个岗位和环节的安全生产标准化建设,不断提高安全管理水平,促进企业安全生产主体责任落实到位。

(2)强化企业安全生产基础工作的长效制度

安全生产标准化建设涵盖了增强人员安全素质、提高装备设施水平、改善作业环境、强化岗位责任落实等各个方面,是一项长期的、基础性的系统工程,有利于全面促进企业提高安全生产保障水平。

(3)政府实施安全生产分类指导、分级监管的重要依据

实施安全生产标准化建设考评,将企业划分为不同等级,能够客观真实地反映出各地区企业安全生产状况和不同安全生产水平的企业数量,为加强安全监管提供有效的基础数据。

(4)有效防范事故发生的重要手段

深入开展安全生产标准化建设,能够进一步规范从业人员的安全行为,提高机械化和信息化水平,促进现场各类隐患的排查治理,推进安全生产长效机制建设,有效防范和坚决遏制事故发生,促进全国安全生产状况持续稳定好转。

(5)提升企业安全管理水平的重要方法

安全生产标准化是在传统的质量标准化基础上,根据我国有关法律法规的要求、企业生产工艺特点和中国人文社会特性,借鉴国外现代先进安全管理思想,强化风险管理,注重过程控制,做到持续改进,比传统的质量标准化具有更先进的理念和方法,比国外引进的职业安全健康管理体系有更具体的实际内容,形成了一套系统的、规范的、科学的安全管理体系,是现代安全管理思想和科学方法的中国化,有利于形成和促进企业安全文化建设,促进安全管理水平的不断提升。

(6)改善设备设施状况、提高企业本质安全水平的有效途径

开展安全生产标准化活动重在基础、重在基层、重在落实、重在治本。各行业的考核标准在危害分析、风险评估的基础上,对现场设备设施提出了具体条件,促使企业淘汰落后生产技术、设备,特别是危及安全的落后技术、工艺和装备,从根本上解决了企业安全生产的根本素质问题,提高企业的安全技术水平和生产力的整体发展水平,提高本质安全水平和保障能力。

(7)预防控制风险、降低事故发生的有效办法

通过创建安全生产标准化,对危险有害因素进行系统的识别、评估,制订相应的防范措施,使隐患排查工作制度化、规范化和常态化,切实改变运动式的工作方法,对危险源做到可防可控,提高了企业的安全管理水平,提升了设备设施的本质安全程度,尤其是通过作业标准化,杜绝违章指挥和违章作业现象,控制了事故多发的关键因素,全面降低事故风险,将事故消灭在萌芽状态,减少一般事故,进而扭转重特大事故频繁发生的被动局面。

(8)建立约束机制、树立企业良好形象的重要措施

安全生产标准化强调过程控制和系统管理,将贯彻国家有关法律法规、标准规程的行为过程及结果定量化或定性化,使安全生产工作处于可控状态,并通过绩效考核、内部评审等方式、方法和手段的结合,形成了有效的安全生产激励约束机制。通过安全生产标准化,企业管理上升到一个新的水平,减少伤亡事故,提高企业竞争力,促进了企业发展,加上相关的配套政策措施及宣传手段,以及全社会关于安全发展的共识和社会各界对安全生产标准化的认同,将为达标企业树立良好的社会形象,赢得声誉,赢得社会尊重。

1.4 烟草企业安全生产标准化相关文件

1.4.1 国家安全生产标准化相关文件

国务院安委会关于深入开展企业安全生产标准化建设的指导意见
安委[2011]4号
各省、自治区、直辖市人民政府,新疆生产建设兵团,国务院安全生产委员会各有关成员单位:

为深入贯彻落实《国务院关于进一步加强企业安全生产工作的通知》(国发[2010]23号,以下简称《国务院通知》)和《国务院办公厅关于继续深化"安全生产年"活动的通知》(国办发[2011]11号,以下简称《国办通知》)精神,全面推进企业安全生产标准化建设,进一步规范企业安全生产行为,改善安全生产条件,强化安全基础管理,有效防范和坚决遏制重特大

事故发生,经报国务院领导同志同意,现就深入开展企业安全生产标准化建设提出如下指导意见:

一、充分认识深入开展企业安全生产标准化建设的重要意义

(一)是落实企业安全生产主体责任的必要途径。国家有关安全生产法律法规和规定明确要求,要严格企业安全管理,全面开展安全达标。企业是安全生产的责任主体,也是安全生产标准化建设的主体,要通过加强企业每个岗位和环节的安全生产标准化建设,不断提高安全管理水平,促进企业安全生产主体责任落实到位。

(二)是强化企业安全生产基础工作的长效制度。安全生产标准化建设涵盖了增强人员安全素质、提高装备设施水平、改善作业环境、强化岗位责任落实等各个方面,是一项长期的、基础性的系统工程,有利于全面促进企业提高安全生产保障水平。

(三)是政府实施安全生产分类指导、分级监管的重要依据。实施安全生产标准化建设考评,将企业划分为不同等级,能够客观真实地反映出各地区企业安全生产状况和不同安全生产水平的企业数量,为加强安全监管提供有效的基础数据。

(四)是有效防范事故发生的重要手段。深入开展安全生产标准化建设,能够进一步规范从业人员的安全行为,提高机械化和信息化水平,促进现场各类隐患的排查治理,推进安全生产长效机制建设,有效防范和坚决遏制事故发生,促进全国安全生产状况持续稳定好转。

各地区、各有关部门和企业要把深入开展企业安全生产标准化建设的思想行动统一到《国务院通知》的规定要求上来,充分认识深入开展安全生产标准化建设对加强安全生产工作的重要意义,切实增强推动企业安全生产标准化建设的自觉性和主动性,确保取得实效。

二、总体要求和目标任务

(一)总体要求。深入贯彻落实科学发展观,坚持"安全第一、预防为主、综合治理"的方针,牢固树立以人为本、安全发展理念,全面落实《国务院通知》和《国办通知》精神,按照《企业安全生产标准化基本规范》(AQ/T 9006—2010,以下简称《基本规范》)和相关规定,制定完善安全生产标准和制度规范。严格落实企业安全生产责任制,加强安全科学管理,实现企业安全管理的规范化。加强安全教育培训,强化安全意识、技术操作和防范技能,杜绝"三违"。加大安全投入,提高专业技术装备水平,深化隐患排查治理,改进现场作业条件。通过安全生产标准化建设,实现岗位达标、专业达标和企业达标,各行业(领域)企业的安全生产水平明显提高,安全管理和事故防范能力明显增强。

(二)目标任务。在工矿商贸和交通运输行业(领域)深入开展安全生产标准化建设,重点突出煤矿、非煤矿山、交通运输、建筑施工、危险化学品、烟花爆竹、民用爆炸物品、冶金等行业(领域)。其中,煤矿要在2011年底前,危险化学品、烟花爆竹企业要在2012年底前,非煤矿山和冶金、机械等工贸行业(领域)规模以上企业要在2013年底前,冶金、机械等工贸行业(领域)规模以下企业要在2015年前实现达标。要建立健全各行业(领域)企业安全生产标准化评定标准和考评体系;进一步加强企业安全生产规范化管理,推进全员、全方位、全过程安全管理;加强安全生产科技装备,提高安全保障能力;严格把关,分行业(领域)开展达标考评验收;不断完善工作机制,将安全生产标准化建设纳入企业生产经营全过程,促进安全生产标准化建设的动态化、规范化和制度化,有效提高企业本质安全水平。

三、实施方法

（一）打基础，建章立制。按照《基本规范》要求，将企业安全生产标准化等级规范为一、二、三级。各地区、各有关部门要分行业（领域）制定安全生产标准化建设实施方案，完善达标标准和考评办法，并于2011年5月底以前将本地区、本行业（领域）安全生产标准化建设实施方案报国务院安委会办公室。企业要从组织机构、安全投入、规章制度、教育培训、装备设施、现场管理、隐患排查治理、重大危险源监控、职业健康、应急管理以及事故报告、绩效评定等方面，严格对应评定标准要求，建立完善安全生产标准化建设实施方案。

（二）重建设，严加整改。企业要对照规定要求，深入开展自检自查，建立企业达标建设基础档案，加强动态管理，分类指导，严抓整改。对评为安全生产标准化一级的企业要重点抓巩固、二级企业着力抓提升、三级企业督促抓改进，对不达标的企业要限期抓整顿。各地区和有关部门要加强对安全生产标准化建设工作的指导和督促检查，对问题集中、整改难度大的企业，要组织专业技术人员进行"会诊"，提出具体办法和措施，集中力量，重点解决；要督促企业做到隐患排查治理的措施、责任、资金、时限和预案"五到位"，对存在重大隐患的企业，要责令停产整顿，并跟踪督办。对发生较大以上生产安全事故、存在非法违法生产经营建设行为、重大隐患限期整顿仍达不到安全要求，以及未按规定要求开展安全生产标准化建设且在规定限期内未及时整改的，取消其安全生产标准化达标参评资格。

（三）抓达标，严格考评。各地区、各有关部门要加强对企业安全生产标准化建设的督促检查，严格组织开展达标考评。对安全生产标准化一级企业的评审、公告、授牌等有关事项，由国家有关部门或授权单位组织实施；二级、三级企业的评审、公告、授牌等具体办法，由省级有关部门制定。各地区、各有关部门在企业安全生产标准化创建中不得收取费用。要严格达标等级考评，明确企业的专业达标最低等级为企业达标等级，有一个专业不达标则该企业不达标。

各地区、各有关部门要结合本地区、本行业（领域）企业的实际情况，对安全生产标准化建设工作作出具体安排，积极推进，成熟一批、考评一批、公告一批、授牌一批。对在规定时间内经整改仍不具备最低安全生产标准化等级的企业，地方政府要依法责令其停产整改直至依法关闭。各地区、各有关部门要将考评结果汇总后报送国务院安委会办公室备案，国务院安委会办公室将适时组织抽检。

四、工作要求

（一）加强领导，落实责任。按照属地管理和"谁主管、谁负责"的原则，企业安全生产标准化建设工作由地方各级人民政府统一领导，明确相关部门负责组织实施。国家有关部门负责指导和推动本行业（领域）企业安全生产标准化建设，制定实施方案和达标细则。企业是安全生产标准化建设工作的责任主体，要坚持高标准、严要求，全面落实安全生产法律法规和标准规范，加大投入，规范管理，加快实现企业高标准达标。

（二）分类指导，重点推进。对于尚未制定企业安全生产标准化评定标准和考评办法的行业（领域），要抓紧制定；已经制定的，要按照《基本规范》和相关规定进行修改完善，规范已达标企业的等级认定。要针对不同行业（领域）的特点，加强工作指导，把影响安全生产的重大隐患排查治理、重大危险源监控、安全生产系统改造、产业技术升级、应急能力提升、消防安全保障等作为重点,在达标建设过程中切实做到"六个结合",即与深入开展执法行动相结合,依法严厉打击各类非法违法生产经营建设行为;与安全专项整治相结合,深化重点行业(领域)隐患排查治理;与推进落实企业安全生产主体责任相结合,强化安全生产基层和基础建设;与促进提高安全生产保障能力相结合,着力提高先进安全技术装备和物联网技术应用等信息化水平;与加强职业安全健康工作相结合,改善从业人员的作业环境和条件;与完善安全生产应急救援体系相结合,加快救援基地和相关专业队伍标准化建设,切实提高实战救援能力。

(三)严抓整改,规范管理。严格安全生产行政许可制度,促进隐患整改。对达标的企业,要深入分析二级与一级、三级与二级之间的差距,找准薄弱点,完善工作措施,推进达标升级;对未达标的企业,要盯住抓紧,督促加强整改,限期达标。通过安全生产标准化建设,实现"四个一批":对在规定期限内仍达不到最低标准、不具备安全生产条件、不符合国家产业政策、破坏环境、浪费资源,以及发生各类非法违法生产经营建设行为的企业,要依法关闭取缔一批;对在规定时间内未实现达标,要依法暂扣其生产许可证、安全生产许可证,责令停产整顿一批;对具备基本达标条件,但安全技术装备相对落后的,要促进达标升级,改造提升一批;对在本行业(领域)具有示范带动作用的企业,要加大支持力度,巩固发展一批。

(四)创新机制,注重实效。各地区、各有关部门要加强协调联动,建立推进安全生产标准化建设工作机制,及时发现解决建设过程中出现的突出矛盾和问题,对重大问题要组织相关部门开展联合执法,切实把安全生产标准化建设工作作为促进落实和完善安全生产法规规章、推广应用先进技术装备、强化先进安全理念、提高企业安全管理水平的重要途径,作为落实安全生产企业主体责任、部门监管责任、属地管理责任的重要手段,作为调整产业结构、加快转变经济发展方式的重要方式,扎实推进。要把安全生产标准化建设纳入安全生产"十二五"规划及有关行业(领域)发展规划。要积极研究采取相关激励政策措施,将达标结果向银行、证券、保险、担保等主管部门通报,作为企业绩效考核、信用评级、投融资和评先推优等的重要参考依据,促进提高达标建设的质量和水平。

(五)严格监督,加强宣传。各地区、各有关部门要分行业(领域)、分阶段组织实施,加强对安全生产标准化建设工作的督促检查,严格对有关评审和咨询单位进行规范管理。要深入基层、企业,加强对重点地区和重点企业的专题服务指导。加强安全专题教育,提高企业安全管理人员和从业人员的技能素质。充分利用各类舆论媒体,积极宣传安全生产标准化建设的重要意义和具体标准要求,营造安全生产标准化建设的浓厚社会氛围。国务院安委会办公室以及各地区、各有关部门要建立公告制度,定期发布安全生产标准化建设进展情况和达标企业、关闭取缔企业名单;及时总结推广有关地区、有关部门和企业的经验做法,培育典型,示范引导,推进安全生产标准化建设工作广泛深入、扎实有效开展。

国务院安全生产委员会
二〇一一年五月三日

1.4.2 烟草专卖局安全生产标准化相关文件

国家烟草专卖局办公室关于进一步加强烟草企业安全生产标准化建设工作的通知
（国烟办综[2011]261号）

行业各直属单位，中国烟草机械集团有限责任公司，中国烟草实业发展中心：

为深入贯彻落实《国务院关于进一步加强企业安全生产工作的通知》（国发[2010]23号）及2011年烟草行业安全生产工作电视电话会议精神，进一步推动烟草企业安全生产标准化建设和实施工作，全面提高企业安全生产工作水平，现将有关事项通知如下。

一、充分认识加强企业安全生产标准化建设的重要意义

《烟草企业安全生产标准化规范》（YC/T 384—2011）全面规范了企业安全生产工作的开展方法、途径和标准，为全行业规范安全生产工作、提升基础建设水平，提供了管理、技术支撑。烟草行业加强安全生产标准化建设是强化行业安全监管，改善企业生产安全设施设备和工艺水平，增强从业人员的安全生产标准化意识和规范生产安全行为，提升安全生产管理水平，防范生产安全事故，确保行业安全生产形势持续稳定的重要举措。

各单位在安全生产标准化建设过程中，要充分认识加强烟草企业安全生产标准化工作的重要性和紧迫性，切实加强领导，强化措施，广泛动员，全员参与，全面推进《烟草企业安全生产标准化规范》在行业内的全面实施。

二、总体要求

各单位要在现有安全管理系统的基础上，重点围绕《烟草企业安全生产标准化规范》，组织开展标准的宣贯和推行实施工作，制订适合企业安全生产标准化建设的方案或实施办法，针对设备设施、岗位操作、作业场所等方面的安全基础管理、安全技术和现场管理，进一步完善企业安全生产标准，逐步建立起与职业健康安全管理体系要求相结合、富有本企业特点、可操作性强、基层员工易于理解和接受的企业安全标准，促进职业健康安全体系的有效运行。

三、制订实施方案，深入开展安全生产标准化宣贯工作

各省级公司要结合本省（区、市）行业的实际情况，制订标准化实施工作方案，提出具体的工作目标任务，明确工作方式、步骤和工作要求。

各企业要把安全生产标准化的培训工作列为及企业培训工作的重要内容，加强企业负责人、安全管理人员、特种作业人员、以及各岗位员工的针对性培训，广泛建立起安全生产标准化工作意识，把安全标准学习、宣传、落实到基层、企业和全体员工。

四、认真贯彻标准，全面查找薄弱环节，切实加强企业安全生产标准化工作

1. 深化安全生产基础管理工作。各单位要全面贯彻《烟草企业安全生产标准化规范》，系统地梳理、完善现有的安全责任制、安全管理制度、安全操作规程和应急预案，建立和完善安全技术标准，不断夯实企业安全管理基础，持续改进安全管理工作。

2. 全面提升企业本质安全化水平。各企业要对照《烟草企业安全生产标准化规范》，全面系统地进行企业现状评估，识别和确认整改事项。着重建立和完善设备设施、岗位操作、作业活动、作业环境和现场管理等方面的安全技术标准，提升人、机、物、环的安全状态，提高企业从业人员的安全意识、安全生产基础管理水平和设备设施本质安全程度。

3. 开展岗位达标、专业达标和企业达标活动。各企业可按照《烟草企业安全生产标准化规范》，主动开展自评，查找差距，整改达标。在加强基础管理、安全技术和现场规范标准化工作的同时开展以生产经营单位为主体的自我评价工作（可依照标准自行打分），进而开展省级公司对生产经营单位的复评和达标评级工作，推动所属企业的全面达标。

五、重点把握的工作环节

1. 各单位要有计划、有步骤地积极推进工作。各省级公司要结合本省（区、市）行业的实际情况，制订标准化工作具体实施工作方案，提出阶段性的工作目标任务，明确工作方式步骤和工作要求。通过试点、交流、研讨等各种方式，做好阶段性的工作总结和定期评估，发现、培育标准化工作典型，注重总结推广好的经验和做法，以点带面，推进所属企业标准化工作的全面实施。

2. 要通过安全生产标准化的实施，全面推进安全体系的有效运行。《烟草企业安全生产标准化规范》的实施将为体系运行中基础管理、现场管控创造良好的条件并提供技术层面的支撑。各单位要抓住时机，将标准化实施与安全体系运行相结合，完善和改进职业健康安全管理体系的符合性和有效性，通过体系的运行确保《烟草企业安全生产标准化规范》得到长期、有效的实施，实现体系与安全生产标准化的有机结合。

3. 要通过安全生产标准化建设，进一步提升各级管理人员的综合安全素质。各生产经营单位要将《烟草企业安全生产标准化规范》的实施作为一次系统学习和提升的过程，在安全基础管理和现场管控得到提升的同时，切实提升各级领导和安全管理人员的综合业务水平，通过标准化建设，打造、建立一支能够全面掌握安全生产标准化管理工具、熟练运用安全管理标准、具备较高安全生产专业水平的安全管理队伍。

六、加强监督检查，狠抓落实

各单位要加强指导、定期检查、及时掌握企业标准化实施以及工作持续改进情况。各级安全管理部门要加强对标准建设实施和运行情况的监督、检查和指导，努力推动企业安全生产标准化工作的深入开展。

二〇一一年五月二十七日

1.5 烟草企业安全生产标准化的推行及其应用

1.5.1 烟草企业安全生产标准化建设

国家烟草专卖局《2010年烟草行业安全生产工作要点》提出了安全标准化、安全信息化和安全文化的"三化建设"要求，其中特别提出：切实加强行业安全标准化建设，为职业健康安全管理体系的有效运行提供操作层面的技术支撑，保证生产经营设备设施、作业环境和作业人员行为处于安全受控状态，促进行业整体职业健康安全管理绩效的提升。

在2010年烟草行业安全生产工作电视电话会议上，国家烟草专卖局领导特别要求积极开展安全生产标准化建设，国家烟草专卖局将组织相关单位共同开展行业安全标准的制定、完善工作，并在有条件的企业中试点开展安全标准化工作评价，使企业逐步将管理和技术标准纳入到安全管理体系，推动管理体系的有效运行，促进行业整体安全管理绩效的提升。

根据国家烟草专卖局的要求,由国家烟草专卖局经济运行司组织,上海烟草集团有限责任公司为主编单位,开始了《烟草企业安全生产标准化规范》的编制工作。

1.5.2 《烟草企业安全生产标准化规范》编制和发布

上海烟草集团有限责任公司安全标准化建设已历时3年,自2007年开始制定集团安全标准化系列标准,并开展了自我评价活动,得到了国家烟草专卖局和国家安全生产监督管理总局领导的好评。为贯彻国家烟草专卖局精神,上海烟草集团有限责任公司向国家烟草专卖局申请行业安全标准化规范制订项目,2010年3月,国家烟草专卖局正式将行业安全标准化规范制订项目纳入年度烟草行业标准制修订项目计划,确定上海烟草集团有限责任公司作为承担单位。

为确保《烟草企业安全生产标准化规范》在行业内的广泛适用性,由国家烟草专卖局安全运行司牵头成立了《规范》编委会,编委会成员单位包括国家烟草专卖局经济运行司、上海烟草集团有限责任公司、云南中烟工业公司、福建中烟工业公司、川渝中烟工业公司、河北中烟工业公司、中国烟草总公司吉林省公司、中国烟草总公司云南省公司和协作单位北京寰发启迪认证咨询中心。

经过研讨、调研、成员单位评审、专家评审、烟草企业安标委函审等流程,全国烟草标准化技术委员会企业分技术委员会于2011年3月10日对《烟草企业安全生产标准化规范》标准项目进行了审定,形成了审定结论,并高票通过;委员会一致同意通过审定,并认为该标准达到了国内先进水平;建议予以发布实施。2011年3月25日国家烟草专卖局以国烟科[2011]153号文件发布了YC/T 384—2011《烟草企业安全生产标准化规范》的三个部分的标准,自2011年4月1日起实施。

1.5.3 国家烟草专卖局要求

《烟草企业安全生产标准化规范》发布后,国家烟草专卖局下发了国烟办综[2011]261号《国家烟草专卖局办公室关于进一步加强烟草企业安全生产标准化建设工作的通知》。

通知指出:《烟草企业安全生产标准化规范》(YC/T 384—2011)全面规范了企业安全生产工作的开展方法、途径和标准,为全行业规范安全生产工作、提升基础建设水平,提供了管理、技术支撑。烟草行业加强安全标准化建设是强化行业安全监管,改善企业生产安全设施设备和工艺水平,增强从业人员的安全标准化意识和规范生产安全行为,提升安全生产管理水平,防范生产安全事故,确保行业安全生产形势持续稳定的重要举措。

通知要求:各单位在安全生产标准化建设过程中,要充分认识加强烟草企业安全生产标准化工作的重要性和紧迫性,切实加强领导,强化措施,广泛动员,全员参与,全面推进《烟草企业安全生产标准化规范》在行业内的全面实施。各单位要在现有安全管理系统的基础上,重点围绕《烟草企业安全生产标准化规范》,组织开展标准的宣贯和推行实施工作,制订适合企业安全生产标准化建设的方案或实施办法,针对设备设施、岗位操作、作业场所等方面的安全基础管理、安全技术和现场管理,进一步完善企业安全生产标准,逐步建立起与职业健康安全管理体系要求相结合、富有本企业特点、可操作性强、基层员工易于理解和接受的企业安全标准,促进职业健康安全体系的有效运行。

1.5.4 《烟草企业安全生产标准化规范》整体架构及其应用

为使用便利,《烟草企业安全生产标准化规范》标准分为三个部分,分别为YC/T 384.1—

2011《烟草企业安全生产标准化规范 第1部分：基础管理规范》；YC/T 384.2—2011《烟草企业安全生产标准化规范 第2部分：安全技术和现场规范》；YC/T 384.3—2011《烟草企业安全生产标准化规范 第3部分：考核评价准则和方法》。标准适用于烟草工业企业和商业企业，含烟叶复烤、卷烟制造、薄片制造、烟草收购、分拣配送、烟草营销等企业及其下属的生产经营单位，不含烟草相关和投资的其他企业，如醋酸纤维、烟草印刷等企业；烟草相关和投资的其他企业可参照执行。

《烟草企业安全生产标准化规范》涵盖了生产安全、消防安全、交通安全、职业危害、食品卫生等安全领域，但未包含治安保卫、专卖稽查等内容；涵盖了烟草企业通用的、主要的风险控制要求；涵盖了基础管理和设备设施、作业活动、作业环境、现场管理等安全技术和现场规范要求，并突出了安全技术的主导地位。

《烟草企业安全生产标准化规范》包括了"基础管理规范"的21个模块及其下属67个要素，"烟草企业通用安全技术和现场规范要求"的17个模块及其下属76个要素，"烟草工业企业安全技术和现场规范要求"的4个模块及其下属20个要素，"烟草商业企业安全技术和现场规范要求"的3个模块及其下属10个要素；共计45个模块，173个要素，15.7万字，涵盖了AQ/T 9006规定的所有核心要求，并根据烟草企业特点，补充和增加了相关规范要求。

《烟草企业安全生产标准化规范》并不取代国家、行业的其他标准，而是将其他标准的要求转化为操作性规范，同时对国家、行业标准未覆盖的内容补充必要的操作性规范。

《烟草企业安全生产标准化规范》作为标准，是"为了在一定范围内获得最佳秩序，经协商一致制定并由公认机构批准，共同使用和重复使用的一种规范性文件"，因此，标准所规范的要求，并不是最高标准，企业在制定安全管理制度、技术标准等文件时应对其规范要求加以引用或转化，企业的规范要求可高于行业标准的要求。

《烟草企业安全生产标准化规范》的应用可包括：基层生产经营单位作为内部安全基础管理、安全技术和现场规范的依据，并以此进行内部安全检查和安全标准化自我评价；省级工业公司和商业公司对下属生产经营单位的安全监督检查依据；国家烟草专卖局对各省工业和商业企业进行安全监督检查的依据；国家安全生产监督管理总局及各省安监部门对烟草企业实施监督的依据。其中，基层生产经营单位的应用是关键，是实现岗位达标、专业达标和企业达标的核心环节，也是本规范编制和推行的基本目的，生产经营单位是规范实施的主体。

依据《烟草企业安全生产标准化规范》的架构和内容，学习和应用过程中应特别注意其体现的"过程管理"和"系统管理"理念。所谓过程管理，是指每个要素"将活动和相关的资源作为过程进行管理"，规范了过程的输入、输出、程序和检查四个基本内容，体现了策划、实施、检查和处置PDCA循环要求；规范中多处要求对法规和上级要求、管理对象、管理依据等进行识别，建立清单或台账，目的是确保输入完整，只有清楚了输入，才能进行策划和实施；多个要素规范了记录、资料的要求，目的是能够对输出进行验证，验证其是否满足了输入的要求；规范中每个要素的核心是规范本要素相关活动的程序，即流程和要求，是策划的结果，也是实施的依据；相关要素还规范了过程前、过程中、过程后的监视和测量要求，即通过检查来确认输入是否完整、程序是否可行，实施是否有效，为改进过程提供依据。所谓"系统管理"，是指规范在设置各个模块和要素时"将相互关联的过程作为系统加以识别、理解和管理"；规范第1部分、第2部分的各个模块和要素，不仅包括了设备设施、作业活动、作业环境和日常管理中风险控制主过程的规范要求，还包括了人力资源、设备管理、采购管理、标识管理等安全工作支持过程的规范要求,也包括了目标管理、绩效考核等管理过程的规范要求,以求通过系统管理,提高实现目标的有效性和效率。

1.5.5 安全生产标准化与管理体系的关系

职业健康安全管理体系搭建了先进的、规范的、系统的职业健康安全管理架构和平台,但体系标准并未也不可能对不同类型的组织职业健康安全具体技术和管理规范、绩效评价等作出具体要求;如何使烟草企业管理体系架构和平台内的基础管理、安全技术和现场要求具体化、量化和细化,使管理体系具有运行和考核的准则,实现绩效的不断提升,是许多企业正在探讨的课题。将安全生产标准化的规范标准作为体系运行的准则,则可对体系运行提供具有可操作性的支撑,实现体系绩效提升;同样,有了体系管理架构和平台的保证,安全生产标准化的规范要求方可得到持续的执行和改进。

正是基于上述需求,《烟草企业安全生产标准化规范》将 GB/T 28001《职业健康安全管理体系 规范》的 17 个要素全部纳入其中,实现与职业健康安全管理体系的有机结合,在实施安全生产标准化的同时促进职业健康管理体系的持续改进。

复习思考题:

1. 安全标准化的概念、建立思想、特点、着眼点分别是什么?
2. 试描述我国工贸企业安全生产标准化建设的概况。
3. 试描述安全生产标准化的意义。
4. 试分别描述安全生产标准化与安全标准、职业安全健康体系的区别。
5. 试描述《烟草企业安全生产标准化规范》整体架构及其应用。

第 2 章 《烟草企业安全生产标准化规范》核心要素解读

> 本章主要内容：
> ◆ 对烟草企业安全生产标准化规范的核心要素进行解读。
> 学习要求：
> ◆ 准确掌握烟草企业安全生产标准化的核心要素。

2.1 基础管理规范

"基础管理规范"（YC/T 384.1）总体架构及其应用解读

前言

YC/T 384《烟草企业安全生产标准化规范》分为三个部分：
——第 1 部分：基础管理规范；
——第 2 部分：安全技术和现场规范；
——第 3 部分：考核评价准则和方法。

本部分（即"基础管理规范"）为 YC/T 384 的第 1 部分。

本部分按照 GB/T 1.1—2009《标准化工作导则 第 1 部分：标准的结构和编写》给出的规则起草。

请注意本文件的某些内容可能涉及专利。

本文件的发布机构不承担识别这些专利的责任。本部分由国家烟草专卖局提出。

本部分由全国烟草标准化委员会企业分技术委员会（SAC/TC 144/SC 4）归口。

本部分起草单位：国家烟草专卖局经济运行司、上海烟草集团有限责任公司、云南中烟工业有限责任公司、福建中烟工业公司、川渝中烟工业公司、河北中烟工业公司、中国烟草总公司吉林省公司、中国烟草总公司云南省公司、北京寰发启迪认证咨询中心。

本部分主要起草人：谢亦三、张一峰、孙胤、唐春宝、徐建宁、蔡汉力、陈薇、韦博元、王鹏飞、徐本钊、褚娴娟、牛进坤、杨达辉、李世冲、卢俊权、赵亮、赵小骞、张博为。

引言

YC/T 384《烟草企业安全生产标准化规范》以 AQ/T 9006—2010《企业安全生产标准化基本规范》为编制依据，并结合烟草企业的特点而编制；本标准以上海烟草集团有限责任公司安全标准化系列标准为基础重新编制。

YC/T 384《烟草企业安全生产标准化规范》的编制目的是为规范烟草企业安全生产标准化提供依据；为职业健康安全管理体系的有效运行提供操作层面的技术支撑，保证安全基础管理、生产经营设备设施、作业环境和作业人员行为处于安全受控状态，促进企业职业健康安全管理绩效的提升。

鉴于烟草企业已经普遍建立了职业健康安全管理体系，本部分同时将 GB/T 28001 作为编写依据，涵盖了职业健康安全管理体系的要求，实现安全生产标准化和管理体系融合和兼容。

1　范围

本部分规定了烟草企业安全生产标准化的基础管理规范要求。

本部分适用于烟草工业企业和商业企业，含烟叶复烤、卷烟制造、薄片制造、烟草收购、分拣配送、烟草营销等企业及其下属的生产经营单位，不含烟草相关和投资的其他企业，如醋酸纤维、烟草印刷等企业；烟草相关和投资的其他企业可参照执行。

2　规范性引用文件

下列文件对于本文件的应用是必不可少的。凡是注日期的引用文件，仅注日期的版本适用于本文件。凡是不注日期的引用文件，其最新版本（包括所有的修改单）适用于本文件。

GB/T 3608　高处作业分级

GB/T 4200　高温作业分级

GB 5768.2　道路交通标志和标线 第2部分：道路交通标志

GB 5768.3　道路交通标志和标线 第3部分：道路交通标线

GB 6441　企业职工伤亡事故分类标准

GB 6442　企业职工伤亡事故调查分析规则

GB 8958　缺氧危险作业安全规程

GB/T 13861　生产过程危险和有害因素分类与代码

GB/T 19011　质量和(或)环境管理体系审核指南

GB 11651　个体防护装备选用规范

GB 12942　涂装作业安全规程 有限空间作业安全技术要求

GB/T 28001　职业健康安全管理体系　规范

GB 50016　建筑设计防火规范

GB 50045　高层民用建筑设计防火规范

GB 50222　建筑内部装修设计防火规范

GB 50354　建筑内部装修防火施工及验收规范

AQ/T 9002　生产经营单位安全生产应急预案编制

AQ/T 9004　企业安全文化建设导则

AQ/T 9006—2010　企业安全生产标准化基本规范

GBZ 1　工业企业设计卫生标准

GBZ 2.1　工作场所有害因素职业接触限值 第1部分：化学有害因素

GBZ 2.2　工作场所有害因素职业接触限值 第2部分：物理因素

GBZ 188　职业健康监护技术规范

GBZ/T 224—2010　职业卫生名词术语

GBZ/T 229.1　工作场所职业病危害作业分级 第1部分：生产性粉尘

GBZ/T 229.2　工作场所职业病危害作业分级 第2部分：化学物

GBZ/T 229.3　工作场所职业病危害作业分级 第3部分：高温

GBZ/T 229.4　工作场所职业病危害作业分级 第4部分：噪声
JGJ 46　施工现场临时用电安全技术规范
JGJ 59　建筑施工安全检查标准
TSG R7001　压力容器定期检验规则
TSG D7004　压力管道定期检验规则——公用管道
TSG Q7015　起重机械定期检验规则
YC/T 323　卷烟企业安全标识 使用规范
YC/T 384.2—2011　烟草企业安全生产标准化规范 第2部分：安全技术和现场规范

3 术语和定义

GB/T 28001、AQ/T 9006和GBZ/T 224界定的以及下列术语和定义适用于本文件。为了便于使用，以下重复列出了AQ/T 9006、GBZ/T 224的某些术语和定义。

3.1 安全生产标准化 work safety standardization

通过建立安全生产责任制，制定安全管理制度和操作规程，排查治理隐患和监控重大危险源，建立预防机制，规范生产行为，使各生产环节符合有关安全生产法律法规和标准规范的要求，人、机、物、环处于良好的生产状态，不断加强企业安全生产规范化建设。

[AQ/T 9006—2010,定义3.1]

3.2 重点/重要危险源 key/important hazards

企业经过风险评价，确定的本企业相对风险较大、需重点加以控制的危险源，包括企业不可接受的风险。

3.3 设备安全装置 device safety feature(equipment safety devices)

设备出厂时附带的和企业增加的，用以进行安全防护或职业危害控制的设备组成部分或附属装置；其中要求统计并建立清单的安全装置包括安全连锁装置、安全报警装置、职业危害现场通风和现场除尘装置等，不包括设备工作平台与走道、设备自身以外的管道、建筑物设施的防护装置，也不包括能直观、目视检查的急停开关、防护网、罩、防护栏等。

3.4 易制毒化学品 precursor chemicals

易制毒化学品分为三类。第一类是可以用于制毒的主要原料；第二类、第三类是可以用于制毒的化学配剂；其中第二类包括苯乙酸、醋酸酐、三氯甲烷、乙醚、苯乙酸等；第三类包括甲苯、丙酮、甲基乙基酮、高锰酸钾、硫酸、盐酸等。

3.5 危险作业 hazardous operation

企业确定的，作业风险较大的活动，应包括高处作业、动火作业、有限空间作业及其他危险性较大的作业。

3.6 有限空间作业 confined spaces work

作业人员进入许可性有限空间的作业；其中有限空间是指仅有1个~2个人孔，即进出口受到限制的密闭、狭窄、通风不良的分隔间，或深度大于1.2 m封闭或敞口的通风不良空间；许可性有限空间是指存在任何可能造成职业危害、人员伤亡的有限空间场所，此种情况具有如下特点：空间内的气体具有危害性，空间内存在可能导致进入者身体受限的设备、设施或其他公认的严重的安全或健康风险。

3.7 职业危害 occupational hazard

对从事职业活动的劳动者可能导致的工作有关疾病、职业病和伤害。

[GBZ/T 224—2010,定义 2.5]

3.8 职业禁忌症 occupational contraindication

劳动者从事特定职业或者接触特定职业病危害因素时,比一般职业人群更易于遭受职业病危害和罹患职业病或者可能导致原有自身疾病病情加重,或者在作业过程中诱发可能导致对他人生命健康构成危险的疾病的个人特殊生理或病理状态。

[GBZ/T 224—2010,定义 2.8]

3.9 事故隐患 accident potential

安全生产事故隐患,简称事故隐患;是指生产经营单位违反安全生产法律、法规、规章、标准、规程和安全生产管理制度的规定,或者因其他因素在生产经营活动中存在可能导致事故发生的物的危险状态、人的不安全行为和管理上的缺陷。

[国家安全生产监督管理总局令第 16 号安全生产事故隐患排查治理暂行规定,第三条]

3.10 安全信息化 safety informatization

利用电子信息平台建立的安全信息网络系统及其管理、使用;信息系统特指用于电子信息生成、管理、传递、储存的系统,由硬件和软件组成,通常通过网络实现,如 ERP 系统和 OA 办公自动化系统等。

4 基础管理规范要求

(略)

参考文献

[1]国发[2010]23 号 国务院关于进一步加强企业安全生产工作的通知
[2]国务院令第 9 号 女职工劳动保护规定
[3]国务院令第 445 号 易制毒化学品管理条例
[4]国务院令第 449 号 放射性同位素与射线装置安全和防护条例
[5]国务院令第 493 号 生产安全事故报告和调查处理条例
[6]国务院令第 549 号 特种设备安全监察条例
[7]国务院令第 586 号 工伤保险条例
[8]国务院令第 591 号 危险化学品安全管理条例
[9]国家安全生产监督管理总局[2002]123 号文 关于生产经营单位主要负责人、安全生产管理人员及其他从业人员安全生产培训考核工作的意见
[10]国家安全生产监督管理总局令第 1 号 劳动防护用品监督管理规定
[11]国家安全生产监督管理总局令第 3 号 生产经营单位安全培训规定
[12]国家安全生产监督管理总局令第 11 号 注册安全工程师管理规定
[13]国家安全生产监督管理总局令第 16 号 安全生产事故隐患排查治理暂行规定
[14]国家安全生产监督管理总局令第 17 号 生产安全事故应急预案管理办法
[15]国家安全生产监督管理总局令第 23 号 作业场所职业健康监督管理暂行规定
[16]国家安全生产监督管理总局令第 30 号 特种作业人员安全技术培训考核管理规定
[17]国家安全生产监督管理总局令第 36 号 建设项目安全设施"三同时"监督管理暂行办法
[18]国家质量监督检验检疫总局第 70 号 特种设备作业人员监督管理办法
[19]国家环境保护总局令第 5 号 危险废物转移联单管理办法
[20]国家烟草专卖局、公安部第 1 号令 烟草行业消防安全管理规定

[21]国家电力监管委员会令第15号 电工进网作业许可证管理办法

[22]公安部令第106号 建设工程消防监督管理规定

[23]公安部令第107号 消防监督检查规定

[24]公安部令第108号 火灾事故调查规定

[25]公安部令第109号 社会消防安全教育培训规定

【解读】

(1)基础管理的概念及其范围

本部分规范的是烟草企业安全基础管理工作,主要是对企业领导、安全主管部门及相关主管部门安全基础性管理的要求,也包括了对车间和班组的安全管理要求;基础管理的考评主要是通过查阅文件、资料、记录、与管理人员沟通等方式进行。

本部分也设置了设备设施基础管理、消防安全基础管理、交通安全基础管理、职业危害管理等模块,与第2部分的具体设备设施要求、消防设备设施、交通车辆、现场职业危害控制等模块/要素有区别,但具有内在的联系,并相互引用。

本部分适用于烟草工业企业和商业企业;但由于基础管理规范对不同类型的企业而言大多是通用的,其他烟草企业也可参照执行。

(2)基础管理规范架构及其与体系的融合

本部分共设置了21个模块及下属的67个要素。鉴于烟草企业已经普遍建立了职业健康安全管理体系,本部分同时以GB/T 28001《职业健康安全管理体系 规范》作为编写依据,涵盖了职业健康安全管理体系的所有要素,实现安全生产标准化和管理体系融合和兼容。

本部分各模块编排顺序,体现了PDCA循环,也考虑了与体系的结合。

(3)引用文件和参考文献

本部分引用的文件,均是在正文中提及的国家和行业标准;其中凡是注日期的引用标准,正文中引用了其章节号;凡是不注日期的引用标准,正文中引用了其标准号;本部分编写依据的法规等,根据标准编制的格式要求,在参考文献中列出,其中不含相关的国家法律。

(4)术语和定义

本部分仅列出了理解时容易产生歧义的相关术语定义,其中有注解的,直接源于相关法规或标准。

(5)基础管理规范的应用

本部分旨在规范企业的各项安全管理基础工作,只有基础管理到位,安全技术和现场规范方能得以实现,方能实现系统的持续改进;鉴于烟草企业有较好的管理基础,本部分在法规标准的基础上,对烟草企业的基础管理提出了一些具有行业特色的要求,以求对企业整体安全管理水平的提升起到指导作用。企业可按本部分规范的21个模块作为基本分类,结合安全技术和现场规范的要求,形成各安全专业的系统要求,以实现安全生产标准化的专业达标。

2.1.1 职业健康安全方针、规划、目标和计划

2.1.1.1 职业健康安全方针、规划、计划和总结

(1)职业健康安全方针应符合下列要求:

——方针应形成文本,内容应结合企业特点,与企业安全风险程度相适应,体现企业安全

文化特色；

——方针应符合 GB/T 28001 要求，包含对持续改进的承诺和遵守现行职业健康安全法规和其他要求的承诺，并定期评审，以确保其与企业保持相关和适宜；

——方针应传达到全体员工，使其认识各自的职业健康安全义务，并可为相关方所获取。

(2)安全中长期规划应符合下列要求：

——安全中长期规划可单独制定，也可在企业中长期规划中单列篇章；均应由企业主要负责人批准；规划周期宜 3～5 年；规划内容应包括中长期目标、人力和资金等资源、技术和管理等配套措施、企业安全文化建设等相关内容，并结合实际，针对性强；其中目标宜量化；

——规划应下发到各部门，作为制定年度目标指标的依据；如果有修订，应有规划的修改报告。

(3)企业年度安全工作计划应符合下列要求：

——企业年初制定年度安全工作计划，应包括安全生产、消防安全、交通安全、职业危害等工作内容，并包括安全费用预算；可以形成完整的安全年度计划，也可分别制定各管理工作内容的计划；计划应形成文件，经过企业主要负责人批准后下发各部门执行；计划需变更时，应经企业主要负责人批准；

——重点部门或较大的车间，宜单独编制安全工作计划；

——企业年度安全计划完成情况，每年至少检查两次，并形成记录。

(4)企业年度安全工作总结应符合下列要求：

——企业每年编制年度安全工作总结；由主管安全领导审核后报主要负责人和安委会；总结宜在年底或次年年初完成；总结中应有年度安全费用使用情况、年度计划完成情况、中长期规划的实现情况、年度目标指标完成情况、存在问题及改进建议等内容；

——企业总结应经过安委会审议，提出下年度的改进意见；

——重点部门或较大的车间，宜单独编制安全工作总结。

2.1.1.2 目标和方案管理

(1)职业健康安全目标和方案管理应符合下列要求：

——根据年度安全工作计划制定企业年度职业健康安全目标，形成文本由企业主要负责人批准；企业目标宜每年年初下达；

——目标应根据企业现状和上级要求制定，不仅应包括事故发生率、职业危害控制目标，还应有安全管理、风险控制等过程控制目标，并宜量化；目标应体现持续改进，提出年度内实现的提升性目标；

——企业应针对目标制定相应的方案，明确为实现目标所规定的有关职能、层次的职责和权限、实现目标的方法和时间表等；

——目标及方案完成情况应定期统计分析，并保存相关数据、资料和统计分析结果的记录；应确定各类目标的统计分析周期；

——每年年底对职业健康安全目标和方案完成情况进行总结，形成报告或列入年度安全工作总结。

(2)企业下属部门职业健康安全目标管理应符合下列要求：

——确定需制定部门职业健康安全目标的下属部门范围，其中应包括生产车间、动力部门、仓储部门、物流部门、承担安全相关管理职责的科室及其他现场有重点/重要危险源的部门；

——相关部门依据企业年度职业健康安全目标，结合本部门危险源及管理职责实际，制定形成本部门年度职业健康安全目标文本，经过本部门主要负责人批准后实施；

——部门目标中，不仅应包括事故发生率、职业危害控制目标，还应有安全管理、风险控制等过程控制目标，并分解为具体量化的目标；同时，制定为保证目标完成所需的相关具体措施；

——部门目标及相关方案的完成情况应定期统计分析，并保存相关统计数据、资料和统计结果的记录；统计周期应符合企业的要求。

(3)目标考核应符合下列要求：

——企业建立目标考核体系，对列入考核的目标进行定期考核，并根据考核情况进行奖惩；符合本部分4.21的具体要求；

——考核和奖惩应保存记录。

2.1.1.3 安全投入费用管理

(1)安全投入费用应得到保障，符合下列要求：

——建立安全投入保障制度，并形成文件；

——制度内容应包括：安全投入费用的提取、安全投入费用的使用、安全投入费用使用统计分析、专款专用要求、安全投入费用的审计监督等。

(2)企业年度财务预算中应确定必要的安全投入；安全投入费用的预算应符合以下要求：

——年度安全投入费用(含职业健康安全管理体系的管理方案需发生的费用)，应纳入企业年度固定资产投资、技术改造、日常维护等财务预算计划，或单独编制安全技术措施费用预算计划；

——技术改造等较大的安全投入费用应经过技术论证，并有安全管理部门人员参加；保存论证记录；

——安全投入费用的相关财务预算计划批准后，应制定各项目具体的实施方案或计划，每半年至少应对费用使用情况及方案、计划完成情况进行一次检查和统计，并保存记录；

——各项安全投入费用计划、方案项目，验收时应有安全管理部门参加；

——每年年底，安全管理部门应会同财务部门、相关部门对安全投入费用预算计划的使用情况、效果进行统计分析，形成分析报告或列入年度安全工作总结。

【解读】

(1)模块设置

本模块旨在规范企业的安全方针、规划、目标和计划等中长期和年度基础工作，包括安全投入管理，以建立企业安全管理的长效机制。

(2)适用范围

本模块涵盖的3个要素，从方针计划管理、目标和方案管理、安全投入管理三个层次作出了规范要求，不同类型的企业均适用；其中方针、中长期规划等可由省级公司制定，下属企业贯彻执行；其他要求的执行以各生产经营单位为主。

(3)本模块主要依据法规标准

——GB/T 28001—2001《职业健康安全管理体系 规范》的4.2、4.3.3、4.3.4等要素；

——AQ/T 9006—2010《企业安全生产标准化基本规范》5.1、5.3；

——国发[2010]23号《国务院关于进一步加强企业安全生产工作的通知》。
(4)重点内容解读
——方针是企业的最高层次的安全纲领,规划是企业方针指导下制定的中长期(一般以3～5年为宜)的目标及其实现目标的计划,目标是企业为实现中长期规划而制定的年度或规定时限内的目标及分解到各职能和层次的下属部门级目标;方案是为实现目标而制定的计划措施,包括安全技术措施型方案,也包括改进性管理型方案;

——关于方案,参照了国际标准 OHSAS 18001:2007《职业健康安全管理体系要求》的提法,旨在说明方案不仅仅是管理型的方案,更加应注重采取安全技术措施型方案以实现安全目标;

——4.1.1.3条款规定重点部门或较大的车间,宜单独编制安全工作计划和总结;关于重点部门或较大车间的确定,可由企业根据实际情况确定,一般可包括生产性车间、动力部门、仓储物流部门、运输车队等;

——4.1.2.1条款强调了目标的针对性:目标应根据企业现状和上级要求制定,不仅应包括事故发生率、职业危害控制目标,还应有安全管理、风险控制等过程控制目标,并宜量化;目标应体现持续改进,包括年度内实现的提升性目标;

——4.1.2.2条款要求企业应确定需制定部门级职业健康安全目标的下属部门范围,其中应包括生产车间、动力部门、仓储部门、物流部门、承担安全相关管理职责的科室等部门。

2.1.2 危险源管理

2.1.2.1 危险源管理要求

(1)危险源管理制度和资料应符合下列要求:
——建立危险源管理的制度,其中应规定危险源辨识、风险评价和控制措施策划的主管部门、范围、流程、方法、更新频次、审批要求;

——企业下属各部门组织本部门危险源管理,建立部门危险源辨识、风险评价及控制措施清单或台账;由外来务工人员组成的部门应按本企业部门对待,组织其辨识危险源并形成危险源及控制措施清单;

——在对危险源进行风险评价和控制措施策划的基础上,形成企业重点/重要危险源及控制措施清单,并经过安全主管领导批准后下发各部门;

——保存企业全部危险源辨识、风险评价及控制措施策划资料;

——凡依据国家和地方标准确认为重大危险源的,应按照国家和地方要求定期评估和申报,并保存记录。

(2)危险源资料的更新应符合下列要求:
——根据法律法规、标准的变化,设备更新、产品调整、生产工艺改变、原辅材料变化等情况及时组织危险源辨识和风险评价;

——正常情况下,企业及下属各部门每年年初应进行一次危险源辨识、风险评价和控制措施内容的评审和更新,并保存更新记录。

(3)危险源资料的应用应符合下列要求:
——危险源控制措施的各类文本应下发到各班组或岗位,并保存发放记录;文本可作为新员工和转复岗人员班组级安全教育和日常培训的依据;应确保员工熟悉本岗位的危险源(特别是重点/重要危险源)及其控制方法、作业注意事项及应急措施等内容;

——岗位操作规程或其他岗位人员执行文件中应包括岗位主要危险源及其控制措施的内容,具体执行本部分 4.5.3 的相关要求;

——企业和下属各部门应将危险源辨识、风险评价和控制措施的资料,作为制定职业健康安全目标、实施安全检查的依据。

2.1.2.2 危险源辨识和风险评价要求

(1)危险源辨识覆盖所有场所和活动,并包括现场相关方活动和列入计划的活动,符合 GB/T 28001 的要求。

(2)危险源辨识及其描述应符合下列要求:

——辨识时应考虑正常(如设备正常运转的危险、正常清理设备时的粉尘)、异常(如设备安全装置失灵时的危险、通风装置故障时的粉尘)、紧急(如发生事故时的危险、发生泄漏时的危害)三种状态下的危险源;

——辨识时应考虑过去(曾经发生过的事故事件)、现在(目前存在的危险)、将来(将来可能发生的危险)三种时态的危险源;

——危险源描述应包括危险发生的根源,即第一类危险源:存在的、可能发生意外释放的能量(能源或能量载体)或危险物质;危险源描述还应包括危险发生的直接原因和过程,即第二类危险源:可能引发事故或伤害的人的不安全行为、物的不安全状态、作业环境的不良因素、管理缺陷等;

——宜参照 GB/T 13861 对危险源进行描述;

——危险源描述应包括伤害对象和危险导致的后果,宜参照 GB 6441 对后果进行分类。

(3)风险评价的原则和方法应符合下列要求:

——应规定风险评价的方法和风险分级标准,宜采用定性分析和分值计算相结合的方法;

——国家法规标准规定的重大危险源,以及特种设备及其作业、危险作业、烟草制品火灾等风险较大的危险源,应列为企业重点/重要危险源;

——对风险评价实施动态管理,对于目前不符合法规要求、曾经发生过事故但仍然无有效控制措施的、员工或相关方严重关注的危险源,应直接列为重点/重要危险源,并采取有效控制措施。

2.1.2.3 危险源控制措施的策划

(1)危险源控制策划和效果评价应符合下列要求:

——企业重点/重要危险源应列入重点控制对象,形成各重点/重要危险源部位或作业活动的控制措施表;其他危险源的控制措施应包含在部门危险源台账或清单之中;

——每年应对重点/重要危险源的风险控制情况进行效果评价,并形成分析报告,确保重点/重要危险源监控工作的持续改进。

(2)危险源风险控制措施应符合下列要求:

——风险控制措施应以消除、取代、工程控制、标识、警告和(或)管理控制、个体防护用品的顺序进行选择;

——控制措施的方法宜包括:现场各类设备、工艺、检测、防护等技术措施;劳动防护用品等个人防护措施;制定目标和方案、文件制度、操作规程、应急预案、持证上岗等管理措施;应具体、可行、有效。

【解读】

(1)模块设置

本模块旨在规范企业危险源的基层管理工作,为企业安全工作提供坚实的基础;企业安全工作的核心是危险源风险控制,本模块规范的是危险源风险控制的策划工作,所谓策划,就是首先应辨识清楚有哪些危险源,然后经过风险评价,确定哪些是需要重点控制的风险;在辨识和风险评价的基础上,再策划制定风险控制措施;本模块仅仅是规范了策划的过程,具体现场危险源风险控制的要求在本部分相关模块中分别提出规范要求。

(2)适用范围

本模块涵盖的3个要素,从危险源资料、危险源辨识和风险评价、风险控制措施的策划3个层次作出了规范要求,不同类型的企业均适用;其中,企业在执行时,除了应涵盖企业所有场所、所有设备设施、所有作业活动外,还应包括相关方在企业现场的设备设施、作业活动。

(3)本模块主要依据法规标准

——GB/T 28001—2001《职业健康安全管理体系 规范》的4.3.1要素;

——AQ/T 9006—2010《企业安全生产标准化基本规范》5.8、5.9;

——GB/T 13861—2009《生产过程危险和有害因素分类与代码》;

——GB 18218—2009《危险化学品重大危险源辨识》;

——GB 6441—1986《企业职工伤亡事故分类标准》。

(4)重点内容解读

——规范"3 术语和定义"对重点/重要危险源作了定义:"企业经过风险评价,确定的本企业相对风险较大、需重点加以控制的危险源,包括企业不可接受的风险";这里强调的是相对性,即主要根据企业的实际确定;定义中提到的不可接受风险,主要指现场风险控制已经出现问题,已经构成"事故隐患"的危险源,应立即采取措施解决,在未得到解决以前,应列入重点/重要危险源加以重点控制,该要求体现了危险源的动态管理原则;"事故隐患"的定义按照国家安全生产管理总局《安全生产事故隐患排查治理暂行规定》是指"生产经营单位违反安全生产法律、法规、规章、标准、规程和安全生产管理制度的规定,或者因其他因素在生产经营活动中存在可能导致事故发生的物的危险状态、人的不安全行为和管理上的缺陷"。

——对于重点/重要危险源,企业在执行时并非一定使用该称谓,也可称为中高度风险危险源等,但不宜称为重大危险源或重大风险,以免与国家重大危险源的概念混淆。

——4.2.1.3条款强调了危险源和风险控制措施清单的运用要求,要求将危险源控制措施的各类文本下发到各班组或岗位,并保存发放记录;文本可作为新员工和转复岗人员班组级安全教育和日常培训的依据,应确保员工熟悉本岗位的危险源(特别是重点/重要危险源)及控制方法、作业注意事项及应急措施等内容。

——4.2.2.2条款对危险源描述提出了较高要求;首先描述应能体现危险发生的根源,即第一类危险源,所谓第一类危险源,是指存在的、可能发生意外释放的能量(能源或能量载体)或危险物质,如运动的汽车(动能)、人员高处作业(势能)、承压锅炉(压力积蓄的能量)等,其次描述应包括危险发生的直接原因和过程,即第二类危险源,包括可能引发事故或伤害的人的不安全行为、物的不安全状态、作业环境的不良因素、管理缺陷等。如何实现规范的这一要求,企业可采取不同的危险源辨识表格,可以将作业活动、第一类危险源、第二类危险源、后果等单独列出,也可以在作业活动的基础上,直接描述危险源的根源、直接原因和发生过程、结果;但无论采取何种方法,均需清楚地反映根源是什么、直接原因和过程是什么。

——4.1.2.1 条款要求重点/重要危险源所在部位或部门单独建立控制措施表,其目的是确保重点/重要危险源的控制措施具体、可行,不流于形式;企业可根据本企业特点,设计统一的表格,制定各重点/重要危险源的具体控制措施,一般可包括人员资质要求、设备检修保养要求、现场管理和标识要求、定期检查检测要求、劳动防护用品佩戴要求、应急要求等,并明确管理人、现场责任人等;一般危险源的控制措施可在清单内描述,但也不应该仅是原则要求,至少应清楚地描述需执行哪一个文件、现场有哪些要求,劳动防护用品的佩戴要求等。

——4.2.3.1 条款要求每年应对重点/重要危险源的风险控制情况进行效果评价,该项工作一般由安全主管部门牵头组织进行,要求单独形成分析报告。

2.1.3 法律法规和其他要求管理

2.1.3.1 法律法规和其他要求的识别、获取和更新

(1)应建立职业安全健康法律法规和其他要求管理的制度,其中应明确法律法规和其他要求识别、获取和合规性评价的主管部门,确定获取的渠道和适用性评价的要求,规定更新要求和合规性评价的要求。

(2)法律法规和其他要求识别及其资料应符合 GB/T 28001 的要求,其中:

——应在获取的基础上进行适用性评价,建立企业适用的职业安全健康法律法规和其他要求清单;企业下属的分厂应单独建立清单;

——清单内容应涵盖企业适用的法律、国务院行政法规、部门规章、地方性法规、地方性规章、标准及行业要求等;清单应注明法律法规和其他要求的名称(含文号和标准号)、颁布实施时间、颁布部门、适用条款、适用部门等内容;

——应及时收集、获取清单所列现行有效的法律法规和其他要求文本(含电子文本),并采取可行的方式能够被各部门所获取,并能被在企业内长期工作的相关方所获取。

(3)法律法规和其他要求资料的更新应符合下列要求:

——应及时获取职业安全健康法律法规和其他要求的更新信息,并收集更新的法律法规和其他要求文本,及时更新法律法规文本资料,确保执行的法律法规和其他要求为现行有效版本;

——法律法规和其他要求更新信息,应及时传达到各部门和有关相关方;

——应每年定期修订职业安全健康法律法规和其他要求清单,确保其适用性。

2.1.3.2 法律法规和其他要求的贯彻和应用

(1)贯彻和应用应符合下列要求:

——应结合企业实际,将法律法规和其他要求的具体内容转化为企业规章、制度、规范和标准等文件;每年合规性评价中,重点对文件的合规性进行评价;

——企业应将职业安全健康法律法规和其他要求的宣传、贯彻列入相关主管部门的工作职责,每年至少应有一次相关的宣传活动,并保存记录。

(2)学习和培训应符合下列要求:
——应将职业安全健康法律法规和其他要求的培训列入培训计划,每个部门每年至少应有一次以上相关的法律法规和其他要求的培训,包括参加企业级培训或企业统一安排的部门级培训,并保存记录;
——应组织员工学习与本岗位工作相关的职业安全健康法律法规和其他要求,宜在车间和班组安全活动中安排上述学习内容。

2.1.3.3 法律法规和其他要求的合规性评价

(1)合规性评价频次和程序应符合下列要求:
——每年应至少进行一次职业安全健康法律法规和其他要求的合规性评价;评价应组成企业评价组进行,评价组应有安全管理部门及相关管理部门人员、工会代表、注册安全工程师等参加;
——合规性评价在收集整理年度企业法律法规和其他要求遵循资料的基础上进行,应提供全面有效的证据,以证实合规性要求;
——合规性评价应形成合规性评价表或报告;评价人应在合规性评价表或报告上签字,并保存评价记录和资料;
——合规性评价表或报告应由企业安全主管领导或主要负责人批准,并下发各部门。

(2)合规性评价内容应符合下列要求:
——应根据企业管理职责和内容,确定需评价的法规及其内容,宜分类列出评价内容;
——应对企业法规和其他要求遵循情况进行具体描述,并对照法规要求进行评价;
——应对每一评价内容或对每类评价内容的合规性作出评价结论;结论宜分为符合、基本符合和不符合;基本符合应说明不足点,并提出改进建议,不符合应分析原因,并提出整改建议。

(3)纠正和预防措施应符合下列要求:
——对合规性评价提出的不符合和改进建议,应采取纠正措施和预防措施,并形成文本;
——应对纠正措施和预防措施的实施情况进行检查、跟踪验证,并保存记录。

【解读】
(1)模块设置
本模块旨在规范法规和其他要求的管理,为企业安全工作提供法律、法规、标准以及上级公司、社会、企业承诺等其他要求依据,并对企业遵循法规和其他要求的程度进行合规性评价。

(2)适用范围
本模块涵盖的3个要素,从法规和其他要求的识别、获取和更新,贯彻和应用,合规性评价三个层次作出了规范要求,不同类型的企业均适用;其中:法规的概念包括国家法律、国务院行政法规、地方人大通过的地方法规、国务院各部委行政规章、地方政府规章以及国家标准、行业标准;其他要求是指企业应遵循的其他非法规标准要求,可包括企业与政府机构的协议、与社区团体或非政府组织的协议、与顾客的协议,以及行业协会和上级公司的职业健康安全要求等。

(3)依据的法规标准
——GB/T 28001—2001《职业健康安全管理体系 规范》的4.3.2要素;

——AQ/T 9006—2010《企业安全生产标准化基本规范》5.4；

(4)重点内容解读

——本模块的基本要求，与 GB/T 28001—2001《职业健康安全管理体系 规范》的"4.3.2 法规和其他要求"相同；

——4.3.1.2 条款规范了法规和其他要求清单适用性评价的要求，要求法规和其他要求清单内容应涵盖企业适用的法律、国务院行政法规、部门规章、地方性法规、地方性规章、标准及行业要求等；清单应注明法律法规和其他要求的名称（含文号和标准号）、颁布实施时间、颁布部门、适用条款、适用部门等内容；

——4.3.1.3 条款强调了动态管理，要求法规和其他要求清单应及时更新，每年至少更新一次；

——4.3.2.2 条款规范了法规和其他要求的学习培训要求；每个部门每年至少应有一次以上相关的法律法规和其他要求的培训，包括参加企业级培训或企业统一安排的部门级培训，并保存记录；

——职业健康安全管理体系的国际标准已经更新 OHSAS 18001:2007，我国 GB/T 28001 标准也在更新的过程之中；国际标准增加了法规和其他要求的合规性评价要求，本模块 4.3.3 要素也增加了相应的要求，以实现法规和其他要求管理从识别、遵循、更新到合规性评价的系统闭环管理。所谓合规性评价，与识别阶段的适用性评价相对应，是对适用的法规和其他要求的遵循及符合情况进行评价；评价应包括的合规性、现场风险控制的合规性、检测检验结果的合规性等。

2.1.4　组织机构和职责

2.1.4.1　安全生产委员会

(1)安全生产委员会的设立符合下列要求：

——设立企业安全生产委员会，对安全生产、消防安全、交通安全和职业危害管理重要事项进行决策和统筹管理；企业主要负责人应担任安委会负责人，安全主管领导及其他涉及安全管理的领导、工会负责人和相关部门主要负责人为成员；安委会应确定企业安全生产技术管理负责制，强化企业主要技术负责人技术决策和指挥权；

——安全生产委员会建立工作制度文本，内容应包括安委会职责、议事规程、监督检查及记录要求等；

——安委会职责应包括对涉及安全的重大问题进行研究决策，批准年度安全工作计划，听取并批准年度安全工作总结等。

(2)安全生产委员会建立议事规程和监督检查机制，符合以下要求：

——安委会议事规程应规定各类安委会会议的频次、主持人、出席和列席人、议事流程、记录等要求，其中每半年应至少召开一次全体会议，由主任或委托安全主管领导主持；主要负责人每年主持安委会会议不应少于一次；

——安委会应建立企业领导现场带班和检查机制，规定企业主要负责人和领导成员定期带班和参加安全检查的频次和要求；

——安委会会议应有会议记录，宜形成会议纪要下发执行；安委会组织或参加的各项安全检查、协商交流等活动均应保存记录。

2.1.4.2 安全管理机构和人员

(1)安全管理机构和人员设置应符合下列要求：

——企业应设置安全管理部门或专职安全管理人员；主管企业安全生产、消防安全、交通安全、职业危害管理等工作；安全管理部门人员应是专职安全管理人员，不满300人的企业应至少配备1名专职安全管理人员；

——企业下属职工超过200人(含外来务工人员)的部门应配备专职安全员；卷烟制造企业的制丝、膨丝、卷包、薄片等车间，动力部门，仓储部门，烟草配送或物流运输企业的运输车队等重点部门宜配备专职安全员；其他部门配置专职或兼职安全员；专兼职安全员应同时负责本部门的生产安全、消防安全、交通安全、职业危害管理等具体工作；

——专职安全管理人员和专职安全员数量应不低于企业职工总数的3‰；

——安全管理部门及安全管理人员应有职责文本，其中应包括对各部门的安全监督考核权、对各部门专兼职安全员的考核权、对事故隐患的现场处置权、对违章人员的处罚权等。

(2)安全管理人员、专兼职安全员任职资格应符合下列要求：

——企业主要负责人、主管安全领导和安全管理人员、专职安全员应根据其管理职责，通过有资质的培训机构进行相关的生产安全、消防安全、交通安全和职业危害管理培训并颁发证书，如当地政府有要求，应获得由当地政府主管部门颁发的合格证书；

——兼职安全员需经过企业内部培训、考试合格，并经所在部门负责人或企业安全主管部门批准后，方可任职；每年进行一次再培训，并由安全管理部门和所在部门共同进行考核；保存培训、考试、考核记录；

——其他安全相关人员的培训取证，具体执行本部分4.6.2的要求。

(3)安全工程师岗位设置和工作制度应符合下列要求：

——企业应至少设置1个专职或兼职安全工程师岗位，由取得注册安全工程师资质，并有相关安全管理或技术工作经历的人员担任；注册安全工程师应经过国家组织的考试合格，并办理注册登记，由企业聘任；

——制定企业注册安全工程师岗位工作制度，形成文本；应对注册安全工程师参与并签署意见的各项职责及工作流程作出具体规定，其中应包括：制定安全生产规章制度、安全技术操作规程和作业规程；排查事故隐患，制定整改方案和安全措施；制定从业人员安全培训计划；选用和发放劳动防护用品；生产安全事故调查；制定企业重点/重要危险源检测、评估、监控措施和应急救援预案；其他安全生产工作事项。

2.1.4.3 安全生产责任制

(1)安全职责文本应符合下列要求：

——应形成企业各级部门及相关人员安全职责文本，文本应分级审批后下发执行；其中企业级文本应由企业主要负责人批准；

——企业主要负责人职责中，应明确其是企业安全第一责任人，对本单位的安全生产工作全面负责，并符合国家法律法规规定的生产经营单位主要负责人职责要求；企业主要负责人每年至少主持安全生产委员会会议一次；至少参加安全监督检查活动一次；

——企业主管安全领导职责应明确规定其生产安全、消防安全、交通安全和职业危害管理

的具体职责和权限;

——企业其他领导应规定其协助主要负责人进行安全管理的安全职责;不同的负责人分管的工作不同,应根据其具体分管工作,对其在安全方面应承担的具体职责作出规定;

——企业下属各部门及其管理人员涉及的安全职责,应根据各部门职责分工及其危险源控制作出具体规定;其中部门主要负责人为本部门安全第一责任人;每季度参加本部门安全检查一次以上;生产性车间/部门应明确安全分管领导,具体负责安全工作,每月参加本部门安全检查一次以上;其他车间/部门领导在其分管业务范围内同时对相关的安全工作负责,参加相关安全检查;

——岗位作业人员的安全职责应明确其义务和职责,其义务包括:接受安全生产教育和培训;遵守有关安全生产规章和安全操作规程,服从管理;发现事故隐患和其他不安全因素,及时报告;其权利包括:有权了解其作业场所和工作岗位存在的危险因素、防范措施及事故应急措施;有权对本单位的安全生产工作提出建议;有权对本单位安全生产工作中存在的问题提出批评、检举、控告;有权拒绝违章指挥和强令冒险作业;发现直接危及人身安全的紧急情况时,有权停止作业或者在采取可能的应急措施后撤离作业场所;

——各级工会的安全职责应明确其对安全和劳动保护工作的监督、组织员工参与和协商重大安全事项的各项具体职责;职业健康安全管理体系员工代表的职责应明确其收集反映员工意见、参与和协商的各项具体职责。

(2)安全职责应体现"一岗双责"的下列要求:

——企业应针对全体员工建立岗位规范或岗位说明书,内容应在描述岗位业务职责的同时,明确其岗位安全职责,体现"一岗双责"的要求;

——各级领导和管理人员应同时对其主管的业务范围内的安全相关事项管理负责,并参与相关安全监督检查。

(3)安全责任书、承诺书和安全告知应符合下列要求:

——应逐级签订安全责任书或承诺书;直至企业下属部门;

——安全责任书或承诺书应明确签订双方的安全职责、危险源控制和事故控制目标、考核目标等;

——与各级员工签订的安全责任书或承诺书,应告知其安全权利和义务、危险源控制措施和目标、应急处置措施等;不应通过责任书和承诺书减轻领导和管理人员的安全责任;员工的安全权利和义务、危险源控制措施和目标、应急处置措施等内容也可通过岗位说明书、操作规程等向员工予以告知。

【解读】

(1)模块设置

本模块旨在规范企业安全组织机构和安全生产责任制管理,为企业安全工作提供组织、人员及其职责的组织保障;结合烟草企业特点,本模块作出了较多的具体规范要求。

(2)适用范围

本模块涵盖的3个要素,从安全生产委员会、安全管理机构和人员、安全生产责任制三个层次作出了规范要求,不同类型的企业均适用;其中,安委会包括省级公司和下属生产经营单位安委会的规范要求,机构人员及责任制规范要求主要适用于各生产经营单位。

(3)依据的法规标准

——GB/T 28001—2001《职业健康安全管理体系 规范》的 4.4.1 要素；

——AQ/T 9006—2010《企业安全生产标准化基本规范》5.2；

——国发[2010]23 号《国务院关于进一步加强企业安全生产工作的通知》；

——国家安全生产监督管理总局令第 11 号《注册安全工程师管理规定》。

(4)重点内容解读

——4.4.1 要素明确了安委会作为安全决策和统筹机构的地位和职能，其职责应包括对涉及安全的重大问题进行研究决策，批准年度安全工作计划，听取并批准年度安全工作总结等；

——4.4.1.1 条款根据行业内企业的经验，提出了安全生产委员会建立工作制度文本的要求，要求文本内容应包括安委会职责、议事规程、监督检查及记录要求等；

——4.4.2.1 条款明确了企业配备专兼职安全员的要求，其中特别强调企业下属职工超过 200 人（含外来务工人员）的部门应配备专职安全员；一般情况下，卷烟制造企业的制丝、膨丝、卷包、薄片等车间，动力部门，仓储部门，烟草配送或物流运输企业的运输车队等重点部门宜配备专职安全员；

——4.4.2.2 条款明确了企业安全管理人员、专兼职安全员的资质要求；兼职安全员是最基层的安全管理人员，其素质直接关系到安全工作的成效；为此，本条款特别规定了兼职安全员的任职流程及培训要求，并在"能力、意识和安全培训教育"模块的 4.6.1.1 条款中规定"兼职安全员的任职要求应在相关文件制度中规定，宜规定其学历高中或中专以上，并有一年以上生产经营或安全工作经验，且身体健康"；

——4.4.2.3 条款对注册安全工程师的配置提出了基本要求；企业应至少设置 1 个专职或兼职安全工程师岗位，由取得注册安全工程师资质，并有相关安全管理或技术工作经历的人员担任；注册安全工程师应经过国家组织的考试合格，并办理注册登记，由企业聘任；

——4.4.2.3 条款还依据国家安全生产监督管理总局令第 11 号《注册安全工程师管理规定》第十九条、第二十条的规定，要求制定企业注册安全工程师岗位工作制度，形成文本；应对注册安全工程师参与并签署意见的各项职责及工作流程作出具体规定；

——4.4.3 要素明确了安全生产责任制的核心是明确各级机构和人员的安全职责，并体现"一岗双责"；签订各级安全责任书或承诺书，是告知、落实安全生产责任制的手段和方法。

2.1.5 职业健康安全文件和记录

2.1.5.1 职业健康安全文件总体要求

企业应编制以下各类职业健康安全文件，形成文件系统清单：

——职业健康安全管理体系手册，内容应符合 GB/T 28001 的要求；

——各类安全管理文件，可包括：职业健康安全管理体系程序文件、企业规章制度、企业管理标准、部门规章制度等；

——各类安全技术文件，可包括：安全操作规程、作业指导书、安全技术标准等；

——各类应急预案等，可包括综合应急预案、专项应急预案、现场处置方案等；

——需规范受控的职业健康安全相关外来文件，可包括上级、相关方等制定的需企业执行的各种文件；

——企业根据需要编制的其他类型文件。

2.1.5.2 安全管理文件要求

企业至少应建立以下各类安全管理文件：

——各部门及相关人员安全职责，内容应包括企业领导人员、部门及管理人员、作业人员等各层次安全职责，内容应符合本部分 4.4 的要求；

——安全生产投入管理，内容应具体规定投入的提出、审批流程和权限、安全技术措施计划和实施等，并符合本部分 4.1 的要求；

——危险源辨识、风险评价和控制策划，内容应包括重大危险源管理，并符合本部分 4.2 的要求；

——职业安全健康法律法规和其他要求管理，内容应包括获取、识别和更新及合规性评价，并符合本部分 4.3 的要求；

——文件记录管理，内容应符合本部分 4.5 的要求；

——安全培训和教育，内容应包括相关人员任职资质、特种设备作业人员和特种作业人员管理、培训管理及要求等，并符合本部分 4.6 的要求；

——安全事项参与、协商和沟通，内容应包括工会、员工代表的参与和协商的具体要求，并符合本部分 4.7 的要求；

——建设项目安全设施"三同时"管理，内容应包括企业内部项目相关要求，并符合本部分 4.8 的要求；

——相关方安全管理，内容应包括相关方管理职责及各类相关方管理要求，并符合本部分 4.10 的要求；

——安全标识管理，内容应符合本部分 4.12 的要求；

——设备设施安全管理，内容应包括设备安全装置、特种设备、电气设施和防雷系统管理等，并符合本部分 4.13 的要求；

——危险作业审批，内容应包括动火作业、高处作业、有限空间作业等审批、监护要求，并符合本部分 4.15 的要求；

——临时线路审批，内容应包括审批及线路敷设要求等，并符合 YC/T 384.2 中 4.9.4 的要求；

——库房管理，内容应符合 YC/T 384.2 中 4.2 的要求；

——消防管理，应符合本部分 4.14 和 YC/T 384.2 中 4.16 的要求；

——危险物品管理，内容应包括危险化学品、放射源、剧毒品等管理，并符合本部分 4.15 的要求；

——交通安全管理，应符合本部分 4.16 的要求；

——厂内机动车辆管理，内容应符合 YC/T 384.2 中 4.10.7 的要求；

——职业危害管理，内容应包括职业危害作业点、职业危害作业人员及其健康监护等，并符合本部分 4.17 的要求；

——劳动防护用品管理，内容应包括发放标准及发放要求等，并符合本部分 4.17.4 的要求；

——应急准备和响应管理,内容应包括应急职责、应急管理要求,还应编制企业综合应急预案、专项应急预案及相关现场的现场处置方案;并符合本部分4.18的要求;

——安全检查和隐患管理,内容应符合本部分4.19的要求;

——职业健康安全管理体系内部审核,内容应符合本部分4.19的要求;

——事件、事故管理,内容应符合本部分4.20的要求;

——安全绩效考核,内容应符合本部分4.21的要求;

——职业健康安全管理体系管理评审,内容应符合本部分4.21的要求。

2.1.5.3 安全操作规程要求

(1)安全操作规程的制定应符合下列要求:

——安全操作规程的编制应依据工艺流程、设备(设施)性能、操作方法及工作环境制定,一般应以作业工序、作业岗位为基本单元编制;相同设备设施,且作业方式相同,可以合并,否则应单独编制安全操作规程;需编制的作业岗位应包括作业和设备操作岗位、检修岗位、仓储岗位、检验检测岗位等,并形成文本清单;

——采用新技术、新工艺、新设备、新材料时,在投入使用前应先修订或重新制订安全操作规程,岗位安全操作规程应随工艺或设备的变更情况,及时进行更新,保持有效版本;

——安全操作规程可单独制定,也可与设备操作规程、作业指导书等整合发布;下发到现场作业人员;

——由外来务工人员组成的部门、班组应按本企业部门、班组对待,组织其编制岗位安全操作规程、开展班组安全活动等;其中如派遣机构有相关安全操作规程,应经过企业确认后,方可使用。

(2)安全操作规程内容应包括设备和作业主要危险源及控制要求、劳动防护用品配备和穿戴要求等,内容应符合国家、行业的法规和标准要求,符合YC/T 384.2中相关作业要求。

2.1.5.4 文件和记录控制要求

(1)文件控制制度和基本要求应符合GB/T 28001的要求,其中:

——建立文件管理的制度,规定需受控的职业健康安全相关文件范围、受控文件的编制、评审、编号、发放、修改和作废等要求,并明确各类各级文件的批准权限、管理职责;其中应包括对需受控的外来文件的控制职责和要求;

——各类文件应有编制人和批准人,文件发布前应经过评审;并保存评审和批准记录;

——各类文件应编号,并标明文本的版本;应有发布和实施日期,其中专项应急预案和现场处置方案应以纸质文本发布;

——应确定各类各级文件的发放部门,建立各类各级受控文件的发放记录台账或清单;

——文件发放时应编制并记录发放号,以便于以后文件的回收。

(2)文件的评审、更新和作废

——应确定各类各级文件的定期评审要求,其中应规定当内外部环境发生变化时,应及时评审;

——文件评审应针对文件的适宜性、充分性和有效性进行,并保存记录;

——文件需更新时,应办理审批手续,按原批准权限重新批准;并保存审批记录;涉及较多内容的更改,宜进行文件审核;

——文件如作废,应由主管部门回收,保持回收记录;作废文件如需保留,应对其进行标识。

(3)外来文件的识别和管理应符合下列要求:

——需企业跨年度经常执行和长期执行的外来文件,包括上级职业健康安全文件应纳入受控范围;国家和地方的法规和标准等,宜按法规文本管理,具体执行本部分4.3的要求;

——需发放到下属部门使用的受控外来文件,应建立发放记录台账或清单;发放时应编制并记录发放号,以便于以后文件的回收。

(4)记录控制制度和基本要求应符合GB/T 28001的要求,其中:

——建立记录管理的制度,规定需受控的记录范围、记录表格的设计、编号、使用要求、记录保存期、记录销毁、记录的归档等要求,并明确各类各级记录的管理职责;

——建立企业职业健康安全相关记录清单,其中应确定各类记录的标识方法,填写部门、保存部门及保存期限等;清单内容应包括记录表格,也包括需要保存的其他书面或电子记录、资料;企业下属各部门宜建立本部门清单;

——对于长期使用,且需规范内容的表格化记录,应设计规范性表格,并经过审批方可下发使用;

——记录可采用书面形式,也可采用电子版记录;但均应保证其利于查阅、使用和保管;涉及安全隐患整改、事故处理或安全检查等内容应建立书面记录;

——记录填写应标明填写人、填写日期等;记录填写应字迹清晰,填写规范,不应随意涂改;如已经上报归档后需要修改的,应办理更改手续,并在更改处作出明显标识;

——计划、评价等需批准的记录应有批准人签名,保存签字记录;或在信息化系统中履行授权批准手续,但均需保存授权批准的相关电子化信息资料。

(5)记录的保存、归档和销毁应符合下列要求:

——企业及下属部门的各类记录应明确保存部门及保存人;记录保存期应大于内容要求的可追溯时间,并符合法规的要求;其中事故调查记录、重大隐患相关记录等,应长期保存;

——应将重要的、需长期保存的安全相关资料归档管理,其中应包括:安全技术措施实施和验收资料、特种设备技术、检验等资料;安全"三同时"资料;职业健康监护资料、重大事故隐患整改的资料;事故调查处理的记录;其他法规或上级要求归档的资料等;并建立归档资料清单;

——对已到保存期限的记录,应认真审查,重新评价其保存价值;无保存价值的记录,经过批准,统一销毁,并保存销毁记录。

【解读】

(1)模块设置

本模块旨在规范企业职业健康安全文件系统及文件、记录的管理,实现企业安全管理文件化、系统化、痕迹化。

(2)适用范围

本模块涵盖的4个要素,从职业健康安全文件系统,安全管理文件,安全操作规程,文件和记录控制四个层次作出了规范要求,不同类型的企业均适用;企业运用时可结合实际确定文件架构和记录清单。

(3)依据的法规标准
——GB/T 28001—2001《职业健康安全管理体系 规范》的4.4.4、4.4.5、4.5.3要素；
——AQ/T 9006—2010《企业安全生产标准化基本规范》5.4。
(4)重点内容解读
——本模块关于文件编制评审、文件和记录控制等基本要求,与GB/T 28001—2001《职业健康安全管理体系 规范》的"4.4.4文件"和"4.4.5文件和资料控制"、"4.5.3记录和记录管理"相同；
——4.5.2条款明确了企业需编制的各类管理文件,其中提到的文件,可以是生产经营单位执行的省级公司的文件,也可以是生产经营单位编制的文件；各企业可根据实际情况确定,形成省级公司与生产经营单位分层次的文件架构；
——4.5.2条款规定的各种需编制文件的内容,可以编制体系程序文件,也可以编制管理制度、管理规定、管理办法等文件；可以在一个文件内包括几个内容,但应分别章节描述；也可以将一个内容细化编制为几个文件；无论采取何种形式、名称,相关要求在相关文件中应得到具体描述,且内容应符合规范的要求；
——4.5.3条款对安全操作规程提出了具体要求；明确了需编制安全操作规程的岗位应包括作业和设备操作岗位、检修岗位、仓储岗位、检验检测岗位等,并形成文本清单；明确了安全操作规程可单独制定,也可与设备操作规程、作业指导书等整合发布；还要求安全操作规程内容应包括设备和作业主要危险源及控制要求、劳动防护用品配备和穿戴要求等,并可包括应急措施等；
——4.5.4、5条款明确了需归档的资料应包括:安全技术措施实施和验收资料、特种设备技术、检验等资料;安全"三同时"资料;职业健康监护资料、重大事故隐患整改的资料;事故调查处理的记录;其他法规或上级要求归档的资料等;要求建立归档资料清单,归档的方式一般可包括企业档案部门归档保存书面资料、主管部门内部指定专人设专柜、专机保存的书面或电子资料,但不包括个人保管的资料。

2.1.6 能力、意识和安全培训教育

2.1.6.1 各级人员任职要求和安全培训

(1)能力要求和任职资格应符合下列要求:
——应对各级管理人员,含安全管理人员和专职安全员任职的安全相关能力要求作出规定;规定其在教育、安全培训和安全相关经验方面的要求;其中安全管理人员和专职安全员的任职要求宜规定其学历大专以上,并有2年以上生产经营或安全工作经验,且身体健康;
——兼职安全员的任职要求应在相关文件制度中规定,宜规定其学历高中或中专以上,并有一年以上生产经营或安全工作经验,且身体健康;
——特种作业人员和特种设备作业人员等特种岗位人员的任职条件应在相关岗位说明书中作出规定,其中应规定其培训取证要求和职业禁忌症等要求。
(2)各级安全管理人员安全培训与取证应符合下列要求:
——企业主要负责人、主管安全领导和安全管理人员、专职安全员的任职培训应按本部分4.4的要求在任职三个月内进行,并保存记录,如当地政府有要求,应获得由当地政府安全主

管部门颁发的合格证书;初次培训学时不应少于32学时;每年应进行再培训,学时不少于12学时;并对取证人员的证书进行登记;

——企业其他领导和中层干部任职三个月内进行培训,培训时间不应少于6学时;每年再培训时间不应少于4学时;培训由上级单位或由企业组织,也可委外培训;

——兼职安全员任职前,应经过企业内部兼职安全员岗前培训,考核合格方可任职;各部门兼职安全员的人选应向安全管理部门备案,宜经过安全管理部门审议或确认;

——任职安全教育培训应包括下列内容:国家安全生产方针、政策和有关安全生产的法律、法规、规章及标准;安全生产、消防安全、交通安全和职业危害的管理基本知识、技术和专业知识;重点/重要危险源管理、应急管理和救援组织以及事故调查处理的有关规定;国内外先进的安全管理经验;典型事故和应急救援案例分析;其他需要培训的内容。

(3)班组长及员工安全培训应符合下列要求:

——班组长教育由企业教育培训主管部门会同安全主管部门组织进行,一年至少一次;

——员工应接受安全知识及意识的教育培训,教育周期是一年至少一次;

——教育培训的内容主要应包括安全生产、消防安全、交通安全和职业危害管理,包括安全目标;安全常识、新知识、新技术;安全法律法规;所在作业场所和岗位的危险源及控制措施,安全操作规程和制度;相关的应急预案;事故案例等。

(4)相关方在一个服务期内首次到企业现场时,应由相关方主管部门或作业现场所在部门对相关方的负责人和安全员进行告知或交底,然后由其对作业人员进行培训,并保存记录;培训内容应包括:

——企业相关安全管理制度、规程等要求;

——在企业作业可能接触的危险源及控制措施;

——发生事故的应急处置要求;

——其他需要培训的内容。

2.1.6.2 作业人员的培训取证

(1)特种设备作业人员的培训取证应符合下列要求:

——建立特种设备作业人员台账或清单,记录其培训取证及上岗时间、证件复审情况等;其中特种设备作业人员范围应与《特种设备作业人员监督管理办法》附件中特种设备作业人员作业种类与项目目录内容相对应,包括设备操作人员和相关管理人员;

——特种设备作业人员应经过由当地质量技术监督部门指定的培训机构的培训考试合格,获得质量技术监督部门颁发的特种设备作业人员证后,方可上岗作业;

——特种设备作业人员作业时应随身携带证件,或将证件或复印件放置在作业现场。

(2)特种作业人员的培训取证应符合下列要求:

——建立特种作业人员台账或清单,记录其培训取证及上岗时间、证件复审情况等;其中特种作业人员范围应与《特种作业人员安全技术培训考核管理规定》附件中特种作业目录内容相对应;

——特种作业人员应经过由当地安全生产监督部门指定的培训机构的培训考试合格,获得安全生产监管部门颁发的特种作业操作证后,方可上岗作业;

——特种作业人员作业时应随身携带证件,或将证件或复印件放置在作业现场。

（3）企业应根据行业和地方政府要求，确定其他应经外部培训发证后方可持证上岗的人员，形成人员清单，并保存培训取证记录；其中应包括消防控制室的值班和操作人员、职业机动车驾驶员、加油站工作人员、受电装置或者送电装置作业人员、职业健康安全管理体系内审员等。

2.1.6.3　新员工安全三级教育和转复岗人员安全教育

（1）新员工安全三级教育应符合下列要求：

——对新进企业的员工，包括工人、工程技术、管理人员以及外来务工人员等进行企业级、部门（车间）级和班组级安全教育，教育时间不应少于24小时；每一级教育应由教育者和被教育者在记录中签字；宜一人一表，并将教育表列入员工培训档案。

——企业级教育培训的内容应包括：员工的安全职责，包括权利和义务；安全法规常识；生产安全、消防安全、交通安全和职业危害管理的基本知识；企业安全文化理念、企业安全规章制度；安全行为规范；企业重点/重要危险源、控制措施及事故应急措施；企业应急预案、有关事故案例等；企业级教育培训应有教材，并组织考试，保存试卷和成绩。

——部门（车间）级教育培训的内容应包括：本部门（车间）安全状况和规章制度；作业场所和工作现场的危险源、控制措施及事故应急措施；应急处置方案；部门消防设施和器材的使用、部门区域的疏散逃生要求、现场事故案例等；部门（车间）级教育培训应有大纲。

——班组级教育培训的主要内容是：岗位危险源、控制措施及事故应急措施；安全操作规程；生产设备、安全装置、劳动防护用品（用具）的性能及正确使用方法；作业现场应急处置措施或方案；作业现场消防设施和器材的使用；作业现场疏散逃生路线；岗位事故案例等；班组级教育培训宜以岗位危险源清单、安全操作规程等作为培训教材。

（2）转复岗人员安全教育应符合下列要求：

——企业内转岗人员和涉及新技术、新工艺或新设备、新材料（四新）的人员，应由新岗位或四新所在部门、班组进组织进行部门（车间）、班组级安全教育；教育内容和要求同新员工。

——离开岗位一年以上（含一年）的职工重新上岗时，应所在部门（车间）、班组组织进行部门（车间）级和班组级安全教育；教育内容和要求同新员工。

2.1.6.4　安全教育培训管理要求

（1）安全教育培训制度和师资、教材管理应符合下列要求：

——建立安全教育培训管理制度，其中内容应包括：安全培训的管理职责、组织要求、各类人员培训内容、培训时间、培训周期与学时要求、培训计划的编制、实施、记录、培训效果评价要求等。

——应建立企业安全教育培训内部师资库，并宜建立外部师资库；应根据培训内容需求，建立企业基本安全培训内容的培训教材，宜包括外部选购和内部编制的课本、课件等。

（2）安全教育培训计划应符合下列要求：

——每年年初应按各部门的培训需求制定企业年度安全教育培训计划，安全管理部门应提出企业的安全培训教育需求；

——计划中应包括内部企业级培训和外部培训的具体组织职责、时间、内容和要求，并对相关部门提出部门级安全培训的时间、内容要求；计划经相关主管领导批准后下发实施；

——生产车间和动力部门、仓储、物流运输等部门宜制定部门计划。

(3)安全教育培训的实施及其记录应符合下列要求：

——各级培训应保持记录,记录中应有参加人员签到、培训内容、考试或考核方式等内容；

——班组级的日常安全教育,宜记录在班组活动内；具体执行本部分4.9.2的要求；

——培训完成后,应进行效果评价,一般培训应进行现场直观评价,包括评价参加人数、授课效果、考试情况等,并保存记录；对于大型系统培训,宜采取培训效果调查表、跟踪评价等方式；对未达到培训效果的,应组织补课或再培训；

——应对各类人员的安全教育培训学时、内容等进行登记,形成培训台账或档案；

——安全主管部门应会同培训主管部门对企业及各部门安全培训实施情况和效果进行检查与监督,每年进行总结并保存记录,或列入年度安全工作总结。

2.1.6.5 外来务工人员的聘用和培训教育

(1)外来务工人员聘用和社会保险应符合下列要求：

——建立外来务工人员台账或清单,登记其身份证、进入企业时间和离开时间、工种、内外部安全培训和取证情况、岗位劳动保护要求等；

——企业直接聘用的岗位临时工、季节工、治安保卫人员、消防人员等外来务工人员,按企业职工管理；

——应与外来务工人员签订劳动合同或与劳务工派遣机构签订用工合同；内容应当载明有关保障从业人员劳动安全、防止职业危害的事项,以及依法为从业人员办理工伤社会保险的事项；

——外来务工人员应具备所从事作业岗位应具备的健康条件,保存其医院健康证明。

(2)外来务工人员的安全教育培训

——外来务工人员,包括新进人员和转复岗人员,其三级安全教育要求同企业员工；通过劳务派遣机构选派的人员,企业级教育可由派遣机构组织进行,但应使用企业教材,宜由企业人员进行培训,应保存企业级培训记录；

——外来务工人员的培训要求应与企业员工相同,由企业、所在部门、班组对其进行各级各类安全教育；对由派遣机构派遣的外来务工人员,应将安全教育情况向派遣机构反馈。

2.1.6.6 安全文化建设

(1)应依据AQ/T 9004开展安全文化建设,促进安全生产工作；开展多种形式的安全文化活动,引导全体员工的安全态度和安全行为,逐步形成为全体员工所认同、共同遵守、带有企业特点的安全价值观,实现法律和政府监管要求之上的安全自我约束,保障企业安全生产水平持续提高；

(2)应将安全文化理念教育、安全氛围营造、员工安全行为培育等纳入企业教育培训计划并实施。

【解读】

(1)模块设置

本模块旨在规范人力资源的相关安全管理工作,包括安全能力、意识和安全培训教育等；人的安全素养是安全工作的人力资源保障,而人的安全能力和意识是需要培育的,安全培训教育的规范化是重要的渠道和保障,在安全生产标准化建设中具有决定性的作用。

(2)适用范围

本模块涵盖的6个要素,从各级人员任职要求和安全培训,作业人员的培训取证,新员工安全三级教育和转复岗人员安全教育,安全教育培训管理,外来务工人员的聘用和培训教育,安全文化建设六个层次作出了规范要求,不同类型的企业均适用;其中外来务工人员是指由企业聘任或经过劳务机构派遣由企业安排其工作的企业人员,但不包括企业将其业务外包给相关方的相关方人员。

(3)依据的法规标准

——GB/T 28001—2001《职业健康安全管理体系 规范》的4.4.2要素;

——AQ/T 9006—2010《企业安全生产标准化基本规范》的5.5;

——国家安全生产监督管理总局[2002]123号文《关于生产经营单位主要负责人、安全生产管理人员及其他从业人员安全生产培训考核工作的意见》;

——国家安全生产监督管理总局令第3号《生产经营单位安全培训规定》;

——国家安全生产监督管理总局令第30号《特种作业人员安全技术培训考核管理规定》;

——国家质量监督检验检疫总局第70号《特种设备作业人员监督管理办法》;

——公安部令第109号《社会消防安全教育培训规定》;

——国家电力监管委员会令第15号《电工进网作业许可证管理办法》;

——AQ/T 9004—2008《企业安全文化建设导则》。

(4)重点内容解读

——本模块涉及六个要素,规范内容较多,考评分值达30分,且结合烟草企业特点提出了较高的管理要求;

——4.6.1、4.6.2、4.6.3条款对各级人员、特殊岗位人员和新员工等分别提出了任职资质和培训的要求,目的是确保各级人员具有安全所需的相应管理能力、风险控制能力,而培训是提升能力的有效途径;

——4.6.3规范了三级安全教育和转复岗教育要求;依据国家安全生产监督管理总局(2002)123号文《关于生产经营单位主要负责人、安全生产管理人员及其他从业人员安全生产培训考核工作的意见》第9条规定,新员工初次三级安全教育时间不应少于24小时,具体三级教育时间由企业根据具体情况确定;本条款还规定企业级教育培训应有教材,并组织考试,保存试卷和成绩;部门(车间)级教育培训应有大纲;班组级教育培训宜以岗位危险源清单、安全操作规程等作为培训教材;

——4.6.4.1规范了培训师资和教材的管理;企业应建立企业安全教育培训内部师资库,并宜建立外部师资库;应根据培训内容需求,建立企业基本安全培训内容的培训教材,宜包括外部选购和内部编制的课本、课件等;

——4.6.4.2规范了培训计划的管理,强调了培训的有效性;要确保有效性,首先应从培训需求和培训计划抓起,为确保培训计划的编制质量,要求每年年初安全管理部门应提出企业的安全培训教育需求;还规定企业培训计划中应包括内部企业级安全培训和外部安全培训的具体组织职责、时间、内容和要求,并对相关部门提出部门级安全培训的时间、内容要求;

——4.6.4.3规范了培训记录和培训效果评价记录要求;要求培训不仅有签到表,且记录中应包括培训内容、考试或考核方式等内容;培训完成后,应进行效果评价,一般培训应进行现场直观评价,包括评价参加人数、授课效果、考试情况等,可记录在培训记录表内;

——4.6.4.3还规范了各类人员的安全教育培训学时统计要求;企业可根据规模,由培训主管部门或分别由各部门建立培训台账或档案,记录各级人员的年度培训内容和学时,以便于进行培训总结和分析,为组织培训和改进培训工作提供依据;

——4.6.4.3还规范了安保部门对培训的管理和监督职责:安全主管部门应会同培训主管部门对企业及各部门安全培训实施情况和效果进行检查与监督,每年进行总结并保存记录,或列入年度安全工作总结;

——根据AQ/T 9006—2010《企业安全生产标准化基本规范》5.5.5的要求,本模块设置了4.6.6安全文化建设要素;本要素的设立并不是安全文化建设本身的规范要求,而仅对企业应开展安全文化建设及安全文化相关培训作出了原则要求;企业安全文化建设应依据AQ/T 9004—2008《企业安全文化建设导则》,并参照国家烟草专卖局办公室2011年8月印发的《烟草企业安全文化建设指南》执行。

2.1.7 参与、协商和沟通

2.1.7.1 参与、协商和沟通管理制度

(1)参与、协商和沟通管理制度的建立应符合下列要求:

——内容应包括工会和员工代表职责,企业内外部安全信息沟通职责,安全信息沟通交流方式、传递渠道,安全重要事项的员工参与和协商,重要安全信息的告知要求,工会员工代表的安全监督管理等;

——应明确内外部安全信息的归口管理部门,各类安全信息及时收集、处置、反馈的流程和记录要求等;

——应明确工会和员工代表应参与决策或协商的重要事项,并规定具体流程和方法。

(2)信息沟通应符合下列要求:

——各类信息可采用书面文件、口头报告、电话、电子信息等形式传递,但其中有关安全隐患等内容的重要信息应以书面方式传递和记录处置结果;

——应确保安全的重要信息能传达到每个员工,以提高全体员工的安全意识和素质;

——应及时与安全的相关方沟通,确保其执行企业的安全要求,具体按本部分4.10的要求执行;

——建立安全隐患举报制度,涉及安全隐患的重要信息,应由发现部门以书面形式立即向安全主管部门传递或职工通过举报电话、网络反映;主管部门负责组织处置,需报告领导的,应有书面报告;

——涉及职工权益的安全信息,应由接收部门以书面形式立即向安全主管部门和工会报告。

(3)安全事项的员工参与和协商应符合下列要求:

——每年至少应有一次以上协商活动,并保持记录;

——重大安全事项形成决议后应以适当的形式告知相关员工。

(4)参与和协商的内容应包括:

——重点/重要危险源的辨识、风险评价和控制措施的制定;

——职业健康安全方针和目标的建立与评审;

——商讨影响其职业健康安全的任何变化；
——安全管理文件的评审；
——职业健康安全管理体系的管理评审会议；
——对劳动防护用品的监督管理；
——节假日和日常职业健康安全检查；
——事件的调查和处理；
——其他需与员工协商的事项。
(5)资料和记录应符合下列要求：
——安全管理部门和工会应保存相关安全信息沟通、参与和协商的资料和记录；
——企业下属各部门宜建立安全记事本(或会议、培训记录本等)，记录有关日常安全信息协商沟通的会议、培训、处置情况等。

2.1.7.2 工会、员工代表对安全的监督

(1)安全监督职责应符合下列要求：
——企业工会组织内应明确负责安全和劳动保护监督职责的人员，明确规定职业健康安全员工代表名单；
——工会安全和劳动保护监督负责人员和员工代表名单，应向员工公示。
(2)职代会、工会的监督管理应符合下列要求：
——职代会或工会代表会，应听取、审议安全工作相关报告和安全重大事项，并形成书面意见；
——工会代表应监督对女职工的妇女病体检等保护是否符合国家和地方相关规定的要求；
——企业领导及安全管理部门对职代会或工会代表会的意见，应认真研究，并作出书面报告。

【解读】
(1)模块设置
本模块旨在规范安全工作中员工、工会的参与、协商和沟通的管理，通过安全信息的沟通、员工和工会的参与、协商和监督，为安全管理创造良好的企业内外部环境。
(2)适用范围
本模块涵盖的2个要素，从参与、协商和沟通，工会、员工代表对安全的监督两个层次作出了规范要求，不同类型的企业均适用；其中员工代表是指职业健康安全员工代表，可包括企业职工代表、工会代表等，企业可根据实际情况确定。
(3)依据的法规标准
——GB/T 28001—2001《职业健康安全管理体系 规范》的4.4.3要素。
(4)重点内容解读
——本模块关于参与、协商和沟通的基本要求，与GB/T 28001—2001《职业健康安全管理体系 规范》的"4.4.3协商与沟通"相同；
——4.7.1.2规范了重要信息的书面传递要求；各类信息可采用书面文件、口头报告、电话、电子信息等形式传递，但其中有关事故隐患等内容的重要信息应以书面方式传递和记录处

置结果,企业可根据实际情况确定需书面传递的重要信息范围,除包括事故隐患外,还可包括外部反馈的安全信息、可能造成较大影响的安全信息等;

——4.7.1.3规范了协商的基本内容和要求;每年至少应有一次以上协商活动,并保持记录;

——4.7.2.1规范了工会和员工代表的公示要求;企业工会组织内应明确负责安全和劳动保护监督职责的人员,明确规定职业健康安全员工代表名单;工会安全和劳动保护监督负责人员和员工代表名单,应向员工公示。

2.1.8 建设项目"三同时"和企业安全技术措施项目管理

2.1.8.1 建设项目"三同时"总体要求

(1)制定新、改、扩建项目"三同时"管理制度,建设项目生产安全、消防安全及职业危害防护设施应与主体工程"同时设计、同时施工、同时投入生产和使用",符合国家、行业和地方相关法规的要求。

(2)项目"三同时"管理制度内容应符合下列要求:

——规定新、改、扩建项目的责任部门,项目的安全健康条件评审论证和评价要求、项目生产安全、消防安全及职业危害防护设施"三同时"要求,建设项目的职业危害申报等内容;

——制度中应包括企业安全技术措施项目的"三同时"要求。

2.1.8.2 可行性分析和设计阶段"三同时"管理

(1)项目可行性分析和设计资料应符合下列要求:

——在编制建设项目可行性分析报告时,应将安全及职业病防护设施所需要投资一并纳入,同时编报;保证建设项目投产后其安全及职业病防护设施符合国家规定的标准;

——设计单位在编制初步设计文件时,应遵守我国有关生产安全、消防安全、职业危害的法规、标准,依据安全预评价报告和安全生产监督管理机构的批复,完善初步设计,同时编制《劳动安全卫生专篇》;

——施工设计时,应根据《劳动安全卫生专篇》内容,同时设计相应的生产安全、消防安全、职业危害防护设备、设施和装置等,应对"四新"(新技术、新工艺、新设备、新材料)项目的安全健康、人机功效管理等采取相应的技术措施。

(2)安全生产条件论证、安全评价和安全评审应符合下列要求:

——企业安全管理部门应参加建设项目可行性分析报告相关安全内容及《劳动安全卫生专篇》的审查;

——烟草企业的国家和省级重点建设项目在进行可行性研究时,企业应当分别对其安全生产条件进行论证和安全预评价;评价应由具有资质的单位进行,并保存记录;建设项目安全设施设计完成后,生产经营单位应当按规定向安全生产监督管理部门提出审查申请,并提交文件资料;

——建设项目的职业危害评价等,具体执行本部分4.17.2的要求;

——其他新、改、扩建设项目不需由外部具有资质单位进行安全评价的,应由企业内部进行安全评审;安全评审由项目主管部门组织实施评审,评审记录向安全管理部门备案;涉及企业重点/重要危险源的项目安全评审应由安全管理部门组织,注册安全工程师等专业人员参

加,评审结果报主管领导批准,并保存记录;

——安全评价或安全评审中发现的问题,应采取措施解决后,方可批准设计方案,并保存记录;

——项目涉及的建筑物消防设计,应向公安消防机构备案或企业内部审核,执行本部分4.14.2的要求。

2.1.8.3 施工阶段的"三同时"管理

(1)应对建设项目中职业安全健康防护设备设施和装置的采购、安装和施工等全过程进行监控,建立相应的记录,索取相关的档案资料和资质证明;企业安全管理部门应参与监督;并委托监理单位监督对施工方的"三同时"执行情况进行监督。企业应对施工方及监理单位进行监督检查,保存检查记录。

(2)建设项目在试运行期间,应同时对安全及职业病防护设施进行调试,委托安全生产监督机构认可的单位进行劳动条件监测、危害程度分级和有关设备的安全卫生检测、检验,并将试运行中劳动安全卫生设备运行情况、措施的效果、检测检验数据、存在的问题记录在案。对不符合国家法律法规的内容,应督促建设或施工单位进行整改,直至合格达标为止。

2.1.8.4 验收阶段的"三同时"管理

(1)凡需进行预评价的建设项目,在正式验收前应进行安全验收评价;评价应由具有资质的单位进行,并保存记录;对于验收中提出的有关劳动安全卫生方面的改进意见应按期整改,直至验收合格;职业病控制效果评价及验收,具体执行本部分4.17.2的要求;

(2)对于企业内部安全评审的新改扩项目和安全技术措施项目,应依据可行性研究和和施工设计中的职业安全健康防护设备设施和装置的要求,以及试运行的各种检测和检验数据,组织竣工验收;验收可独立进行,也可与主体工程同时进行,应由安全管理部门及注册安全工程师等专业人员参加;验收后,应形成并保存各方签字的验收记录。

2.1.8.5 企业安全技术措施项目管理

(1)企业安全技术措施项目,如涉及建筑物用途改变、场地变更、新工艺、人机功效变更等带来新的风险等内容时,应组织由安全管理部门参加的安全评审,并制定相应方案后方可实施;其中涉及需向政府部门申报内容的,应按规定申报。

(2)需进行安全评审的企业安全技术措施项目,在竣工验收时应由安全管理部门及注册安全工程师等专业人员参加;验收后,应形成并保存各方签字的验收记录。

【解读】

(1)模块设置

本模块旨在规范新、改、扩建项目的"三同时"管理,并同时规范企业内部安全技术措施项目的管理;项目的安全设施与主体工程同时设计、同时施工、同时投入使用,是确保安全生产条件符合要求的第一道关口,本模块结合烟草企业项目特点,依据法规要求,提出了具有可操作性的管理要求。

(2)适用范围

本模块涵盖的5个要素,从项目"三同时"管理制度,可行性分析和设计阶段的"三同时",施工阶段的"三同时",验收阶段的"三同时",企业安全技术措施项目管理的五个层次作出了规范要求,不同类型的企业均适用;运用时应结合企业实际,针对省级公司和生产经营单位两个层次的项目管理确定具体的"三同时"管理流程,但基本要求应符合本模块规范要求。

(3)依据的法规标准

——GB/T 28001—2001《职业健康安全管理体系 规范》的 4.4.6 要素;

——AQ/T 9006—2010《企业安全生产标准化基本规范》的 5.6.1、5.7.5;

——国家安全生产监督管理总局令第 36 号《建设项目安全设施"三同时"监督管理暂行办法》。

(4)重点内容解读

——本模块主要依据国家安全生产监督管理总局令第 36 号《建设项目安全设施"三同时"监督管理暂行办法》编制,包含了对于"三同时"的最新要求;

——本模块分可行性分析和设计阶段、施工阶段、验收阶段分别规范了各阶段的"三同时"管理要求,便于企业根据三个阶段的要求确定具体的管理流程和要求;

——可行性分析和设计阶段"三同时"管理要素是本模块的核心,只有本阶段管理到位,方可实行其他阶段的"三同时"管理;其中 4.8.2.2 中"烟草企业的国家和省级重点建设项目在进行可行性研究时,企业应当分别对其安全生产条件进行论证和安全预评价"的要求源于国家安全生产监督管理总局令第 36 号《建设项目安全设施"三同时"监督管理暂行办法》第七、八条的要求;"其他新、改、扩建设项目不需由外部具有资质单位进行安全评价的,应由企业内部进行安全评审"的要求源于《建设项目安全设施"三同时"监督管理暂行办法》第十条的要求;

——4.8.4.1、4.8.4.2 条款规范了验收阶段的"三同时"管理;凡是需安全预评价的项目需要进行安全验收评价;一般项目由企业内部进行安全评审,则需企业进行安全设施验收;该要求源于《建设项目安全设施"三同时"监督管理暂行办法》第二十七条的要求;

——本模块根据烟草企业的特点和需求,设置了 4.8.5 企业安全技术措施项目管理要素;本要素所称的企业安全技术措施项目,是指涉及建筑物用途改变、场地变更、新工艺、人机功效变更的企业内部项目,通常只需内部立项或不立项,往往会造出安全设施不能同步设计、施工和投入使用,为此本要素规定了由主管部门组织,安保部门参加安全评审、竣工验收等要求。

2.1.9 车间和班组安全管理

2.1.9.1 车间安全管理

(1)车间各项安全管理应符合下列要求:

——车间确定安全分管领导,并配备专兼职安全员;较大的车间宜有年度安全工作计划;具体执行本部分 4.1、4.4 的要求;

——建立车间安全管理文件系统,执行企业安全管理制度文件、技术标准、操作规程和应急预案,也包括车间内部的相关安全管理制度;建立车间需执行的各类文件清单,并保存相关文本;

——建立车间需编制的各类台账或清单,包括设备安全装置、消防设施和器材、电动工具、特种设备及其作业人员、特种作业人员等台账或清单;

——对新员工和转复岗人员进行部门级安全教育,具体执行本部分 4.6.3 的要求;

——制定车间开展各项安全活动的计划,包括安全教育培训、安全专项治理、安全文化建

设推进、安全活动等各项内容;可列入年度计划,也可编制各项专项计划;

——组织各项安全管理日常工作,包括组织年度危险源更新、目标管理等,具体执行本部分4.1、4.2的要求;

——建立车间现场管理的制度,包括现场定置管理、标志管理、作业环境管理等,具体执行YC/T 384.2中相关要素的要求;

——开展车间安全检查,每半年对本车间安全状况进行一次总结,并保存检查和总结资料和记录,具体执行本部分4.19的要求;

——车间内部建立安全绩效考核机制,包括对班组和员工的考核、评比等活动中,应包括安全内容,并将违章操作、事件事故等作为否决项。

(2)车间安全活动应符合下列要求:

——车间每年安全月应根据企业主管部门要求,结合车间特点,制定安全月活动计划;

——每年应针对本车间重点/重要危险源所在部位或班组,组织危险源控制的相关安全活动,内容可包括案例教育、合理化建议、控制措施改进等,每年宜不少于2次;

——每年年初应对本年度班组安全活动内容和方法作出指导性规定,下发各班组;

——每年年底,应对班组安全活动开展情况进行总结。

2.1.9.2 班组安全管理

(1)班组各项安全管理应符合下列要求:

——有班组长、班组安全员、生产工人的安全生产职责文本,且下发各班组;

——班组相关设备及其作业活动的安全操作规程齐全,其中包括岗位主要危险源及控制措施、应急措施,现场有版本,员工熟悉;具体执行本部分4.5.3的要求;

——对新员工和转复岗人员进行班组级安全教育,具体执行本部分4.6.3的要求;

——班组建立安全检查记录本,班组长或安全员每周检查一次;具体执行本部分4.19的要求。

(2)班组安全活动应符合下列要求:

——班组每月至少组织两次安全活动,内容可包括传达上级有关会议和文件精神;布置、检查、交流、总结安全工作;学习安全有关的法律法规、制度、标准和作业规程;分析班组内外事故案例,举一反三,防止类似事故的重复发生;结合本班组的作业特点、生产经营状况和危险源辨识工作开展事故隐患的预测、预控等;并保存班组活动记录;

——应按车间的计划,结合本班组特点开展经常性的安全活动,宜开展每日的班前安全教育活动、建立班组安全园地或看板等。

(3)安全合格班组活动应符合下列要求:

——企业或车间应将安全考核作为先进班组评定的必要条件;或开展安全合格班组评定活动;应有班组安全考核的具体要求;

——企业开展先进班组或安全合格班组的安全建设达标验收和考核;工会、安全管理部门应参加验收和考核活动,并具有安全一票否决权;验收和考核的资料和记录应保存。

【解读】

(1)模块设置

本模块旨在规范基层单位车间和班组安全管理;车间是基层单位安全工作的具体组织者,班组是安全管理的最小细胞,本模块一方面对车间班组安全管理的基本要求列出了"菜单",一方面也为其安全活动多样性留下了创新的空间。

(2)适用范围

本模块涵盖的2个要素,从车间安全管理、班组安全管理2个层次作出了规范要求,不同类型的企业均适用;其中车间是指生产性车间、动力设备运行的车间或部门、仓储库房所在的部门等,其他部门可参照执行;班组是指车间下属的生产性工段、工班、班组,维修班组,仓储班组等,不包括管理科室;企业运用时可结合实际确定本企业的车间和班组范围。

(3)依据的法规标准

——GB/T 28001—2001《职业健康安全管理体系 规范》的4.4.6要素。

(4)重点内容解读

——4.9.1.2规范了车间对班组安全管理的领导和指导要求,车间每年安全月应根据企业主管部门要求,结合车间特点,制定安全月活动计划;每年应针对本车间重点/重要危险源所在部位或班组,组织危险源控制的相关安全活动,每年宜不少于2次;每年年初应对本年度班组安全活动内容和方法作出指导性规定,下发各班组;每年年底,应对班组安全活动开展情况进行总结;

——4.9.2.2规范了班组安全活动的基本要求,班组每月至少组织二次安全活动;应按车间的计划,结合本班组特点开展经常性的安全活动,宜开展每日的班前安全教育活动、建立班组安全园地或看板等;

——4.9.2.3规范了合格班组评定中的安全要求,无论是合格班组评定还是安全班组评定,应有班组安全考核的具体要求,工会、安全管理部门应参加验收和考核活动,并具有安全一票否决权。

2.1.10 相关方安全管理

2.1.10.1 相关方识别和管理制度

(1)相关方识别应符合下列要求:

——应充分识别为企业提供服务和产品、其产品或活动涉及职业健康安全的相关方,并确定需施加影响和加以监督的重点相关方;重点相关方应包括:工程项目施工方,设备维修保养方,绿化保洁承包方,食堂承包方,污水处理运行方,房屋租赁方,危险物品运输方,杀虫作业相关方,其他涉及职业健康安全、在企业现场工作的外部单位;

——形成企业重点相关方台账或清单,其中应登记各重点相关方的信息和主管部门。

(2)应制定职业健康安全相关方管理制度,内容应包括:

——确定各重点相关方的归口管理部门,应遵循谁管理其业务,谁对其施加职业健康安全控制影响的原则;并由安全管理部门负责对相关部门的相关方管理进行监督;

——相关方识别、相关方选择、安全绩效评价等管理和现场控制要求;

——对相关方现场和作业活动的监督检查要求;

——各类相关方选择和职业健康安全绩效评价的标准。

2.1.10.2 相关方管理要求

(1)相关方的选择、资质资料和职业健康安全绩效评价应符合下列要求:

——应对相关方单位的营业执照、相应的许可证等进行审查,符合国家和地方法规要求方

可选择;收集并保存其资质资料;审查并保存相关方特种设备作业、特种作业、建筑施工、危化品运输、杀虫作业等人员的资质资料;

——对于经常或长期到企业现场工作的相关方,应进行选择评价或招投标,评价其风险控制的设备设施及人员等各方面的条件和能力,包括禁止使用童工和未成年工保护,并保存记录;

——对于经常或长期到企业现场工作的相关方,应定期进行职业健康安全绩效评价,评价其风险控制措施的有效性,并保存记录;评价应有安全管理部门参加,宜每年进行一次。

(2)相关方安全协议应符合下列要求:

——对于到企业现场工作的相关方,与其签订的服务协议中应规定职业健康安全要求,或同时签订安全协议,明确双方的安全职责,包括现场管理、消防器材配置、设备安全装置管理、人员安全教育与培训、安全检查与监督等各种职责和管理要求,并符合国家和地方相关法规要求;

——单项项目的安全管理协议书有效期为一个施工或服务周期;长期在企业从事零星项目施工或服务的承包方,安全管理协议书签订的有效期不应超过一年;

——对于房屋租赁方,应在租赁协议中或单独签订的安全协议中明确房屋日常消防管理、房屋结构、用途变更等事项的各自职责和要求。

(3)相关方安全交底和教育应符合下列要求:

——相关方在一个服务期内首次进场作业前,应对相关方的负责人或安全员进行作业安全知识告知交底,然后由其对作业人员进行培训,并保存交底和培训记录;交底和培训内容应包括企业相关安全管理制度、规程等要求,在企业作业可能接触的危险源及控制措施,发生事故的应急处置要求,其他需要培训的内容;

——相关方人员进行高处作业、动火作业、有限空间作业等危险作业时,应办理危险作业审批手续,并按规定对作业人员进行作业安全知识告知交底,具体执行本部分4.15.3的要求;交底应形成书面记录,并有相关方参加培训人员签字确认。

2.1.10.3 对相关方的监督检查

(1)对相关方监督检查的频次和记录应符合下列要求:

——应包括相关方主管部门的监督检查和作业现场所在部门的现场监督;其中主管部门的监督检查应规定频次并保存记录;

——相关方从事危险作业的,相关方主管部门和作业现场所在部门应对其进行现场监督;

——安全管理部门应对相关方管理进行监督检查,在监督检查日常安全时,应涵盖相关方现场,并保存记录。

(2)重点相关方的现场应符合下列要求:

——绿化保洁承包方执行YC/T 384.2中4.14.2的要求;

——食堂承包方执行YC/T 384.2中4.14.1的要求;

——污水处理运行方执行YC/T 384.2中4.8.2的要求;

——危险物品运输方执行本部分4.15.1的要求;

——外墙清洗方执行YC/T 384.2中4.6.6的要求;

——建筑工程项目施工方的项目部负责人、专职安全员和监理人员应有经过培训取得的资质证书;项目部应对施工活动进行危险源辨识并制定控制措施;施工现场的临时用电应经过批准,并符合 JGJ 46 和 YC/T 384.2 中 4.9.4 的要求;现场使用的气瓶外观、颜色和标志、储存和使用应符合 YC/T 384.2 中 4.10.4 的要求;现场焊接作业时,不应在周边堆放易燃物品,作业完成后及时清理现场;如必须在可燃物附近进行焊接,应制定相应防火方案并实施;其他建筑施工的各项安全要求应符合 JGJ 59 的要求;

——设备维修保养方的特种作业人员和特种设备作业人员应持证上岗,并在有效期内;使用的起重机械应有检验合格标志,并在合格周期内,现场作业时有专人指挥和协调;起重机械吊索具完好,有专人管理,吊钩完好且有保险装置,符合 YC/T 384.2 中 4.10.5 的要求;使用的手持电动工具和移动电气装备完好,电线无破损,符合 YC/T 384.2 中 4.13.4 的要求;现场使用的气瓶外观、颜色和标志、储存和使用应符合 YC/T 384.2 中 4.10.4 的要求;动火作业、高处作业、临时用电等应办理相关手续后方可作业,具体执行本部分 4.15.3 和 YC/T 384.2 中 4.9.4 的要求;

——房屋租赁方应具有合法的工商营业资质;应根据房屋性质、位置及法规要求,确定承租方的条件,一般房屋不应租赁给从事危险物品生产、储存和经营单位;租赁方不应更改房屋结构,需改变原有装饰应经过企业主管部门同意;租赁房屋内的消防器材应按双方明确的责任配置,现场消防设施和灭火器的放置、标志、完好有效、检查记录等应符合 YC/T384.2 中 4.16.4 的要求;租赁房屋内的电气线路不应更改,使用的电气设施应符合线路的负载容量;需更改线路、更改用电设施时,应经过双方协商确认,现场线路、配电箱柜板等符合 YC/T 384.2 中 4.9 的要求。

2.1.10.4 临时工作人员和外来人员管理

(1)进厂和接待应符合下列要求:

——对厂区内临时作业人员、实习人员、参观人员及其他外来相关人员应建立相应的进厂、接待等管理规定;

——参观等临时性外来人员进入生产现场、库区等区域,应由相关人员陪同。

(2)对厂区内临时作业人员、实习人员、参观人员及其他外来相关人员应以各种形式告知进入厂区的安全注意事项;告知方式可包括张贴外来人员须知、在临时出入证上提示安全须知、重点场所进入前交底教育等。

【解读】

(1)模块设置

本模块旨在规范企业对相关方的职业健康安全监督管理;由于相关方单位及其人员的生产条件、人员素质不可控的因素较多,他们在企业现场或周边工作、经营时,设备设施、作业活动往往给企业带来相应的风险,因此对相关方的安全管理尤为重要。

(2)适用范围

本模块涵盖的 4 个要素,从相关方识别和管理制度、相关方管理、对相关方的监督检查、临时工作人员和外来人员管理四个层次作出了规范要求,不同类型的企业均适用;本模块所指相关方是到企业现场或周边进行工作或租赁房屋的相关方单位及其人员,其中重点控制的是为企业提供服务和产品、其产品或活动涉及职业健康安全的重点相关方。

(3)依据的法规标准

——GB/T 28001—2001《职业健康安全管理体系 规范》的 4.4.6 要素;

——AQ/T 9006—2010《企业安全生产标准化基本规范》的5.5.4、5.7.4。
（4）重点内容解读
——4.10.1.1条款规范了重点相关方识别要求；要求企业确定需施加影响和加以监督的重点相关方，结合烟草企业特点明确了重点相关方应至少包括的范围，要求形成企业重点相关方台账或清单，其中应登记各重点相关方的信息和主管部门，并收集、保存其相关资料；

——4.10.1.2条款规范了重点相关方的管理职责，要求企业确定各重点相关方的归口管理部门，遵循谁管理其业务，谁对其施加职业健康安全控制影响的原则，并由安全管理部门负责对归口管理部门进行监督；

——4.10.2要素规范了相关方管理要求；特别应注意的是，4.10.2.2条款强调了与相关方签订的合同或协议中应明确的是双方的安全职责，包括现场管理、消防器材配置、设备安全装置管理、人员安全教育与培训、安全检查与监督等各种职责和管理要求，并符合国家和地方相关法规要求，而不是简单地划定双方事故责任；4.10.2.3条款强调了对相关方的安全交底和教育，相关方在一个服务期内首次进场作业前，应对相关方的负责人或安全员进行作业安全知识告知交底，然后由其对作业人员进行培训，并保存交底和培训记录；企业可根据这些要求，确定相关方管理的具体管理流程、方法和记录；

——为规范对各类相关方监督的主要检查内容，4.10.3.2条款列出了一些重点相关方的现场检查要点；需说明的是，这些仅仅是通用的、基本的检查要点，企业可根据实际情况确定具体的、细化的各类相关方检查要点。

2.1.11 安全信息化

2.1.11.1 安全信息化系统

（1）系统的建立使用应符合下列要求：
——建立企业安全管理电子信息平台网络系统，并覆盖企业下属各部门，包括下属分厂或在外部的部门；系统应能与上级公司联网运行；
——系统终端应覆盖企业管理部门和管理层人员。

（2）系统的基本功能应符合下列要求：
——系统应包括主要安全管理基本信息数据库和信息数据统计模块，并及时更新；应包括安全文件、法规标准、目标指标管理、安全培训教材和师资、危险源管理、相关方管理、应急体系、事件事故、安全检查和内审、隐患管理、安全绩效考核、管理评审等；
——系统宜设置网络授权审批、自动提示和统计、安全检查数据自动汇总、网络安全论坛等模块，提升管理质量和管理效率；
——系统应具有保密和分级授权查阅功能；并有防止网络入侵，保护信息安全的基本功能。

2.1.11.2 安全信息化系统管理

（1）管理职责和制度应符合下列要求：
——明确安全信息化系统日常管理部门和人员，或委托外部单位负责网络系统日常维护，确保系统正常运行；
——规定重要信息的备份和管理、日常维护的周期、项目和记录要求、系统故障的应急措施等；

——各部门办公计算机明确使用人,设置安全保护密码,未经本人许可或领导批准,任何人不应擅自开启和使用他人的办公计算机;不应将办公计算机作为重要信息的唯一储存和保管工具,重要信息应在其他储存设备中备份;每年至少进行一次对办公计算机内部存储信息的清理工作,删除无用信息;

——未经信息系统管理人员同意,不应擅自进行系统格式化或重新安装操作系统,不应擅自变更软硬件配置,严禁安装上网设备、运行代理软件、服务器软件。

(2)机房及网络设备管理应符合下列要求:

——路由器、交换机和服务器以及通信设备是网络的关键设备,应放置机房内,不应自行配置或更换,更不能挪作它用;

——服务器的各种账号要严格保密,及时监控网络上的数据流,从中检测出攻击性行为并给予响应和处理;

——定期进行操作系统的补丁修正工作,定期进行病毒检测,发现病毒立即处理;

——机房设备按说明书要求进行使用、保养和维护;应有年度维护保养计划,并保存维护保养记录。

【解读】

(1)模块设置

本模块旨在规范企业安全信息化系统的基本要求;安全信息化作为安全"三化建设"的重要内容,是安全管理的重要手段;如何使安全信息化系统的建立和管理规范化,是本模块的设置的目的;鉴于安全信息化工作正在推行之中,且各省、各企业各有特点,本模块仅对其最基本的功能和管理作出了规范要求。

(2)适用范围

本模块涵盖的2个要素,从系统的基本功能要求、安全信息化系统管理2个层次作出了规范要求,不同类型的企业均适用;本模块所指安全信息化系统包括省级公司和各生产经营单位的各类用于安全信息化管理的网络系统,也包括目前各企业已经普遍使用的电子信息化平台。

(3)依据的法规标准

——GB/T 28001—2001《职业健康安全管理体系 规范》的4.4.6要素。

(4)重点内容解读

——4.11.1.2条款对企业安全信息化提出了最基本的要求,要求能覆盖企业下属各部门,包括下属分厂或在外部的部门,系统终端应覆盖企业管理部门和管理层人员;同时对安全信息化功能扩展提出了推荐性要求,如宜设置网络授权审批、自动提示和统计、安全检查数据自动汇总、网络安全论坛等模块,以提升管理质量和管理效率;

——4.11.2安全信息化系统管理要素,要求明确安全信息化系统日常管理部门和人员,或委托外部单位负责网络系统日常维护,确保系统正常运行,并规范了基本的管理要求。

2.1.12 安全标识管理

2.1.12.1 安全标识管理要求

(1)安全标识的管理制度应符合下列要求:

——应根据YC/T 323,结合企业实际,制定企业安全标识管理制度,明确安全标识的主管部门,标识分类及设置要求、应用要求、日常管理和维护要求等,国家及行业标准未规定的安全标识,企业应自行规定,宜在同一企业内部使用规范的统一性图标;

——各级安全检查应包括对安全标识的使用规范性,以及维护状态的检查,并保存记录。

(2)安全标识的日常管理应符合下列要求:

——安全标识所在部门应对标识进行日常管理和维护,确保安全标识完好、放置位置正确;

——发现标识有破损、变形、褪色等不符合要求时应及时修整或更换;

——应督促相关方在作业现场设置安全标识,并应符合企业安全标识管理和应用的相关要求;如相关方自带安全标识,其放置位置、内容等应经过企业主管部门或现场所在部门确认。

2.1.12.2　安全标识应用要求

(1)形成企业或各相关场所的安全标识清单;凡 YC/T 323 及 YC/T 384.2 相关条款要求设置安全标识的场所,应具体规定以下安全标识的设置要求:

——消防安全标识;

——厂内道路交通安全标识;

——危险化学品安全标识;

——有害因素作业安全标识;

——工业管道的基本识别色、识别符号和安全标识;

——其他安全标识。

(2)安全标识应用应符合下列要求:

——实施新、改、扩建项目时,应统一规划,设置配套的安全标识,作为"三同时"的重要内容;项目完成后,根据需求需增加的安全标识,应从需求、可行、安全等方面进行统一论证和规范;避免随意性,防止标识使用混乱或造成其他问题;

——安全标识不应取代安全防护设施;

——安全标识应使用中文;进口设备的外文安全标识,应有中文翻译内容;

——厂内道路交通安全标识应符合 GB 5768.2、GB 5768.3 的要求;其他安全标识牌应根据 YC/T 323 的要求确定;

——安全标识牌的固定应牢固、可靠。

【解读】

(1)模块设置

本模块旨在规范企业安全标识的管理;安全标识作为安全管理的手段和方法,越来越多地运用于烟草企业;作为管理的一个内容,安全标识的设置和应用需要规范管理,这是企业管理实践的需求,也是更好地发挥各类安全标识作用的需求。

(2)适用范围

本模块涵盖的两个要素,从安全标识管理、安全标识应用两个层次作出了规范要求,不同类型的企业均适用;本模块所指安全标识从内容分类,可包括消防安全标识,厂内道路交通安全标识,危险化学品安全标识,有害因素作业安全标识,工业管道的基本识别色、识别符号和安全标识,其他安全标识;从作用分类,可包括禁止标识、警告标识、指令标识、说明标识等;从形式分类,可包括建筑物固有标识、设备设施固有标识、企业自行设置的固定标识、企业自行使用的流动性标识等。

(3)依据的法规标准

——GB/T 28001—2001《职业健康安全管理体系　规范》的4.4.6要素；

——AQ/T 9006—2010《企业安全生产标准化基本规范》5.7.3；

——GB 5768.2—2009《道路交通标志和标线　第1部分:道路交通标志》；

——GB 5768.2—2009《道路交通标志和标线　第2部分:道路交通标线》；

——YC/T 323—2009《卷烟企业安全标识使用　规范》。

(4)重点内容解读

——本模块的主要编制依据是YC/T 323—2009《卷烟企业安全标识使用规范》；企业在执行时可不必专门编制本企业标识的规范，可以使用其附录提供的标识示例；如果企业需补充、增加或自行确定标识，也可依据GB/T 2893—2008《安全色》、GB/T 2894—2008《安全标志及使用导则》等标准另行编制标识规范，但宜在同一企业内部使用规范的统一性图标；

——4.12.1.1条款规范了标识管理制度的内容要求，要求企业结合实际，制定企业安全标识管理制度，明确安全标识的主管部门，标识分类及设置要求、应用要求、日常管理和维护要求等，其中最重要的是落实各类安全标识的管理职责；

——4.12.2.1条款规范了安全标识清单要求；为了对标识进行管理，首先要求形成企业或各相关场所的安全标识清单；安全标识种类多、分布广、数量大，企业可根据实际情况，确定各类标识清单的建立和管理部门；标识清单内应包括需进行管理的各类标识，至少应包括需进行日常检查和维护、更新的企业单位或部门自行设置的固定标识、企业单位或部门使用的流动性标识等；

——4.12.2.2条款规范了安全标识的具体应用要求；强调安全标识应使用中文，进口设备的外文安全标识，应有中文翻译内容。

2.1.13　设备设施安全基础管理

2.1.13.1　设备设施通用安全管理要求

(1)设备设施及其安全装置管理应符合下列要求：

——设备采购时，安全管理部门应参与设备安全性能、安全装置等选型和评审；涉及特种设备及涉及安全装置较多的设备验收时，应由安全管理部门人员参加，并保存验收记录；必要时，可聘请有资质的相关机构、技术人员参与验收；

——建立设备设施台账或清单，其中应登记设备设施的购买使用日期及大修、重要零部件更换情况、设备完好情况等，以确保设备的基本安全特性符合要求；

——建立设备设施管理制度，对设备的购入、验收、使用、保养维护、检修、报废等作出具体规定，并明确职责；制度中应包括特种设备管理的特别要求，或单独编制特种设备管理制度。

(2)设备设施及其安全装置维护和检修应符合下列要求：

——建立设备设施保养制度，日常维护保养由设备操作人员进行，并保存设备点检卡等记录；宜有保养指导书或规范性图示；定期检修保养应由设备检修人员进行，具体规定各类设备检修保养的周期和内容、记录要求等；

——设备完好标准或设备保养制度中，应规定设备安全装置定期检修的要求；应制定年度或季度的设备设施定期检修计划,其中应包括对设备安全装置的检修;所在车间应建立设备安全装置台账;其中应包括安全连锁装置、安全报警装置、职业危害现场通风和现场除尘装置等,并明确管理和检修责任班组或责任人;

——涉及设备设施大修的,应有设备大修计划;设备大修后应进行验收后方可投入使用;涉及安全装置的,验收时应进行验收并在验收报告中列出验收结论。

(3)设备设施安全警示标志应符合下列要求:

——设备设施所带的安全标识应完好,清晰,不被遮拦;外文的安全标识应翻译后张贴中文标识;

——根据设备设施风险程度,可增加相应安全标识,应使用中文并完好,清晰。

2.1.13.2 特种设备管理

(1)特种设备技术资料应符合下列要求:

——按台(套)建立特种设备安全技术档案,并由专人管理,保存完好;

——档案中应包括:特种设备的设计文件、制造单位、产品质量合格证明、使用维护说明等文件以及安装技术文件和资料;特种设备的定期检验和定期自行检查的记录;特种设备的日常使用状况记录;特种设备及其安全附件、安全保护装置、测量调控装置及有关附属仪器仪表的日常维护保养记录;特种设备运行故障和事故记录;高耗能特种设备的能效测试报告、能耗状况记录以及节能改造技术资料;自行设计或增加的附属安全装置应有设计资料或产品资料。

(2)特种设备登记应符合下列要求:

——在特种设备投入使用前或者投入使用后30日内,向当地的特种设备安全监督管理部门登记;登记标志应当置于或者附着于该特种设备的显著位置;

——建立特种设备台账或清单,记录设备登记号、设备启用时间、检验周期、检验情况、安全管理人员等;其中应包括企业自有气瓶、构成特种设备的移动式空压机、设备所带的压力容器等;

——外购气瓶应明确管理部门,并建立购进和退回的登记台账或清单,其中应登记其使用现场和部门、购进时间及购进检验人、退回时间等。

(3)特种设备作业人员要求应符合下列要求:

——应确定特种设备专兼职安全管理人员,其中,商场及游乐场所等为公众提供电梯运营服务的,应设专职安全管理人员;

——建立特种设备作业人员台账或清单,记录其培训取证及上岗时间、证件复审情况等;其中特种设备作业人员范围应符合国家法规的规定,包括设备操作人员和安全管理人员;

——特种设备作业人员作业时应随身携带证件,或将证件或复印件放置在作业现场;

——特种设备操作人员如发现有规定的职业禁忌症、妨碍正常作业的疾病或生理缺陷,应调离原岗位;具体要求执行本部分 4.17.3 的要求。

(4)特种设备检查应符合下列要求:

——每月至少对特种设备进行一次检查,由设备安全管理人员或设备检修人员进行,并保存记录;

——电梯应当至少每15日进行一次清洁、润滑、调整和检查等日常维护保养,并应由具有资质的安装、改造、维修单位或者电梯制造单位进行;

——应对各类特种设备安全附件、安全保护装置、测量调控装置及有关附属仪器仪表定期校验、检修的周期、职责作出规定,企业不具备条件的,应委托具有资质单位进行;并保存校验、检修记录;锅炉、压力容器的报警参数设定应由经过授权的人员进行,确保有效。

(5)特种设备安全技术性能定期检验应符合下列要求:

——由特种设备检验检测机构对特种设备进行定期安全技术性能检验,检验周期和内容应符合 TSG R7001、TSG D7004、TSG Q7015 的要求;其中烟草企业常用特种设备定期检验周期见表2.1;

——检验合格证应张贴在设备上,检验记录归入特种设备技术资料存档。

表2.1 烟草企业常用特种设备定期检验周期表

名称	检验项目	检验周期			
锅炉	外部检验	正常每年进行一次;移装后、停运一年后启动、大修和改造以及锅炉的燃烧方式和安全自控系统有改动后应进行			
	内部检验	正常每两年进行一次;新安装的锅炉在运行一年后、移装后、停运一年后启动、受压元件经重大修理或改造后及重新运行一年后、根据上次内部检验结果和锅炉运行情况对设备安全可靠性有怀疑时、根据外部检验结果和锅炉运行情况对设备安全可靠性有怀疑时应进行			
	水压试验	正常每6年进行一次,无法进行内部检验则每3年进行一次;移装锅炉投运前;受压元件经重大修理或改造后应进行			
固定式压力容器(不含简单压力容器)	年度检验	每年进行一次(具备条件时,也可由企业压力容器专业人员进行)			
	全面检验	安全状况等级为1、2级:每6年一检	安全状况等级为3级:每3年一检	石墨制非金属压力容器:每5年一检	玻璃纤维增强热固性树脂压力容器:每3年一次
	耐压试验	每两次全面检验期间内进行一次			
移动式压力容器(不含简单压力容器)	年度检验	每年进行一次(具备条件时,也可由企业压力容器专业人员进行)			
	全面检验	汽车罐车、长管拖车:1、2级,每5年一次;3级,每3年一次	铁路罐车:1、2级,每4年一次;3级,每2年一次	罐式集装箱:1、2级,每4年一次;3级,每25年一次	
	耐压试验	每两次全面检验期间内进行一次			
压力管道	在线检验	每年进行一次			
	全面检验	安全状况等级:1、2级,每6年进行一次	安全状况等级:3级,每3年进行一次		
电梯		每年进行一次			
轻小型起重设备、桥式起重机、门式起重机等		每2年进行一次			
塔式起重机、升降机、流动式起重机		每年进行一次			
场(厂)内机动车辆		每年进行一次			

【解读】
(1)模块设置

本模块旨在规范企业设备设施的安全基础管理,是基础管理的重要领域,是现场安全,尤其是追求本质安全的基本保障;本模块对设备设施管理各环节的安全要求,尤其是安全装置的维护检修提出了基本要求,对特种设备的基础管理提出了具体要求;各类设备设施的具体安全技术和现场规范要求,本模块基本未涉及,须执行规范第2部分相关模块和要素的规范要求。

(2)适用范围

本模块涵盖的2个要素,从设备设施通用安全管理要求、特种设备管理2个层次作出了规范要求,不同类型的企业均适用;本模块所指设备设施主要是生产、检测试验、动力、维修、后勤、仓储、物流及消防等设备设施,办公设备等可参照执行;本模块所指特种设备,按国务院令第549号《特种设备安全监察条例》规定,是指涉及生命安全、危险性较大的锅炉、压力容器(含气瓶,下同)、压力管道、电梯、起重机械、客运索道、大型游乐设施和场(厂)内专用机动车辆;具体的特种设备种类,可依据《特种设备安全监察条例》第八章附录确定。

(3)依据的法规标准

——GB/T 28001—2001《职业健康安全管理体系 规范》的4.4.6要素;
——AQ/T 9006—2010《企业安全生产标准化基本规范》的5.6;
——国务院令第549号《特种设备安全监察条例》;
——TSG R7001—2004《压力容器定期检验规则》;
——TSG D7004—2010《压力管道定期检验规则——公用管道》;
——TSG Q7015—2008《起重机械定期检验规则》。

(4)重点内容解读

——4.13.1设备设施通用安全管理要素,仅对企业设备设施安全管理提出了通用规范,企业执行时应制定具体的设备设施管理制度,并依据国烟运[2009]8号《国家烟草专卖局关于进一步加强烟草行业安全设施建设的实施意见》、国烟运[2011]116号《国家烟草专卖局关于全面加强烟草行业安全基础设施建设工作的指导意见》对安全设施的要求执行;

——4.13.1.2条款规范了对安全装置的管理要求;要求企业规定设备安全装置定期检修的要求,应制定年度或季度的设备设施定期检修计划,其中应包括对设备安全装置的检修。"安全装置"在规范第1部分"3 术语和定义"中作了定义:"设备出厂时附带的和企业增加的,用以进行安全防护或职业危害控制的设备组成部分或附属装置;其中要求统计并建立清单的安全装置包括安全连锁装置、安全报警装置、职业危害现场通风和现场除尘装置等,不包括设备工作平台与走道、设备自身以外的管道、建筑物设施的防护装置,也不包括能直观、目视检查的急停开关、防护网、罩、防护栏等";

——4.13.1.2条款还要求所在车间建立设备安全装置台账,并明确各类安全装置的管理和检修责任班组或责任人;该要求与规范第2部分4.1.6条款"安全管理部门或专兼职安全员每季度对安全装置维护保养情况监督检查不少于一次,并保存记录"的要求是相互对应的;建立清单的目的一是让使用者清楚其功能并正确使用和维护,二是便于管理者监督检查,防止发生漏查、误查而造成安全装置失效、失灵;

——4.13.2.3条款规范了特种设备安全管理人员的要求;企业应明确各类特种设备的专职或兼职安全管理人员,其中,商场及游乐场所等为公众提供电梯运营服务的,应设专职安全管理人员;各类特种设备专、兼职安全管理人员应依据国家质量监督检验检疫总局第70号《特种设备作业人员监督管理办法》,经过由当地质量技术监督部门指定的培训机构的培训考试合格,获得质量技术监督部门颁发的特种设备作业人员证书(其中注明是管理人员)后,方可任职;具体应执行规范第1部分4.6.2.1的要求;

——4.13.2.4条款规范了特种设备的企业运行检查和定期检验要求;每月至少对特种设备进行一次检查,由设备安全管理人员或设备检修人员进行,并保存记录;电梯应当至少每15日进行一次清洁、润滑、调整和检查等日常维护保养,并应由具有资质的安装、改造、维修单位或者电梯制造单位进行;特种设备的定期检验由特种设备检验检测机构进行,检验周期和内容应符合TSG R7001、TSG D7004、TSG Q7015等新标准的要求,锅炉的定期检验目前仍执行国家质监局1999年202号文《锅炉定期检验规则》的要求。

2.1.14 消防安全基础管理

2.1.14.1 消防安全管理机构、人员和制度

(1)消防安全管理机构和人员应符合下列要求:

——企业法定代表人或者非法人单位的主要负责人是消防安全责任人,对本单位的消防安全工作全面负责;

——企业应在安全管理部门内应配备专职消防安全管理人员,或单独设立消防安全管理部门;消防安全管理人员应经过培训上岗;当地政府有要求的,应经过当地公安消防机构组织的消防培训方可任职;

——消防控制室应安排24小时值班,每班不少于2人;人员应经过公安机关消防机构指定的机构进行消防安全专门培训,持证上岗,并保存培训考核记录;

——专职消防队人员应经过当地公安消防机构和人事部门组织的执业人员培训并取得证书,方可上岗,并保存其资质证书或复印件;由派遣机构派遣的人员也应保存其资质证书或复印件;

——企业下属部门的专兼职安全员,应同时承担消防安全工作,或单独配备专兼职消防员;其任职条件、考核等要求具体执行本部分4.4、4.6的相关要求。

(2)消防安全管理制度和应急预案应符合下列要求:

——应制定企业消防安全相关管理制度;其中应规定消防管理的职责:重点消防部位管理,消防安全教育、培训,防火巡查、检查,安全疏散设施管理,消防(控制室)值班,消防设施、器材维护管理,火灾隐患整改,动火审批和安全用电管理,易燃易爆危险物品和场所防火防爆,专职和志愿消防队的组织管理,灭火和应急疏散预案演练,燃气和电气设备的检查和管理(包括防雷、防静电),消防安全工作考评和奖惩等,并明确企业内部的禁烟区域和要求;

——消防控制室应编制管理制度或作业指导书;消防重点部位宜结合现场实际制定相关消防规定;

——应建立消防设施和器材台账或清单,保存相关资料;符合YC/T384.2中4.16的要求;

——应编制火灾专项应急预案,各重点消防部位应编制火灾现场处置预案;具体按本部分4.18的规定执行。

(3)动火审批制度,具体执行本部分4.15.3的要求。

2.1.14.2 建筑工程消防管理

(1)消防设计审核和企业内部消防评审应符合下列要求:

——新建、扩建、改建厂房、仓库及其他建筑物时,按照国家工程建设消防技术标准需要进行消防设计的建设工程,应当将消防设计文件报公安机关消防机构备案,并保存备案记录;

——国务院公安部门规定的大型的人员密集场所和其他特殊建设工程,应当将消防设计文件报送公安机关消防机构审核;其他工程项目,企业应组织内部消防设计评审,评审应有消防管理人员及设计单位专家参加,并保存评审记录。

(2)消防验收和备案应符合下列要求:

——建设工程竣工后、投用前,企业应组织内部消防验收,验收应由消防管理人员参加,验收资料报公安机关消防机构备案,并保存备案记录;国务院公安部门规定的大型的人员密集场所和其他特殊建设工程,应由公安机关消防机构进行消防验收;并保存验收记录;

——消防验收应以 GB 50016、GB 50045、GB 50222、GB 50354 等标准为依据,包含各项规定内容;验收发现的问题应限期整改,验收不合格的,不应投入使用;已经消防验收合格的建筑不应擅自改变其使用性质及其火灾危险性类别;

——建筑物需要改变原用途时,应按新的火灾危险性类别重新进行消防设计评审或审核、消防验收。

2.1.14.3 消防安全重点部位

(1)消防安全重点部位的确定应符合下列要求:

——应确定并形成消防安全重点部位台账或清单,内容应包括部位所在部门、地点、易燃易爆物品、所在部位消防安全管理人等;

——烟草制品仓库及露天堆场、危险化学品仓库、油库、加油站、加油点、经常使用易燃易爆物品的生产部位、变配电站、锅炉房、计算机和信息系统房、档案室及其他火灾危险较大的场所应列为消防安全重点部位;

——消防安全重点部位确定后,应告知所在部门,并在现场张贴重点部位标志,并宜有该部位防火要求告知牌。

(2)消防安全重点部位的管理要求应符合下列要求:

——确定所在部位消防管理人,宜由所在部门或班组负责人担任;所在部门或班组设专兼职安全员,或单独设置消防员,负责每日防火巡查,并保存记录;

——现场设置禁止烟火、禁止吸烟、禁止放易燃物、禁止带火种、禁止燃放鞭炮等警示标志;

——所在现场应制定现场灭火处置方案,并以书面文本下发到现场;宜张贴在便于看到的位置;每半年进行一次现场灭火处置方案演练,并保存记录,具体执行本部分4.18的要求。

2.1.14.4 志愿和专职消防队、灭火方案

(1)志愿消防队的组建应符合下列要求:

——应组建企业志愿消防队,其中应包括在重点消防部位设立的分队或灭火小组;并形成志愿消防队名录,内容应包括人员名单和所在部门、分队或灭火小组编制、分队或灭火小组负

责人等；

——志愿消防队应明确管理机构和人员，宜由消防管理人员负责其管理；志愿消防队人员应选择在所在部位火情发生时在现场或立即能赶赴现场的人员；宜将各部位值班和保安人员、库区巡视人员等纳入志愿消防队组织；志愿消防队人员应实行动态管理，根据各部位人员变化情况及时调整，更新名录；

——志愿消防队应建立队员守则或管理规定等文本，并下发到全体队员。

(2)专职消防队（站）设置应符合下列要求：

——卷烟年生产量在20万箱以上，复烤烟叶在2万吨以上，贮存物资价值在1亿元以上的距离当地公安消防队（站）较远的企业应建立专职消防队（站）；人数应符合国家、行业或地方的规定，并形成机构和人员配置名录文本；

——专职消防队（站）训练、车辆和消防设施和器材的配备应符合YC/T 384.2中4.16.8的要求。

(3)灭火方案的制订和更新应符合下列要求：

——设有专职消防队的企业，应编制相关场所的灭火方案；办公场所、生产车间和仓库所在场所、消防安全重点部位所在场所等，应有灭火方案；

——灭火方案应根据现场实际，制定具体的警戒、救援、灭火、恢复方法；

——灭火方案应经过评审，由专职消防队审核后，企业安全主管领导批准后下发专职消防队执行，并报本区域公安消防队备案；应保存评审、审核、批准和备案记录；

——灭火方案管辖的场所建筑物、设备设施、使用原材料和辅料、生产工艺等发生变化时，应组织对灭火方案进行评审，企业专职消防队应参加评审；经过评审需修改灭火方案的，应及时修改后重新审核、批准下发和备案，保存记录；

——灭火方案演练应作为专职消防对参加火灾专项应急预案演练的主要内容；演练中发现的灭火方案缺陷或改进点，应经过评审后修订，并重新审核、批准下发和备案，保存记录。

【解读】

(1)模块设置

本模块旨在规范企业消防安全的基础管理，以建立全面的消防安全防范系统；本模块规范了消防安全的基础管理要求，但并未具体规范消防设备设施及现场的具体要求，消防设施和器材、现场消防等具体要求，须执行规范第2部分相关模块和要素的规范要求。

(2)适用范围

本模块涵盖的4个要素，从消防安全管理机构、人员和制度，建筑工程消防管理，消防安全重点部位，志愿和专职消防队、灭火方案4个层次作出了规范要求，不同类型的企业均适用；其中专职消防队（站）包括有消防车辆的企业消防队（站），也包括无消防车辆但有专职队员的企业消防队（站）；灭火方案是指专职消防队（站）针对各场所制定的战时灭火方案；本模块部分内容与规范第2部分"4.16消防设备设施"有紧密的关联，企业应用时应同时加以考虑。

(3)依据的法规标准

——GB/T 28001—2001《职业健康安全管理体系　规范》的4.4.6要素；

——GB 50016—2006《建筑设计防火规范》；

——GB 50045—96(2005版)《高层民用建筑设计防火规范》；

——GB 50222—95《建筑内部装修设计防火规范》；

——GB 50354—2005《建筑内部装修防火施工及验收规范》；
——公安部令第106号《建设工程消防监督管理规定》；
——公安部令第107号《消防监督检查规定》；
——国家烟草专卖局、公安部第1号令《烟草行业消防安全管理规定》；
——公安部61号令《机关团体事业单位消防安全管理规定》。

(4) 重点内容解读

——4.14.2建筑工程消防管理要素，规范了企业内部消防评审和验收的要求，编写依据是《消防法》和公安部令第106号《建设工程消防监督管理规定》；新修改的《消防法》不再要求所有的建设工程经过消防机构消防审核和消防验收，只有《建设工程消防监督管理规定》第十三条、第十四条规定的大型的人员密集场所和其他特殊建设工程，方需报公安机关消防机构进行消防设计审核和消防验收，其他工程项目则需向消防机构办理消防设计和竣工验收备案，消防机构仅进行抽查；为确保消防设计和消防验收得到有效实施，本要素规定：企业应组织内部消防设计评审，评审应有消防管理人员及设计单位专家参加，并保存评审记录；建设工程竣工后、投用前，企业应组织内部消防验收，验收应由消防管理人员参加；这些要求也是"三同时"在消防设施方面的具体要求；

——4.14.3.1条款规范了消防安全重点部位的确定要求，结合烟草企业实际规定了应列为消防安全重点部位的场所，应包括烟草制品仓库及露天堆场、危险化学品仓库、油库、加油站、加油点、经常使用易燃易爆物品的生产部位、变配电站、锅炉房、计算机和信息系统房、档案室及其他火灾危险较大的场所；

——4.14.3.2条款规范了消防安全重点部位的管理要求，依据《消防法》等提出了确定所在部位消防管理人，所在部门或班组设专兼职安全员，或单独设置消防员，负责每日防火巡查等要求，企业可根据各消防重点部位的需求及规范第2部分相关现场的消防要求，确定具体细化的管理和巡查要求；

——4.14.4.1条款规范了志愿消防队的管理；对志愿消防队的编制、队员守则或管理规定、志愿消防队人员的选择、志愿消防队人员动态管理等提出了规范要求，意在使志愿消防队成为具有初期火灾灭火能力的战斗组织，而避免形同虚设；企业在执行中，可在此基础上继续探索和创新志愿消防队的管理。

2.1.15 危险物品和危险作业管理

2.1.15.1 危险化学品通用管理要求

(1) 危险化学品采购、运输、验收和登记应符合下列要求：

——危险化学品应从具有经营资质的单位或具有生产资质的厂家购买，并保存供货单位资质资料，同时收集产品化学品特性说明书(MSDS)；

——申请购买第一类易制毒化学品中的药品类，应报所在地的省、自治区、直辖市人民政府食品药品监督管理部门审批；申请购买第一类中的非药品类，由所在地的省、自治区、直辖市人民政府公安机关审批；购买第二类、第三类易制毒化学品的，应当在购买前将所需购买的品种、数量，向所在地的县级人民政府公安机关备案，并保存购买记录；

——危险化学品的运输应由具有资质的单位进行，其车辆和驾驶人员、装卸管理人员均应有

相应资质;应确定危化品运输相关方,保存其资质和评价记录,具体执行本部分 4.10 的要求;

——危险化学品存储应设专用的危化品库房;使用现场保存的危化品不应超过一昼夜用量或仅有极少数量,不应保存剧毒品;危险化学品入库前应进行核查登记,检查其品名、数量及化学品安全标签,并建立验收台账或清单;

——危险化学品使用部门建立领用台账或清单。

(2)危险化学品保管、领用人员等,经过企业培训方可上岗;属于国家规定的危险化学品安全作业人员应经过具有资质的机构培训并持证上岗;加油站工作人员应经政府主管部门指定机构培训取证。

2.1.15.2 剧毒品、放射源管理

(1)剧毒品管理应符合下列要求:

——经常使用剧毒化学品的,应当向设区的市级人民政府公安部门申请领取购买凭证;临时需要购买剧毒化学品的,应当凭本单位出具的证明(注明品名、数量、用途)向设区的市级人民政府公安部门申请领取准购证;并保存购买记录;

——储存剧毒化学品的数量、地点以及管理人员的情况,应报当地公安部门和负责危险化学品安全监督管理综合工作的部门登记备案;剧毒品采购、保管、领用人员应经过企业培训并确认资质,当地政府有要求的,应经过政府部门指定机构的培训并取证;

——剧毒品存储和使用部门,分别建立剧毒品台账或清单,登记其品种、数量,购买日期,领用人及日期等;

——剧毒品存储场所应配备存储保险箱、防盗门;宜安装摄像监视装置;应经过当地公安部门验收,每年进行一次安全评价或公安部门检查;

——严禁剧毒品与其他任何物质同库存放,入库和领用应执行"五双",即:双本账、双人管、双把锁、双人领、双人用;

——剧毒品报废后,应立即报告当地公安部门和负责危险化学品安全监督管理综合工作的部门,根据其安排作出处置;剧毒品包装、容器等危险废物的处置应符合危险废物转移联单管理的规定。

(2)放射源管理应符合下列要求:

——应在当地政府主管部门办理辐射安全许可证后,方可使用放射源;

——设专职或兼职放射源安全管理人员,并形成放射源清单,登记其规范型号、地点、使用部门等;

——使用和储存放射性物质和射线装置的场所应当设置明显的放射性标识;

——放射源维保工作应当委托具有资质的单位进行,维保工作应定期进行,一般以不超过半年为宜;企业内任何人不应拆卸、维修、更换核扫描内安装放射源的源架装置;

——新购置未安装或废旧放射源需临时存储的,应配置专用的屏蔽保管箱,指定专人负责保管,并采取有效的防火、防盗、防泄漏安全防护措施;

——放射源闲置三个月或废弃后,应当在一个月内交原生产单位回收,确实无法交回原生产单位的,应当交有相应资质的放射性废物集中贮存单位贮存或回收;

——放射源的转移和回收应由具有资质的单位按相关规定进行运输,严禁交其他单位运输。

2.1.15.3 危险作业管理

(1)危险作业审批、现场作业交底和监护应符合下列要求：

——建立各类危险作业审批制度,对动火作业、高处作业、有限空间作业等危险作业的审批范围、职责和流程作出规定;审批应有安全管理部门或所在部门专兼职安全员参加;

——审批表中应规定作业地点和作业人员、作业时限、现场对作业人员进行作业安全知识告知交底人员和监护人员;交底人员应是安全管理人员或主管部门专兼职安全员,监护人应是现场作业人员或专兼职安全员;相关方危险作业的交底人应是进场时经过企业交底的相关方负责人或相关方安全员,必要时,企业应派出交底人员,相关方危险作业的监护人由相关方指定;

——每次审批的时限在人员和作业条件不变的前提下,宜不超过3天;更换人员或条件变动时,应重新审批;

——凡需审批的危险作业,作业前应由交底人负责对作业人员进行现场作业安全知识告知交底,内容应包括作业的危险,作业前、作业中和作业后的安全措施,发生紧急情况时的应急措施等;交底应保存记录或在审批单上由交底人签字确认;

——凡需审批的危险作业,作业前应由监护人对现场作业条件、作业前安全准备事项等进行验证;验证应保存记录或在审批单中由验证人签字确认。

(2)动火作业管理应符合下列要求：

——动火作业应实行分级管理,凡屋顶、各类仓库库内、消防安全重点部位及其他易燃易爆场所动火,应定为高风险动火;室内动火应定为中度风险动火,其他动火作业可定为一般风险动火;

——高风险动火应由企业消防管理部门负责人或企业主管领导批准;高风险动火应编制动火方案,审批时应对方案进行审核,方案可行、可靠方可批准;其中相关方从事的高风险动火应由相关方编制动火方案,企业审批时审核;

——动火作业现场无灭火器材或原有灭火器材不能满足动火应急的,应确定灭火器材的配置要求,作为动火审批的审核要求;

——动火作业前,应通知动火所在部门或所在部位,清理现场易燃物并做好各项准备工作;

——应对动火现场的气瓶存放和使用、电焊设备及其使用进行监督检查,确保符合YC/T 384.2中4.10.4、4.13.2的要求。

(3)高处作业管理应符合下列要求：

——依据GB/T 3608,确定经常从事作业高度2m及其以上高处作业的位置和人员清单,其中应包括需专门设置安全带固定装置的位置;

——对经常从事高处作业的维修电工、设备作业和维修人员等进行高处作业培训,并确认其高处作业资格;

——具有作业资格的高处作业人员从事作业高度2~5m的高处作业及5m以上有固定平台作业不再进行审批;其他人员从事高处作业应经过审批;

——凡从事5m以上无固定平台作业、使用吊篮或吊板作业的,应由企业安全管理部门进行审批;

——高处作业现场作业要求,具体执行 YC/T 384.2 中 4.6.6 的要求。

(4)有限空间作业管理应符合下列要求:

——应依据 GB 8958、GB 12942 对企业有限空间作业的场所、作业活动及其危险进行辨识和评价,确定需审批的范围;进入贮罐、压力容器、管道、烟道、锅炉、筒体、柜体等密闭设备作业,进入地下管道、地下室、污水池(井)、化粪池、下水道等地下有限空间作业应进行审批;有限空间作业应经过安全管理部门批准;

——从事有限空间作业的人员,包括作业负责人员、监护人员、检测人员和作业人员,应经过培训,并确认其作业资质;当地政府有规定的,应取得政府指定机构的培训并取得资质证书;对相关方作业人员应确认其资质,并监督和协助相关方进行相关培训;

——有限空间作业应制定作业方案,其中应包括应急措施或单独编制现场处置方案;审批时应对作业人员资质、方案内的作业程序、作业位置、检测仪器、现场专用防护用具和电气照明、现场通风、现场警戒、应急等相关内容进行审核;

——建立作业记录;作业前应清点所有现场人员及所带物品,并保存纪录;作业后应清点人数,查明无遗留物、无火种后,方可撤离现场,并保存记录;

——作业现场的检测、作业和防护要求,应符合 GB 8958、GB 12942 的要求;污水处理场地下水池清洗作业具体执行 YC/T 384.2 中 4.8.2 的要求;地下管道和污水池(井)、下水道等窨井作业具体执行 YC/T 384.2 中 4.14.3 的要求。

【解读】

(1)模块设置

本模块旨在规范企业危险物品和危险作业管理,是关系到风险控制的基础管理要求;本模块对危险物品规定了基本的原则性的管理要求,企业执行时应根据具体物品的危险特性制定具体制度和规程;本模块对危险作业范围及审批作了较为具体的要求,企业可依据其执行,可进一步确定、细化审批职责、流程和要求。

(2)适用范围

本模块涵盖的 3 个要素,从危险化学品通用管理要求,剧毒品、放射源管理,危险作业管理 3 个层次作出了规范要求,不同类型的企业均适用;本模块所指危险物品包括危险化学品,含易制毒化学品、剧毒品、放射源等;本模块所指的危险作业,在规范第 1 部分"3 术语和定义"中作了定义,是"企业确定的,作业风险较大的活动,应包括高处作业、动火作业、有限空间作业及其他危险性较大的作业";其中高处作业依据 GB/T 3608—2008《高处作业分级》的规定,是指在距坠落高度基准面 2 m 或 2 m 以上有可能坠落的高处进行的作业;有限空间作业在规范第 1 部分"3 术语和定义"中作了定义,是指"作业人员进入许可性有限空间的作业;其中有限空间是指仅有 1~2 个人孔,即进出口受到限制的密闭、狭窄、通风不良的分隔间,或深度大于 1.2 m 封闭或敞口的通风不良空间;许可性有限空间是指存在任何可能造成职业危害、人员伤亡的有限空间场所",包括在单纯缺氧空间,也包括在缺氧并同时存在有毒物质的空间的作业活动;企业执行时,可根据企业实际确定审核范围和细化管理要求。

(3)依据的法规标准

——GB/T 28001—2001《职业健康安全管理体系 规范》的 4.4.6 要素;

——AQ/T 9006—2010《企业安全生产标准化基本规范》5.7.1;

——GB/T 3608—2008《高处作业分级》;

——GB 8958—2006《缺氧危险作业安全规程》;
——GB 12942—2006《涂装作业安全规程有限空间作业安全技术要求》;
——国务院令第344号《危险化学品安全管理条例》;
——国务院令第445号《易制毒化学品管理条例》;
——国务院令第449号《放射性同位素与射线装置安全和防护条例》;
——国家环境保护总局令第5号《危险废物转移联单管理办法》。

(4)重点内容解读

——4.15.1危险化学品通用管理要素、4.15.2剧毒品、放射源管理要素,规范了危险物品的采购、运输、验收、储存、使用等基本要求;由于各类危险物品的特性不同,具体的现场管理要求,需执行规范第2部分4.2.5危险化学品库房,4.3.4磷化铝(镁)的采购和储存要求,4.12.1化学试剂的采购、储存、使用和废弃,5.1.4香精糖料配料间等模块要素的要求;

——4.15.3.1条款规范了危险作业的审批和交底、监护等通用要求,要求审批表中应规定作业地点和作业人员、作业时限、现场对作业人员进行作业安全知识告知交底人员和监护人员;凡需审批的危险作业,作业前应由交底人和监护人负责对作业人员进行现场作业安全知识告知交底和现场作业条件、作业前安全准备事项的验证;

——4.15.3.2条款规范了动火作业的审批要求;要求动火作业应实行分级管理,并对各级动火审批权限作出具体规定;高风险动火应包括屋顶、各类仓库库内、消防安全重点部位及其他易燃易爆场所动火,其中屋顶动火的含义主要是指建筑物保温层动火,也包括冷库等保温层动火等,高风险动火应由企业消防管理部门负责人或企业主管领导批准,应编制动火方案,方案可行、可靠方可批准;

——4.15.3.3条款规范了高处作业的审批要求;结合烟草企业实际,对经常从事高处作业的维修电工、设备作业和维修人员进行高处作业培训和资格确认,其从事作业高度2~5m的高处作业及5m以上有固定平台作业时可免于审批等事项作出了合理、可行的具体规定,并同时强调其他人员从事高处作业应经过审批,凡从事5m以上无固定平台作业、使用吊篮或吊板作业的,必须进行审批;本模块主要规范的是审批和交底、监护要求,高处作业的具体技术和现场要求,应执行规范第2部分"4.6.6高处作业"的要求;

——4.15.3.4条款规范了有限空间作业的审批要求,并规定从事有限空间作业的人员,包括作业负责人员、监护人员、检测人员和作业人员,应经过培训,并确认其作业资质,当地政府有规定的,应取得政府指定机构的培训并取得资质证书;有限空间作业应制定作业方案;污水处理场地下水池清洗作业应具体执行规范第2部分"4.8.2污水处理场"的要求,地下管道和污水池(井)、下水道等作业应具体执行规范第2部分"4.14.3窨井作业"的要求。

2.1.16 交通安全基础管理

2.1.16.1 交通安全管理机构、人员和制度

(1)交通安全管理机构和人员应符合下列要求:
——应确定交通安全的主管部门或设专兼职交通安全管理员;
——交通安全管理人员应经过培训上岗;当地政府有要求的,应经过当地主管部门组织的安全管理人员或交通安全培训取证后任职;

——企业下属运输车队、小车队(班)等部门、班组应设专兼职车辆管理员,由熟悉机动车驾驶的人员担任;烟草配送或物流运输企业的运输车队宜设专职安全员负责交通安全工作。

(2)交通安全管理制度和应急预案应符合下列要求:

——应制定企业交通安全管理制度;其中应规定交通安全管理的职责、车辆管理、驾驶员管理、车辆运输和装卸作业管理等内容;应明确企业车辆管理部门和使用部门的各自安全管理职责;

——应建立不良气候预测和通告、防疲劳驾驶、杜绝酒后驾驶、停车场所管理等具体管理规定宜在车队、小车班现场张贴相关提示和告知牌;

——企业有运输车队的,应制定交通事故专项应急预案,具体执行本部分4.18的要求。

2.1.16.2 机动车管理

(1)机动车管理资料应符合下列要求:

——建立机动车辆台账或清单,登记机动车登记证书号、号牌、行驶证号、购买使用时间、年检情况等;

——建立机动车辆技术档案,一车一档,设专人管理;内容应包括机动车购置或过户验收单,车辆合格证复印件(原件上牌时车管所存档)或者机动车登记证书、车辆行驶证复印件,车辆使用说明书,车辆维修手册,车辆的每年年检单,车辆的大、中修理验收单和调换零件清单,事故记录等;

——交通车辆按期接受交通车辆管理部门组织的年检,年检不合格的车辆不应继续使用;保存年检记录、标示。

(2)外租车辆管理应符合下列要求:

——租赁外部车辆时,车辆出租单位应有相应的租赁资质;并保存其资质复印件;

——应签订安全租赁协议或在租赁协议、合同内约定车辆合格标准、检验检测的各自职责等内容。

(3)节假日期间,除用于生产经营和值班的车辆外,其他车辆应封存在指定位置;机动车停止运行时,应加以封存和处置。

(4)机动车检查、检验和保养具体执行YC/T 384.2中4.5.3、4.15.1的要求。

2.1.16.3 驾驶员管理

(1)驾驶员应取得国家公安交通管理机关核发的《中华人民共和国机动车驾驶证》和国家烟草专卖局颁发的《烟草系统机动车驾驶员上岗证》。

(2)机动车驾驶员管理档案应符合下列要求:

——登记驾驶员基本信息,一人一档,并有专人负责管理;

——驾驶员管理档案内容应包括:驾驶员的姓名、文化程度、驾龄、驾照证号、健康状况、驾驶员教育培训、安全行驶、奖励惩处及事故登记和处理、变更调动等情况。

(3)驾驶员安全教育和考核应符合下列要求:

——每年应与驾驶员签订交通安全责任承诺书或交通安全告知书;

——所在班组组织每月至少一次的驾驶员日常安全教育,并保持记录;所在部门组织每季度至少一次的驾驶员安全教育,并保持记录;

——每季度分析企业安全行车现状,包括违章、行车状况、交通事故等统计、分析,并保持记录；

——制定交通安全考核细则，进行驾驶员考核，并保持记录。

(4)新进驾驶员、重点帮教驾驶员管理应符合下列要求：

——对新进驾驶员组织带教、技术测评或单放考核，培训考核内容包括驾驶操作技能、车辆例保技术、简单车辆故障排除技术、交通法规和道路情况特点分析、车辆和驾驶员的管理制度等，并保持记录；

——宜将多次发生违章、发生较大责任事故的驾驶员确定为需重点帮教驾驶员，对其进行行车跟踪、技术测评，审核合格后方能正常出车。

(5)非专职驾驶员管理应符合下列要求：

——驾驶企业车辆的非专职驾驶人员，应纳入驾驶员管理，建立非专职驾驶人员台账或清单；

——非专职驾驶员的管理，应比照驾驶员要求进行。

2.1.16.4 个人车辆及停车场所管理

(1)个人车辆交通安全管理应符合下列要求：

——应对驾驶车辆的员工进行交通安全教育，组织其参加相关交通安全知识、车辆和驾驶安全事项、典型交通事故案例培训教育或发放相关学习资料；

——统计登记个人车辆驾驶人员基本信息，以便于组织其参加教育培训和交通安全活动。

(2)停车场所管理应符合下列要求：

——应设置专用停车场所，并设置定置线、区域标志、道路指示标志等；停车场所的道路等要求应符合 YC/T 384.2 中 4.17.2 的相关要求；

——地下停车库和停车楼，应设专人管理或采用自动管理系统；现场设置限速标志、进出口标志、减速带等，并配置消防设施和灭火器；

——宜划分企业车辆和个人车辆停车区域；车辆停放高峰时段宜有人员现场疏导。

【解读】

(1)模块设置

本模块旨在规范企业交通安全基础管理工作，确保车辆安全和驾驶人员安全行驶；本模块规范了车辆和驾驶人员的基础管理要求，但并未具体规定交通车辆及行车安全要求；车辆性能及维护、车辆运行等具体要求，需执行规范第 2 部分相关模块和要素的规范要求。

(2)适用范围

本模块涵盖的 4 个要素，从交通安全管理机构、人员和制度，机动车管理，驾驶员管理，个人车辆及停车场所管理四个层次作出了规范要求，不同类型的企业均适用；本模块中所指机动车，指按交通车辆登记挂牌的运输车辆和公务车辆，不包括按厂内机动车挂牌的车辆，厂内机动车按"4.13.2 特种设备管理"的规范要求执行。

(3)依据的法规标准

——GB/T 28001—2001《职业健康安全管理体系 规范》的 4.4.6 要素；

——国家烟草专卖局 2002 年《烟草系统机动车辆交通安全管理暂行规定》。

(4)重点内容解读

——4.16.1.2 条款规范了交通管理制度和应急预案的要求，要求运输车队应制定交通事故专项应急预案,其他车辆可根据企业实际及当地交通管理部门的要求决定是否编制单独的预案;企业在执行时,可根据烟草企业特点确定编制范围,7座及7座以上旅行车、大中巴车辆宜制定交通事故应急预案;

——4.16.2 机动车管理要素规范了车辆台账或清单、机动车辆技术档案等要求,主要内容源于国家烟草专卖局 2002 年《烟草系统机动车辆交通安全管理暂行规定》;其中 4.16.2.2 条款根据烟草企业特点,规范了外租车辆管理要求:租赁外部车辆时,车辆出租单位应有相应的租赁资质,并保存其资质复印件;应签订安全租赁协议或在租赁协议、合同内约定车辆合格标准、检验检测的各自职责等内容;

——4.16.3 驾驶员管理要素,规范了《烟草系统机动车驾驶员上岗证》、机动车驾驶员管理档案、驾驶员安全教育和考核等要求,主要内容源于《烟草系统机动车辆交通安全管理暂行规定》;其中 4.16.3.5 条款根据烟草企业特点,规范了非专职驾驶员管理要求,企业应建立驾驶公务车辆的非专职驾驶人员台账或清单,比照驾驶员要求管理;

——4.16.4.1 条款规范了对个人车辆驾驶人员的交通安全教育,体现了烟草企业对员工的关心;要求企业统计登记个人车辆驾驶人员基本信息,以便于组织其参加教育培训和交通安全活动;

——4.16.4.2 条款规范了停车场所的基本管理要求,随着企业及员工车辆的增加,烟草企业的停车场(库)安全管理越来越成为重要工作,企业可依据本条款的基本要求,具体制定停车场(库)的现场管理制度或规程。

2.1.17 职业危害和劳动防护用品管理

2.1.17.1 职业危害管理机构、人员和制度

(1)职业危害管理机构和人员应符合下列要求:

——应设置职业危害管理机构或者配备专职的职业危害管理人员,负责本单位的职业病防治工作;

——职业危害管理人员应经过培训上岗;当地政府有要求的,应经过当地主管部门组织的安全管理人员或职业卫生培训任职;

——企业下属部门设置专兼职职业危害管理员或由专兼职安全员同时承担职业危害管理工作。

(2)职业危害管理制度和应急预案应符合下列要求:

——应制定企业职业危害管理制度;其中应规定职业危害管理的职责、职业危害作业管理、职业健康监护管理的职责、要求等内容;

——熏蒸杀虫、放射源、剧毒品等可能发生职业危害紧急情况的作业和现场,应制定专项应急预案或现场处置方案,具体执行本部分 4.18 的相关要求。

2.1.17.2 职业危害作业管理

(1)新建、改建、扩建项目职业危害防护设施"三同时"应符合下列要求:

——在可行性论证阶段应向政府主管部门提交职业病危害预评价报告;

——职业病危害严重的建设项目的防护设施设计,应当经政府主管部门进行卫生审查,符合国家职业卫生标准和卫生要求的,方可施工;

——建设项目在竣工验收前,应当进行职业病危害控制效果评价;建设项目竣工验收时,其职业病防护设施经政府主管部门验收合格后,方可投入正式生产和使用;

——职业病危害预评价、职业病危害控制效果评价由依法设立的取得省级以上人民政府主管部门资质认证的职业卫生技术服务机构进行。

(2)职业危害作业场所确定应符合下列要求:

——确定人员接触各类职业危害和有毒有害物质的岗位或部位,定为职业危害作业场所,且定点准确,不遗漏;

——职业危害作业场所应包括制丝车间、复烤车间、无密封装置的醋纤和丙纤装置、除尘房、烟叶收购和烟叶挑选作业、煤场等场所的粉尘点,卷包车间、动力部门等场所的噪声点,放射源和放射装置辐射接触点,微波设备微波辐射接触点,集中焊接场所的焊接烟尘、弧光接触点,熏蒸杀虫场所,根据 GB/T 4200 确定为高温作业的场所及其他有毒有害物质接触点。

(3)职业危害作业场所分级管理应符合下列要求:

——应依据 GBZ/T 229 第 1~4 部分对生产性粉尘、化学物、高温和噪声危害进行分级,并提出分级控制的要求;

——建立职业危害作业场所定点登记台账或清单,登记各危害作业场所的位置、所在部门、危害分级及其达标情况、日常监测和定期检测周期和要求、作业场所接触危害人员数量等;并保存各场所的日常监测和定期检测记录,形成各作业场所的管理档案。

(4)职业危害申报、告知和防护设施管理应符合下列要求:

——有依法公布的职业病目录所列职业病的危害项目的,应当及时、如实地向政府主管部门申报,接受监督;

——与从业人员签订(或变更)劳动合同时,应将其工作过程中可能产生的职业危害及其后果、职业危害防护措施和待遇等如实告知从业人员,并在劳动合同中写明,不应隐瞒或欺骗;

——应当在醒目位置设置公告栏,公布有关职业病防治的规章制度、操作规程、职业危害事故应急救援措施和工作场所职业危害因素检测结果;对产生严重职业危害的作业岗位,应当在其醒目位置,设置警示标识和中文警示说明;警示说明应当载明产生职业危害的种类、后果、预防以及应急救治措施等内容;

——对职业危害防护设施进行经常性的维护、检修和保养,确保其完好有效;具体执行本部分 4.13.1 的要求。

(5)职业危害作业场所的日常监测应符合下列要求:

——放射源和放射装置接触人员应佩戴个人放射源接受剂量检测卡,每季度报政府主管部门检测,并保存记录;

——生产现场的微波设备泄漏、噪声、粉尘、化学物、高温等场所应对职业危害因素控制情况进行日常监视,每月至少一次,并保存记录;宜配备检测设备进行日常测量。

(6)职业危害作业场所的定期检测应符合下列要求:

——委托具有资质的中介技术服务机构,每年至少对职业危害作业场所进行一次危害因素检测;

——定期检测结果应当存入职业危害作业管理档案。

(7)日常职业危害监测或者定期检测过程中,发现作业场所职业危害因素的强度或者浓度不符合 GBZ 1、GBZ 2.1、GBZ 2.2 等国家标准、行业标准的,应当立即采取措施进行整改和治理,确保其符合职业健康环境和条件的要求,并保存整改和治理的记录。

2.1.17.3 职业危害作业人员和职业健康监护

(1)职业危害作业人员管理应符合下列要求:

——确定职业危害作业人员,其中应包括职业危害作业点内作业人员和其他经常接触危害的人员;

——建立职业危害作业人员登记台账或清单,登记职业危害作业人员个人信息、所在作业点及部门、接触危害程度、岗前、岗中和离岗时职业健康监护的周期和要求、健康监护体检合格情况;并保存每次健康监护体检记录;

——职业危害作业人员三级安全教育和日常教育应包括职业危害及其控制措施内容,具体执行本部分 4.6 的要求;

——职业危害作业人员所在岗位的作业指导书或安全操作规程等文本中应包括职业危害控制和现场防护、劳动防护用品等内容;

——及时向职业危害作业人员告知职业危害因素监测数据和结论、个人健康监护体检结果。

(2)职业健康监护制度和监护档案应符合下列要求:

——建立职业健康监护制度,规定职业危害作业人员岗前、岗中、离岗和紧急情况下健康监护体检的职责、流程、周期、监护档案等要求;

——建立职业危害职业人员的职业健康监护档案;内容应包括职业健康检查记录、健康评价和健康监护报告及所有相关的原始资料和档案(包括电子档案);由专人负责管理,妥善保存,保存期不应低于 GBZ 188 规定的各类职业危害人员离岗后随访期;要确保医学资料的机密和维护劳动者的职业健康隐私权、保密权;

——每年健康监护体检后,对职业危害作业人员健康监护档案进行分析,包括职业危害作业人员的分布情况、重点部位、发展趋势等内容,形成分析报告,并组织制订措施和对策。

(3)职业危害作业人员职业健康监护应符合下列要求:

——职业危害作业人员,应按期进行健康监护体检,应包括上岗前检查、在岗期间定期检查、离岗时检查、离岗后医学随访和应急健康检查五类;

——各类职业危害作业人员健康体检的周期和项目,应执行 GBZ 188 及相关国家和地方规定;其中烟草粉尘、噪声、高温、微波和放射源作业人员健康体检要求参见表 2.2;

——体检应在具有职业健康监护体检资质的医院进行;

——对于体检发现的职业禁忌症应进行复查,确定的应调离原岗位。

(4)特种设备作业人员和特种作业人员健康体检和职业禁忌症管理应符合下列要求:

——依据 GBZ 188 确定需进行健康监护体检的特种设备作业人员和特种作业人员,其中应包括电工、机动车驾驶员等;

——各类特种设备作业人员和特种作业人员健康体检的周期和项目,应执行 GBZ 188 中的相关要求;

——对于体检发现的职业禁忌症应进行复查,确定的应调离原岗位。

表 2.2 烟草主要危害作业人员职业健康体检要求一览表

职业危害	岗前职业禁忌症	岗中检查周期及观察期	离岗后随访期
其他粉尘（烟草粉尘可比照执行）	活动性肺结核病、慢性阻塞性肺病、慢性间质性肺病、伴肺功能损害的疾病	1. 粉尘浓度符合国家卫生标准，每四年一次，粉尘浓度超过国家卫生标准，每2～3年一次； 2. X射线胸片表现为0+者的作业人员医学观察时间为每年一次，连续观察5年，若5年内不能确诊为尘肺患者，应按一般接触人群进行检查； 3. 尘肺患者每1～2年进行一次医学检查	1. 接触粉尘工龄在20年（含20年）以下者，随访10年，随访周期为每5年一次；接触粉尘工龄超过20年者，随访20年，随访周期为每4年一次；接尘工龄在5年（含5年）以下者，且接尘浓度符合国家卫生标准可以不随访； 2. 尘肺患者离岗（包括退职）或退休后每1～2年进行一次医学检查
噪声	各种原因引起永久性感音神经性听力损失、Ⅱ期高血压和器质性心脏病、中度以上传导性耳聋	1年	无要求
高温	Ⅱ期高血压、活动性消化性溃疡、慢性肾炎、未控制的甲亢、糖尿病、大面积皮肤疤痕	1年，应在每年高温季节到来之前进行	无要求
微波	神经系统器质性疾病、白内障	3年	无要求
放射源及放射装置	按相关规定	1年	按相关规定

2.1.17.4 劳动防护用品、急救药品和设施管理

(1)劳动防护用品管理制度和发放标准应符合下列要求：

——建立劳动防护用品管理制度，其中应规定采购、验收、保管、发放、使用、报废等职责和要求，规定岗位劳动防护用品发放标准；

——岗位劳动防护用品发放标准应形成清单，其中品种、数量和发放、报废周期等应符合 GB 11651 和国家和地方相关规定要求，并符合 YC/T 384.2 中相关要素的要求；职业危害防护用品应符合 GBZ 1 的要求。

(2)劳动防护用品采购和发放应符合下列要求：

——劳动防护用品应从具有资质的生产和销售单位购买；其中特种防护用品应有产品合格证及特种劳动防护用品 LA 标志；购买的特种劳动防护用品应经过主管部门或安全管理人员检查验收后，方可入库，并保存记录；

——劳动防护用品的发放应填写并保存记录，由使用人签收，并有签收日期；宜一人一卡；

——企业直接聘用的外来务工人员劳动防护用品发放标准和发放方法,应按企业员工同等对待;通过劳务派遣机构选派的人员,其各项劳动防护用品发放标准应与企业员工相同,具体发放、组织协调和费用等内容,应在与劳务派遣机构的用工合同中明确各自的职责和承担的费用;

——各工种各类劳动防护用品发放后的使用期限应符合 GB 11651 的要求,并同时符合产品说明书、产品标志规定的出厂使用年限。

(3)急救药品和设施管理

——企业医务室或医院应配置现场急救药品和急救设施,急救用品应包括急救包扎物品、灼伤外用药品及其他相关急救药品,并应有呼吸器、担架等;

——无医务室的,应在有高温、灼伤、机械伤害、高处坠落、中毒等危险的部位或部门配置急救箱,放置相关急救用品,现场张贴或保存急救中心或周边医院急救电话。

【解读】

(1)模块设置

本模块旨在规范企业职业危害管理和劳动防护用品管理;其中职业危害管理包括职业危害作业场所和接触人员健康监护等管理工作,是烟草企业关注员工健康的重要工作。

(2)适用范围

本模块涵盖的四个要素,从职业危害管理机构、人员和制度,职业危害作业管理,职业危害作业人员和职业健康监护,劳动防护用品、急救药品和设施管理四个层次作出了规范要求,不同类型的企业均适用;其中职业危害的定义是"对从事职业活动的劳动者可能导致与工作有关疾病、职业病和伤害",源于 GBZ/T 224—2010《职业卫生名词术语》的定义 2.5;对于烟草工业企业主要是噪声、粉尘、放射源、微波等危害,鉴于烟草商业企业普遍无噪声、粉尘等职业危害,可仅实施相关的规范要求,如特种作业人员和特种设备作业人员的禁忌症健康监护、劳动防护用品管理等;其中劳动防护用品的定义是"指由生产经营单位为从业人员配备的,使其在劳动过程中免遭或者减轻事故伤害及职业危害的个人防护装备",源于国家安全生产监督管理总局令第 1 号《劳动防护用品监督管理规定》。

(3)依据的法规标准

——GB/T 28001—2001《职业健康安全管理体系 规范》的 4.4.6 要素;

——AQ/T 9006—2010《企业安全生产标准化基本规范》5.10;

——GB/T 4200—2008《高温作业分级》;

——GBZ 1—2010《工业企业设计卫生标准》;

——GBZ 2.1—2007《工作场所有害因素职业接触限值 第1部分:化学有害因素》;

——GBZ 2.2—2007《工作场所有害因素职业接触限值 第2部分:物理因素》;

——GBZ 188—2007《职业健康监护技术规范》;

——GBZ/T 224—2010《职业卫生名词术语》;

——GBZ/T 229.1—2010《工作场所职业病危害作业分级 第1部分:生产性粉尘》;

——GBZ/T 229.2—2010《工作场所职业病危害作业分级 第2部分:化学物》;

——GBZ/T 229.3—2010《工作场所职业病危害作业分级 第3部分:高温》;

——GBZ/T 229.4—2010《工作场所职业病危害作业分级 第4部分:噪声》;

——GB 11651—2008《个体防护装备选用规范》;

——国家安全生产监督管理总局令第 1 号《劳动防护用品监督管理规定》;

——国家安全生产监督管理总局令第23号《作业场所职业健康监督管理暂行规定》;
——国务院令第9号《女职工劳动保护规定》。

(4)重点内容解读

——本模块涉及的国家法规和标准较多,且大多为近年来更新或新发布的,企业在实施本模块规范要求时,应特别注意学习和掌握相关法规和标准的内容;

——4.17.2.2条款规范了企业职业危害作业场所的确定要求,要求将人员接触各类职业危害和有毒有害物质的岗位或部位,定为职业危害作业场所,且定点准确,不遗漏;根据烟草企业职业危害作业场所的共同特点,本条款列出了应纳入职业危害作业场所的范围,企业应依据其要求确定本企业具体的职业危害作业场所,一般应具体到部位、工序或作业点;

——4.17.2.3条款规范了职业危害作业场所分级管理和定点台账或清单的要求;要求企业应依据GBZ/T 229第1—4部分对生产性粉尘、化学物、高温和噪声危害进行分级,并提出分级控制的要求;要求企业建立职业危害作业场所定点登记台账或清单,其内容应包括登记各危害作业场所的位置、所在部门、危害分级及其达标情况、日常监测和定期检测周期和要求、作业场所接触危害人员数量等,并保存各场所的日常监测和定期检测记录,形成各作业场所的管理档案;其中分级要求需依据标准进行,需企业主管人员学习并熟悉相关标准;

——4.17.2.5条款规范了职业危害作业场所的日常监测要求;本条款的编写依据是国家安全生产监督管理总局令第23号《作业场所职业健康监督管理暂行规定》第二十一条"存在职业危害的生产经营单位应当设有专人负责作业场所职业危害因素日常监测,保证监测系统处于正常工作状态。监测的结果应当及时向从业人员公布";法规要求的日常监测可包括定性的监视和定量的测量,结合烟草企业实际,本条款规定了放射源和放射装置接触人员佩戴个人放射源接受剂量检测卡,每季度报政府主管部门检测,并保存记录;生产现场的微波设备泄漏、噪声、粉尘、化学物、高温等场所应对职业危害因素控制情况进行日常监视,每月至少一次,并保存记录等要求;根据烟草企业职业危害日常测量的可行性,企业可根据实际情况配置微波泄漏检测仪、噪声仪、温度计等检测设备进行日常测量;

——4.17.3.1、4.17.3.2条款规范了职业健康监护制度和监护档案的要求;要求建立职业健康监护制度,规定职业危害作业人员岗前、岗中、离岗和紧急情况下健康监护体检的职责、流程、周期、监护档案等要求,并要求每年健康监护体检后,对职业危害作业人员健康监护档案进行分析,形成分析报告,并组织制订措施和对策;

——4.17.3.3条款规范了各类职业危害作业人员健康体检的周期和项目,要求执行GBZ 188—2007《职业健康监护技术规范》及相关国家和地方规定;为方便企业,本条款表2.2列出了烟草粉尘、噪声、高温、微波和放射源作业人员的健康体检周期和要求;

——4.17.3.4条款规范了特种设备作业人员和特种作业人员健康体检和职业禁忌症管理的要求,根据烟草企业实际,职业禁忌症管理的范围应包括电工、机动车驾驶员等,健康体检的周期和项目,应执行GBZ 188—2007《职业健康监护技术规范》的相关要求,其中电工岗中检查周期是两年,压力容器作业人员岗中检查周期是两年,大型车及营运性职业驾驶员每年进行一次在岗期间检查,小型车及非营运性职业驾驶员每两年进行一次在岗期间检查;

——4.17.4.2条款规范了劳动防护用品采购和发放管理要求;其中特别强调特种防护用品应有产品合格证及特种劳动防护用品LA标志,并经过主管部门或安全管理人员检查验收后,方可入库;劳动防护用品的发放应由使用人签收,企业在车间集中领取后,应保持分发到个人的记录,宜一人一卡;劳动防护用品发放后的使用期限应符合 GB 11651 的要求,并同时符合产品说明书、产品标志规定的出厂使用年限,尤其应注意安全帽、安全带等易损、易老化物品的使用周期,安全帽应从生产日期开始计算有限期限;

——4.17.4.3 条款规范了企业急救药品和设施的管理;企业在实施时,应结合本企业实际确定具体职责和要求。

2.1.18 应急准备和响应

2.1.18.1 应急总体要求

(1)应急体系应符合下列要求:

——识别企业及下属部门各现场可能发生的紧急情况或事件事故,并对其风险及特征进行分析,建立涵盖企业及下属部门的应急体系;

——应形成应急准备和响应制度,对可能发生的紧急情况或事件、事故的风险分析、组织机构和职责、应急管理流程和管理要点、应急资源配置和管理、应急预案的分类和管理、应急预案演练和评审、与社会应急救援体系的接口管理等作出具体规定;

——应建立完善安全生产动态监控及预警预报体系,每月进行一次安全生产风险分析;发现事故征兆立即发布预警信息;

——应赋予生产现场带班人员、班组长和调度人员在遇到险情时第一时间下达停产撤人命令的直接决策权和指挥权。

(2)应急资源配置和管理应符合下列要求:

——根据企业紧急情况或事件事故抢险要求,建立各类应急救援组织,形成组织及人员名单;消防应急组织和人员,应符合本部分 4.14 的要求;

——建立应急物资清单,明确各类应急资源经常性维护、保养的周期和职责;应急物资应包括消防设施、安全生产事故急救、职业危害紧急处置、食物中毒处置等各类应急器材、应急药品、应急防护用品等,具体执行 YC/T 384.2 中相关条款的要求。

2.1.18.2 应急预案编制和管理

(1)应按 AQ/T 9002 确定各类应急预案的编制要求。

(2)综合应急预案应符合下列要求:

——应编制企业综合应急预案,从总体上阐述处理事故的应急方针、政策,应急组织结构及相关应急职责,应急行动、措施和保障等基本要求和程序;

——综合应急预案及其附件专项应急预案的内容中应涵盖方针与原则、组织指挥机构、相关部门(人员)的职责和分工、潜在危险性评价、应急救援的组织人员及装备情况、紧急救援措施、经费保障、训练与演习、预案管理与评审改进等内容,并与当地政府应急预案保持衔接;

——综合应急预案应由企业主要负责人批准后下发执行。

(3)专项应急预案应符合下列要求:

——应针对企业具体的紧急情况或事件事故类别(如火灾、爆炸、危险化学品泄漏等事故)、危险源和应急保障制定各专项应急预案,制定明确的救援程序和具体的应急救援措施,提出应急的计划或方案,并作为综合应急预案的附件;应编制针对火灾、爆炸、食物中毒、放射源等事件事故的专项应急预案;

——内容应包括事故类型和危害程度分析、应急处置基本原则、应急组织体系、指挥机构及职责、预防与预警、信息报告程序、应急处置、应急物资与装备保障等内容；
——各专项应急预案应由企业主要负责人批准后下发,应形成纸质版下发。

(4)现场处置方案应符合下列要求：
——应针对具体的装置、场所或设施、岗位,制定各现场处置方案,规定应急处置措施,内容应具体、简单、针对性强；
——现场处置方案应根据风险评估及危险性控制措施逐一编制,内容应包括事故特征、应急组织与职责、应急处置、注意事项等；
——各现场处置方案应由现场所在部门或业务归口部门参与编写、评审；应由企业主要负责人批准后下发执行；应形成纸质版下发并在现场设置应急处置方案看板,确保现场相关人员应知应会,熟练掌握；
——烟草企业的烟草制品库房和露天堆场、锅炉房、变配电站、空压机站、电梯、起重机械、危化品库、油库、加油站、加油点、二氧化碳储罐、熏蒸杀虫作业、剧毒品储存和使用、地下水池作业、车队、烟叶工作站、烟草营销等现场应有现场处置方案；具体执行YC/T 384.2中相关条款的要求。

2.1.18.3 应急预案的演练和评审

(1)应急预案的管理应符合下列要求：
——各类应急预案编制完成后,应对其适宜性、可行性、有效性等进行评审,评审后方可批准下发；保存评审和批准的记录；当法规、紧急情况或事件事故及应急组织和职责、应急资源、应急措施等发生变化时,应及时对预案进行评审和修订；正常情况下,应急预案应至少每三年修订一次；保存修订和重新批准的记录；
——按国家和地方政府的规定,相关预案报当地政府部门备案；
——应急预案应按文件管理,确保现场使用的是现行、有效版本,保存发放、修改等记录；应急预案的要点和程序应当张贴在应急地点和应急指挥场所,并设有明显的标志。

(2)应急预案的培训和演练应符合下列要求：
——应将应急预案的相关培训纳入企业及下属部门的培训计划,使现场人员熟悉相关的预案内容；并保存相关培训记录；
——每年制定应急预案的演练计划,每次演练前制定演练方案,演练可包括桌面演练、功能演练或全面演练等形式；每年应至少进行一次综合应急预案或专项应急预案演练,每半年至少组织一次现场处置方案的演练；消防灭火和疏散演练应每半年至少组织一次,包括专项预案演练或现场处置方案的演练；
——保持演练记录。

(3)应急预案的演练后评审与修订应符合下列要求：
——应急预案演练结束后,应对应急预案演练效果及预案适宜性、可行性、有效性进行评审,分析存在的问题,并对应急预案提出修订意见；
——编制并保存应急预案演练评估报告或评审记录。

【解读】
(1)模块设置
本模块旨在规范企业应急准备和响应的管理,为应对紧急情况、事件事故做好各项准备；

本模块内容围绕应急预案展开,包括了紧急情况或事件事故的识别和预警、应急预案的编制和管理、应急预案的演练和评审等规范要求。

(2)适用范围

本模块涵盖的3个要素,从应急总体要求,各级各类应急预案要求,应急预案的演练和评审3个层次作出了规范要求,不同类型的企业均适用;运用时可结合实际确定本企业的应急体系,包括各级预案架构。

(3)依据的法规标准

——GB/T 28001—2001《职业健康安全管理体系 规范》的4.4.7要素;

——AQ/T 9006—2010《企业安全生产标准化基本规范》5.11;

——AQ/T 9002—2006《生产经营单位安全生产事故应急预案编制导则》;

——国家安全生产监督管理总局令第17号《生产安全事故应急预案管理办法》;

——国发[2010]23号《国务院关于进一步加强企业安全生产工作的通知》。

(4)重点内容解读

——4.18.1.1条款规范了应急体系的建立和管理,其中依据国发[2010]23号《国务院关于进一步加强企业安全生产工作的通知》,要求企业建立完善安全生产动态监控及预警预报体系,每月进行一次安全生产风险分析,发现事故征兆立即发布预警信息,并赋予生产现场带班人员、班组长和调度人员在遇到险情时第一时间下达停产撤人命令的直接决策权和指挥权;企业在执行时,可以利用每月的安全例会、调度会等会议进行风险分析,并保存分析和预警记录;

——4.18.2应急预案编制和管理要素,针对烟草企业的特点,规范了企业预案的编制和管理;本要素明确规定企业应按AQ/T 9002—2006《生产经营单位安全生产应急预案编制导则》和国家安全生产监督管理总局令第17号《生产安全事故应急预案管理办法》,将企业安全生产应急预案分为综合预案、专项应急预案和现场处置方案三类,并澄清了企业安全生产预案与突发事件预案的关系;《中华人民共和国突发事件应对法》第三条规定"突发事件是指突然发生,造成或者可能造成严重社会危害,需要采取应急处置措施予以应对的自然灾害、事故灾难、公共卫生事件和社会安全事件";对于企业而言,涉及安全生产的突发事件属于"事故灾难";其他三种突发事件也应编制预案,但不属于安全生产预案;

——4.18.2.3、4.18.2.4条款分别规范了烟草企业专项应急预案和现场处置方案的编制范围;企业在执行时,应根据企业实际确定本企业预案架构;除了本模块要求编制的预案外,凡是发生险情时需启动多种措施的,应编制相应的现场处置方案,而仅仅由发现人或所在岗位、工序人员负责处置的应急措施,则可在岗位、工序安全操作规程中描述;凡是险情可能扩大到区域或企业全部范围的事故类别,应制定专项应急预案,以规定分级响应的具体救援组织、救援程序和具体的应急救援措施;

——4.18.3.1条款规范了应急预案的管理要求;其中强调了应急预案应按文件管理,确保现场使用的应是现行、有效版本,保存发放、修改等记录;现场处置方案的要点应张贴在现场,而专项应急预案的程序和要点可张贴在应急指挥场所;这些要求源于国家安全生产监督管理总局令第17号《生产安全事故应急预案管理办法》第二十四条的要求;

——4.18.3.2条款规范了应急预案的演练和评审要求;其中除依据《生产安全事故应急预案管理办法》第二十六条、第二十七条的要求,规定了演练频次、演练方案和评审要求外,还根据烟草企业特点和消防安全的相关要求,规定消防灭火和疏散演练应每半年至少组织一次,包括专项预案演练或现场处置方案的演练。

2.1.19 安全检查、内部审核和隐患管理

2.1.19.1 安全检查

(1)安全检查制度应符合下列要求：

——建立安全检查制度，内容应涵盖生产安全、消防安全、交通安全、职业危害等内容；

——制度应规定各类安全检查的责任部门、安全检查的类型、安全检查参加人、安全检查的频次、检查的方式、检查的内容、问题整改、记录要求等要求。

(2)烟草企业各类安全检查的要求，应符合表2.3的要求：

表 2.3 烟草企业安全检查要求一览表

序号	检查类别	组织部门	参加人员	检查内容	适用范围	频次
1	企业综合安全检查	企业安全主管部门	有关领导、部门和工会	安全生产、职业健康、消防安全、交通安全等	企业所有场所（每次抽查，每年覆盖全部）	每季度不少于一次，可与其他企业检查或上级检查合并进行
2	生产性车间/部门的综合安全检查	部门安全主管人员	部门有关领导和专兼职安全员	安全生产、职业健康、消防安全、交通安全等	车间/部门所有场所（每次抽查，每季度覆盖全部）	每月不少于一次
3	重要节假日安全检查	企业安全主管部门	有关领导、部门和工会	节前、节中、节后的相关安全工作；重点是动火、施工、消防、治安、值班、供电等安全内容	重点部门和部位、节日加班部门、施工现场等	五一、十一、元旦、春节及其他长假
4	季节性安全检查	企业安全主管部门	有关领导、部门和工会	雨季防雷电、夏季防高温、防汛防台、冬季防火等	有关重点部门和部位	根据季节安排
5	专项安全检查	按职责分工由企业主管部门组织	企业安全主管部门、相关部门；包括委托有关专业检查单位	1. 设备动力部门组织：特种设备、变配电等；2. 基建部门组织：建筑物、施工现场等；3. 安全部门组织：消防设施和器材、防爆防毒设施、库房防火、危险化学品、交通安全等	重点危险源和重点部位	根据年度计划和需要安排，对重点部位的专项安全检查每年不少于两次
6	企业和生产性车间/部门日常安全巡检	企业和部门的专兼职安全员	企业和部门的专兼职安全员或巡检人员	重点危险源和重点部位的安全状况	重点危险源和重点部位	企业每周一次；部门每天一次

(3)安全检查的实施应符合下列要求:
——重点部位应由所在部门建立日常安全检查表,其中应包括:危险化学品储存、使用部位(含危化品库,使用燃气、剧毒品的场所,车间油类存放点等);特种设备使用部位和气瓶储存场所;变配电站、空压站等场所;烟草制品库房和露天堆场、烟叶工作站等场所;车辆使用部门;加油站和加油点;企业确定的其他重点部门或部位;
——企业主要负责人每年至少参加一次企业综合安全检查,安全主管领导每年至少参加二次;生产性车间/部门的主要负责人每季度至少参加一次所在车间/部门的综合安全检查,安全分管领导每月至少参加一次;
——企业和部门的安全综合检查,应确定每次检查的重点内容,根据检查内容组织专业部门的人员参加,并形成检查方案;
——重要节假日安全检查应制定检查方案,内容应根据实际,可包括节前安全隐患、监视设施、应急准备的检查,节中加班和施工部位、值班点、治安的检查,节后供电、设备的重启等,并规定各次检查的具体负责人、时间、地点和记录要求等;
——季节性安全检查应根据季节变化提前制定检查方案,内容应结合当地季节特点,具体规定检查范围、检查对象、记录要求等;
——企业应通过危险源辨识风险评价,确定重点危险源,并针对其制订检查表,内容应包括设备设施安全运行状况、人员作业情况、物资安全状况等,作为日常巡检、专项安全检查的依据;
——生产性班组应进行班组安全检查,由班组长或班组安全员检查;班组安全检查周期,根据班组危险源控制需求确定,宜每周一次。

(4)安全检查的记录应符合下列要求:
——企业安全主管部门和其他主管部门组织的各类安全检查,应保存每次检查的记录,内容应包括检查参加人、检查内容、检查结果、对发现问题的整改要求或建议等,并由参加人员签字;
——车间/部门的安全检查应建立安全记录本或检查记录表,每次由检查人填写并签字;
——班组安全检查记录根据企业实际确定,宜发放班组安全活动记录本。

2.1.19.2 职业健康安全管理体系内部审核

(1)内部审核的制度和频次应符合下列要求:
——制定职业健康安全管理体系内部审核制度,规定内审的职责、频次和方法、实施流程、内审组组成、内审资料要求等,并符合 GB/T 28001 和 GB/T 19011 的要求;
——职业健康安全管理体系内部审核每年至少一次;当内外部情况发生变化,或发生重大不符合、事故时,应追加进行;
——内审由取得内审员证书的人员组成审核组进行,保存培训和取证的资料。

(2)审核方案和计划应符合下列要求:
——年初应确定年度审核方案,可在年度安全工作计划中确定年度审核方案或编制年度审核计划;
——年度内部审核应覆盖所有部门、所有场所和所有体系要素;
——每次审核实施前应编制审核实施计划,由职业健康安全管理体系管理者代表批准后下发。

(3)审核实施及其资料应符合下列要求：

——审核实施前，应编制内部审核检查表，检查表应覆盖各部门、各场所和体系各要素审核内容，包括对企业高管层的审核；审核检查表应对照体系要素，结合审核部门实际编写，能指导审核员现场审核；

——审核开始前应召开首次会议，现场审核结束后应召开末次会议；保存首末次会议签到表及记录；

——现场审核中，应收集审核证据，对照审核准则得出审核发现；审核发现的记录应具体、真实，包括对抽查证据的具体记录；审核记录应由审核员签字；

——审核组应对审核发现进行汇总、分析，并提出审核发现的不符合项；并宜提出审核中发现的需观察或改进的问题和改进建议报告或清单；不符合项应形成不符合项报告，由审核员签字、受审核部门负责人确认后下发受审核部门；

——不符合项报告下发后，应由责任部门分析不符合发生的原因，并针对原因提出纠正措施；对纠正措施，应进行评审后方可实施，避免其产生新的风险；对纠正措施的实施情况，应由审核组人员对实施效果进行验证；并保存实施和验证的相关资料和记录；在采取纠正措施的同时，应举一反三地采取相应的预防措施；

——内审组应编制内部审核报告，由管理者代表批准后分发到各部门和领导层；内部审核报告中，除了对审核过程、结论进行总结分析外，应重点提出审核中发现的涉及体系资源、目标、体系架构、体系文件等问题或改进点，并提出建议方案，作为管理评审的输入。

2.1.19.3 事故隐患管理

(1)事故隐患管理制度应符合下列要求：

——建立事故隐患管理制度，内容应包括隐患的确定和分级、整改及整改效果评价要求等；应建立以安全管理人员、安全工程师、技术人员等专业人员为主导的隐患整改效果评价制度，确保整改到位，并对整改措施、责任、资金、时限和预案"五到位"作出具体规定；

——通过内外部安全检查、内部审核、合规性评价、举报、事件或事故调查等渠道发现的事故隐患应要求现场立即整改，现场无法立即整改的，应开出隐患整改通知，并规定整改期限；

——整改完成后，应形成书面整改记录，并对整改效果进行评价；保存整改和评价记录。

(2)事故隐患台账和治理应符合下列要求：

——建立企业事故隐患台账，对事故隐患及其整改情况进行登记；

——对隐患进行分级管理，对严重的、可能重复发生的、暂时无法根治的隐患应列为重点隐患，进行跟踪检查和持续治理；

——对重点隐患，除进行整改外，还应组织责任部门分析技术、管理缺陷等原因，针对原因采取纠正措施和预防措施，并保存纠正和预防措施实施和效果验证的资料和记录；

——纠正措施和预防措施实施前，应进行评审，防止产生新的隐患，并保存评审记录。

【解读】

(1)模块设置

本模块旨在规范企业安全检查、内部审核及事故隐患的管理；安全检查，包括内部审核，是安全工作策划(P)、实施(D)、检查(C)、处置(A)的检查环节，事故隐患管理则是企业风险控制关键的处置环节。

(2)适用范围

本模块涵盖的三个要素,从安全检查、职业健康安全管理体系内部审核、事故隐患管理三个层次作出了规范要求,不同类型的企业均适用;其中安全检查包括了各级各类安全检查,职业健康安全管理体系内部审核也是集中的、系统的安全检查方式;事故隐患的定义"是指生产经营单位违反安全生产法律、法规、规章、标准、规程和安全生产管理制度的规定,或者因其他因素在生产经营活动中存在可能导致事故发生的物的危险状态、人的不安全行为和管理上的缺陷",源于国家安全生产监督管理总局令第16号《安全生产事故隐患排查治理暂行规定》第三条;事故隐患与危险源的区别在于危险源包括潜在的风险和现在已经存在的风险,需持续控制;而事故隐患专指已经存在的违章及其他安全问题和风险,需立即整改。

(3)依据的法规标准

——GB/T 28001—2001《职业健康安全管理体系　规范》的4.5.1、4.5.4要素;

——AQ/T 9006—2010《企业安全生产标准化基本规范》5.8;

——国家安全生产监督管理总局令第16号《安全生产事故隐患排查治理暂行规定》。

(4)重点内容解读

——4.19.1安全检查要素规范了各类各级安全检查的要求,包括检查频次、组织和参加人员、检查内容、记录要求等,具体见本要素表3;其中4.19.1.3条款还特别要求企业和部门的安全综合检查、企业重要节假日安全检查、企业季节性安全检查等应有检查方案,重点部位应有日常安全检查表,以确保安全检查的质量;本要素是针对各类烟草企业的通用的基本要求,企业在实施时可根据风险控制的需求,适当增加检查频次和范围;

——4.19.2职业健康安全管理体系内部审核要素,依据GB/T 28001《职业健康安全管理体系　规范》的4.5.4要素编写,企业在执行时,可将内审与安全生产标准化自我评价相结合,以期审核更加有效;

——4.19.3.2条款规范了事故隐患分级管理的要求;要求将严重的、可能重复发生的、暂时无法根治隐患列为重点隐患,并进行跟踪检查和持续治理;企业在执行时,可根据企业实际,确定事故隐患的具体分类方法,根据分类分别由企业安保部门和各部门负责组织整改和建立隐患台账。

2.1.20　事件、事故管理

2.1.20.1　事件、事故报告、调查和处理制度

(1)事件、事故管理制度应符合下列要求:

——制定事件、事故的管理制度,内容应符合国家关于生产安全事故、火灾事故、职业病事故和交通事故报告、调查处理的要求;

——制度内容应包括事件、事故的分级、报告、调查组形成和调查、调查报告、事故处理、统计分析等具体要求,并规定相应的记录要求;

——未发生受伤、健康损害或死亡的事件,即未遂事故,应纳入需统计、调查和分析的范围。

(2)事故控制指标应符合下列要求:
——每年年初确定各类各级事故的控制指标;指标应符合各地、行业及上级要求并结合企业实际制定;控制指标宜分解到下属生产性车间/部门,并制定相应的控制措施;
——事故控制指标纳入安全目标进行管理和考核,具体执行本部分4.1、4.21的要求。
(3)事件、事故报告和统计分析应符合下列要求:
——事故报告应符合法规和政府主管部门和上级要求,其中重伤及其以上生产安全事故、火灾事故、重大道路交通事故、重大食品安全事故等应立即向省级公司报告,并在8小时内上报书面事故快报;
——自事故发生之日起30日内,事故造成的伤亡人数发生变化的,应当及时补报;道路交通事故、火灾事故自发生之日起7日内,事故造成的伤亡人数发生变化的,应当及时补报;
——每月月末应对本月各类事故进行统计,统计应形成报表并上报省级公司和当地政府主管部门;
——应对事件、事故的性质、原因等进行分析,并提出防范措施;分析应包括事件、事故发生部门和安全主管部门两个层面;安全主管部门每季度对事件、事故进行综合分析,形成分析报告。

2.1.20.2　事件、事故调查、分析和处理要求

(1)事故调查应符合下列要求:
——应按法规和上级规定的权限要求,接受政府或上级调查组的调查;如企业组成事故调查组;应有企业工会参加;
——企业主要负责人应组织企业各有关部门和人员认真配合调查,事故发生单位和部门的负责人和有关人员在事故调查期间不应擅离职守,并如实提供有关情况和资料;
——事故调查应符合GB 6441、GB 6442的要求,其中火灾事故和应确定事故性质和分类,调查资料中应包括现场图、调查记录、分析会记录、报告书等;
——事故调查报告应按权限批准,确定处理意见和整改措施。
(2)事件调查应符合下列要求:
——参照事故处理调查要求对事件调查处理,由所在部门或主管部门组织调查,并形成调查记录或报告;所在部门专兼职安全员、安全管理部门、工会应参加调查;
——事件调查记录应经过企业主管安全领导批准,确定处理意见和整改措施。
(3)事件、事故原因分析应符合下列要求:
——调查记录或调查报告中,应分析事件、事故发生的原因,符合GB 6442的要求;
——应查明直接原因和间接原因,直接原因是指人的不安全行为和物的不安全状态等;间接原因包括技术原因、教育原因、身体原因、精神原因、管理原因等;
——事件、事故调查应形成调查报告,调查报告中应包括事故原因及其分析、事故责任分析,并针对原因分析,提出整改措施建议;
——当年发生的事件、事故及其原因,应在下一年度危险源辨识和风险评价中加以体现。
(4)事件、事故处理应符合下列要求:
——事件、事故处理应遵循事故原因查不清不放过、事故责任者没有得到处理不放过、事故责任者和群众没有受到教育不放过、没有采取有效的防范措施不放过的"四不放过"原则;

——应组织整改措施的实施,并按权限由政府部门或企业主管部门对实施效果进行验证,并保存实施和验证的资料和记录;

——事故的处理应形成事故处理报告,由企业主要负责人批准;

——建立事故档案,包括事故调查的资料和事故处理决定、防范措施和落实情况等内容;事故档案应归档,并长期保存。

2.1.20.3 工伤管理

(1)工伤社会保险参保范围和缴纳等应符合下列要求:

——所有从业人员,包括劳务工,均参加工伤社会保险;

——工伤保险费由企业缴纳。

(2)工伤申报和鉴定应符合下列要求:

——应及时办理工伤申报手续,并保存申报资料和记录;

——按国家和地方规范,及时对工伤人员进行劳动能力鉴定和职业病鉴定,并将鉴定结果及时通知个人或其家属。

【解读】

(1)模块设置

本模块旨在规范事件事故的管理流程和要求,包括报告、调查处理和分析等,并强调了事件报告、调查处理和分析的要求。

(2)适用范围

本模块涵盖的三个要素,从事件事故报告、调查和处理制度,事件事故调查、分析和处理要求,工伤管理三个层次作出了规范要求,不同类型的企业均适用;其中事件是指可能导致事故的未造成后果的未遂事故,如火险、未造成伤亡的坍塌、碰撞等险情;事故分级及其处置应按国务院令第493号《生产安全事故报告和调查处理条例》执行。

(3)依据的法规标准

——GB/T 28001—2001《职业健康安全管理体系 规范》的4.5.2要素;

——AQ/T 9006—2010《企业安全生产标准化基本规范》5.12;

——GB 6441—1986《企业职工伤亡事故分类标准》;

——GB 6442—1986《企业职工伤亡事故调查分析规则》;

——国务院令第493号《生产安全事故报告和调查处理条例》;

——国务院令第586号《工伤保险条例》。

(4)重点内容解读

——4.20.1事件、事故报告、调查和处理制度要素和4.20.2事件、事故调查、分析和处理要素中,事故报告、调查处理等均按国务院493号令《生产安全事故报告调查处理条例》要求编写,并规定重伤及其以上生产安全事故、火灾事故、重大道路交通事故、重大食品安全事故等应立即向省级公司报告,并在8小时内上报书面事故快报;

——4.20.1事件、事故报告、调查和处理制度要素和4.20.2事件、事故调查、分析和处理要素中,规范了事件管理要求;凡是可能导致事故的未造成后果的未遂事故,即事件,应纳入需上报、统计和分析的范围,事件调查记录应经过企业主管安全领导批准,确定处理意见和整改措施;企业在执行中,应首先对管理人员、员工进行事件与事故关系的教育,强调只有控制事件或杜绝事件,方可减少或杜绝事故的发生,因为事故是多个事件中造成人员伤害的少数结果;同时企业还应结合可能发生的事件特点,制定具体的报告和处置方法,以鼓励基层部门报告事件,以便于分析和采取预防措施;

——4.20.3 工伤管理要素依据国务院令第 586 号《工伤保险条例》,规范了企业工伤保险管理的原则要求,并强调所有从业人员,包括劳务工,均参加工伤社会保险。

2.1.21 安全绩效考核和管理评审

2.1.21.1 考核制度

考核制度应符合下列要求:

——建立安全绩效考核制度,规定考核的职责、考核内容的确定、考核周期和方法、考核结果的奖惩等要求,并经过安委会审议,企业主要负责人批准;

——绩效考核的范围应包括安全管理部门对各部门的综合安全考核,也应包括相关部门对各部门相关职业健康安全内容的考核。

2.1.21.2 考核内容及其实施

考核内容及其实施应符合下列要求:

——安全绩效考核应分为日常考核和年度考核,日常考核宜不低于每季度一次;

——绩效考核的内容应包括事件、事故发生率等年度职业健康安全目标中需考核的目标,具体执行本部分 4.1 的要求;

——绩效考核应体现预防为主和持续改进的原则,实现动态考核;每年应根据当年目标调整考核内容和奖惩方法,形成本年度安全绩效考核指标一览表;

——考核方法应以事实和数据为依据;考核的资料应保存,并公示考核结果。

2.1.21.3 职业健康安全管理体系管理评审

(1)管理评审频次、计划应符合下列要求:

——按 GB/T 28001 的要求,确定管理评审的周期,每年不少于一次;当内外部情况发生变化时,应追加管理评审;

——管理评审宜与企业年度或定期的职业健康安全管理总结同时进行,解决职业健康安全管理中存在的资源及结构性问题,以实现绩效的持续改进;

——管理评审应有计划、评审记录和评审报告,均应由职业健康安全管理体系最高管理者批准;

——企业管理评审应由最高管理者主持;如由上级公司统一组织管理评审,生产经营单位应准备体系运行情况报告;生产经营单位宜先由主要负责人组织内部管理评审;

——管理评审报告应下发,并实现内外部的有效协商和沟通。

(2)管理评审的输入应符合 GB/T 28001 的要求,其中应包括改进的建议;保存输入的相关资料和记录。

(3)管理评审的输出应形成管理评审报告,内容应包括为实现持续改进的承诺而做出的与下列可能的修改有关的决策和行动。

(4)管理评审完成后,应进行下列工作,实现持续改进:

——管理评审报告决定的策划和行动,应制定具体的实施计划,并明确职责、资源和进度要求;

——计划措施应体现纠正措施和预防措施,实现持续改进职业健康安全管理的适宜性、充分性和有效性的目的;

——应对实施计划的完成情况进行监督检查,并验证完成情况及其效果,保存验证记录。

【解读】

(1)模块设置

本模块旨在规范企业安全绩效管理和管理评审,是安全工作策划(P)、实施(D)、检查(C)、处置(A)的处置环节,是改进安全管理和绩效的关键环节。

(2)适用范围

本模块涵盖的2个要素,从安全绩效考核、职业健康安全管理体系管理评审2个层次作出了规范要求,不同类型的企业均适用;其中绩效考核包括生产经营单位内部的安全绩效考核和省级公司对下属单位的安全绩效考核,但生产经营单位应建立内部的安全绩效考核制度,并符合本模块要求。

(3)依据的法规标准

——GB/T 28001—2001《职业健康安全管理体系 规范》的4.6要素;

——AQ/T 9006—2010《企业安全生产标准化基本规范》5.13。

(4)重点内容解读

——4.21.1安全绩效考核要素提出了安全绩效考核的基本要求,要求企业建立安全绩效考核制度,规定考核的职责、考核内容的确定、考核周期和方法、考核结果的奖惩等要求,并经过安委会审议,企业主要负责人批准;本要素还要求企业安全绩效考核应分为日常考核和年度考核,日常考核宜不低于每季度一次,每年应根据当年目标调整考核内容和奖惩方法,形成本年度安全绩效考核指标一览表;

——4.21.2管理评审要素按GB/T 28001《职业健康安全管理体系 规范》的4.6要素编写;强调了管理评审的目的是绩效改进,明确了评审输入和输出的要求;要求输入应包括改进的建议,并保存输入的相关资料和记录;输出应形成管理评审报告,内容应包括为实现持续改进的承诺而做出的有关的决策和行动。

2.2 安全技术和现场规范

"安全技术和现场规范"(YC/T 384.2)总体架构及其应用解读

前言

YC/T 384《烟草企业安全生产标准化规范》分为三个部分:

——第1部分:基础管理规范;

——第2部分:安全技术和现场规范;

——第3部分:考核评价准则和方法。

本部分为YC/T 384的第2部分。

本部分按照GB/T 1.1—2009给出的规则起草。

请注意本文件的某些内容可能涉及专利。本文件的发布机构不承担识别这些专利的责任。

本部分由国家烟草专卖局提出。

本部分由全国烟草标准化委员会企业分技术委员会(SAC/TC 144/SC 4)归口。

本部分起草单位：国家烟草专卖局经济运行司、上海烟草集团有限责任公司、云南中烟工业有限责任公司、福建中烟工业公司、川渝中烟工业公司、河北中烟工业公司、中国烟草总公司吉林省公司、中国烟草总公司云南省公司、北京寰发启迪认证咨询中心。

本部分主要起草人：谢亦三、张一峰、孙胤、唐春宝、徐建宁、蔡汉力、陈薇、韦博元、王鹏飞、徐本钊、诸娴娟、牛进坤、杨达辉、李世冲、卢俊权、赵亮、赵小骞、张博为。

引言

YC/T 384《烟草企业安全生产标准化规范》以 AQ/T 9006—2010《企业安全生产标准化基本规范》为编制依据，并结合烟草企业的特点而编制；本标准以上海烟草集团有限责任公司安全标准化系列标准为基础重新编制。

YC/T 384《烟草企业安全生产标准化规范》的编制目的是为规范烟草企业安全生产标准化提供依据；为职业健康安全管理体系的有效运行提供操作层面的技术支撑，保证安全基础管理、生产经营设备设施、作业环境和作业人员行为处于安全受控状态，促进企业职业健康安全管理绩效的提升。

1 范围

本部分规定了烟草企业安全生产标准化的安全技术和现场规范要求，包括了设备设施、作业活动、作业环境的安全规范要求及现场日常管理安全规范要求。

本部分适用于烟草工业企业和商业企业，含烟叶复烤、卷烟制造、薄片制造、烟草收购、分拣配送、烟草营销等企业及下属的生产经营单位，不含烟草相关和投资的其他企业，如醋酸纤维、烟草印刷等企业；烟草相关和投资的其他企业可参照执行。

2 规范性引用文件

下列文件对于本文件的应用是必不可少的。凡是注日期的引用文件，仅注日期的版本适用于本文件。凡是不注日期的引用文件，其最新版本(包括所有的修改单)适用于本文件。

GB 1576　工业锅炉水质

GB 2894　安全标志及其使用导则

GB 3836.1　爆炸性气体环境用电气设备 第1部分：通用要求

GB 3883.1　手持式电动工具的安全第一部分：通用要求

GB/T 3787　手持式电动工具的管理、使用、检查和维修安全技术规程

GB 4053.1　固定式钢梯及平台安全要求 第1部分 钢直梯

GB 4053.2　固定式钢梯及平台安全要求 第2部分 钢斜梯

GB 4053.3—2009　固定式钢梯及平台安全要求 第3部分 工业防护栏杆及钢平台

GB 4208　外壳防护等级(IP 代码)

GB 4387　工业企业厂内铁路、道路运输安全规程

GB 4674　磨削机械安全规程

GB 5226.1　机械电气安全 机械电气设备 第1部分：通用技术条件

GB/T 5972　起重机钢丝绳保养、维护、安装、检验和报废

GB 6067.1　起重机械安全规程 第1部分：总则

GB 7144　气瓶颜色标志
GB 7231—2003　工业管道的基本识别色、识别符号和安全标识
GB 7258　机动车运行安全技术条件
GB/T 8196　机械安全防护装置固定式和活动式防护装置设计与制造一般要求
GB 8958　缺氧危险作业安全规程
GB 9237　制冷和供热用机械制冷系统安全要求
GB 9361　计算站场地安全要求
GB 10060　电梯安装验收规范
GB 10080　空调用通风机安全要求
GB 10235　弧焊变压器防触电装置
GB 11341　悬挂输送机安全规程
GB 11638　溶解乙炔气瓶
GB 11651　个体防护装备选用规范
GB 12142　便携式金属梯安全要求
GB 13495　消防安全标志
GB 13690　化学品分类和危险性公示　通则
GB/T 13869　用电安全导则
GB 13955　剩余电流动作保护装置安装和运行
GB 14784　带式输送机安全规范
GB 15052　起重机械危险部位与标志
GB 15578　电阻焊机的安全要求
GB 15603　常用危险化学品储存通则
GB/T 15605　粉尘爆炸泄压指南
GB/T 16178—1996　厂内机动车辆安全检验技术要求
GB 16754　机械安全急停　设计原则
GB 16804　气瓶警示标签
GB 16899　自动扶梯和自动人行道的制造和安装安全规范
GB 18245—2000　烟草加工系统粉尘防爆安全规程
GB 18361　溴化锂吸收式冷(热)水机组安全要求
GB/T 18831　机械安全带防护装置的连锁装置设计和选择原则
GB 19210　空调通风系统清洗规范
GB 17051　二次供水设施卫生规范
GB/T 20867　工业机器人安全实施规范
GB 22207　容积式空气压缩机安全要求
GB 23821　机械安全防止上下肢触及危险区的安全距离
GB/T 28001　职业健康安全管理体系　规范
GB 50016—2006　建筑设计防火规范
GB 50029　压缩空气站设计规范
GB 50034　建筑照明设计标准

GB 50045　　高层民用建筑设计防火规范
GB 50052　　供配电系统设计规范
GB 50053—94　　10 kV及以下变电所设计规范
GB 50054—95　　低压配电设计规范
GB 50057　　建筑物防雷设计规范
GB 50059—92　　35～110 kV变电所设计规范
GB 50074　　石油库设计规范
GB 50140—2005　　建筑灭火器配置设计规范
GB 50156　　汽车加油加气站设计与施工规范
GB 50166　　火灾自动报警系统施工及验收规范
GB 50217　　电力工程电缆设计规范
GB 50222　　建筑内部装修设计防火规范
GB 50273　　工业锅炉安装工程施工及验收规范
GB 50303　　建筑电气工程施工质量验收规范
GB 50365　　空调通风系统运行管理规范
GB 50444—2008　　建筑灭火器配置验收及检查规范
DL 401　　高压电缆选用导则
GA 767　　消防控制室通用技术要求
GBJ 22　　厂矿道路设计规范
GBZ 1　　工业企业设计卫生标准
GBZ 2.1　　工作场所有害因素职业接触限值　第1部分:化学有害因素
GBZ 2.2　　工作场所有害因素职业接触限值　第2部分:物理因素
GBZ 188　　职业健康监护技术规范
JB/T 6092　　轻型台式砂轮机
JB 5320　　剪叉式升降台安全规程
TSG D0001　　压力管道安全技术监察规程—工业管道
TSG R0003　　简单压力容器安全技术监察规程
TSG R0004　　固定式压力容器安全技术监察规程
TSG R0005　　移动式压力容器安全技术监察规程
YC/T 9　　卷烟厂设计规范
YC/T 38　　卷烟厂照明设计标准
YC/T 205　　烟草及烟草制品　仓库　设计规范
YC/Z 260—2008　　烟草行业物流标准体系
YC/T 299　　烟草加工过程害虫防治技术规范
YC/T 301　　储烟虫害治理 磷化氢与二氧化碳混合熏蒸安全规程
YC/T 323—2009　　卷烟企业安全标识　使用规范
YC/T 336—2010　　烟叶工作站设计规范
YC/T 384.1　　烟草企业安全生产标准化规范　第1部分:基础管理规范

3 术语和定义

GB/T 28001、GB 50016、YC/Z 260、YC/T 336 界定的以及下列术语和定义适用于本文件。为了便于使用，以下重复列出了 GB 50016、YC/Z 260、YC/T 336 的某些术语和定义。

3.1 烟草及烟草制品仓库 tobacco and tobacco produce storeroom

原烟仓库、复烤片烟醇化仓库、复烤烟梗仓库、烟用材料仓库和卷烟成品仓库。

3.2 高架库 high-bay depot

自动化立体仓库，由高层货架、巷道堆垛起重机(有轨堆垛机)、入出库输送机系统、自动化控制系统、计算机仓库管理系统及其周边设备组成，可对集装单元物品实现自动化存取和控制的仓库。

3.3 杀虫作业 desinsection operation

储烟虫害治理和烟草加工过程虫害防治的作业活动，包括对烟叶库房熏蒸杀虫作业、车间杀虫作业及磷化铝(镁)杀虫剂采购和储存。

3.4 复烤生产线 redrying product line

烟叶复烤企业内复烤车间的设备设施及其职业活动，其中包括解包挑选、润叶加工的真空回潮机、打叶风分的风分机、打叶复烤机、打包机等。

3.5 物流运输 logistics transportation

物体从供应地向接收地的实体流动过程；包括用于烟草及其制品输送、装卸和运输的设备设施、车辆、加油站及其作业；不含厂内机动车及其作业。

3.6 临时低压电气线路 temporary low-voltage electrical lines

根据生产、试验、施工等需要，经过审批，从配电箱(柜、板)临时引出的电气线路；不含通过插座引出的电器使用线路。

3.7 安全出口 safety exit

供人员安全疏散用的楼梯间、室外楼梯的出入口或直通室内外安全区域的出口。[GB 50016—2006,定义 2.0.17]

3.8 防火分区 fire compartment

在建筑内部采用防火墙、耐火楼板及其他防火分隔设施分隔而成，能在一定时间内防止火灾向同一建筑的其余部分蔓延的局部空间。[GB 50016—2006,定义 2.0.20]

3.9 防火间距 fire separation distance

防止着火建筑的辐射热在一定时间内引燃相邻建筑，且便于消防扑救的间隔距离。[GB 50016—2006,定义 2.0.21]

3.10 消防设施 fire fighting device

固定的消防系统和设备，包括消防车道、消防建筑构造(含防火门和防火卷帘门)、消防给水和灭火设施(含室内外消火栓)、防烟和排烟系统、火灾自动报警系统、自动灭火系统、消防供电系统等。

3.11 消防器材 fire equipment

移动的灭火器材、自救逃生器材，如灭火器、防烟面罩、缓降器等。

3.12 制丝 cut tobacco manufacture

卷烟制造企业内制丝车间的设备设施及其作业活动，由原料(片烟、烟梗、烟草薄片等)进入车间到制成烟丝并贮存为止，制丝生产线宜由片烟、叶丝、梗丝、白肋烟、配比加香、贮存等生产工段组成；不含膨丝设备设施、薄片生产设备及其作业。

3.13 膨胀烟丝 expanded cut tobacco

使用二氧化碳干冰法或在线膨丝法的膨丝生产设备设施和作业活动;其中二氧化碳干冰法膨胀烟丝由浸渍、开松、干燥、CO_2回收、热风循环、回潮、贮存等工序组成。

3.14 卷接包 wraparound & package

卷烟制造企业内卷包车间的设备设施及其作业活动,从供丝、卷接、包装、装封箱并送入成品周转库为止;具体包括卷接包设备、卷接包配料等设备设施及其作业。

3.15 滤棒成型 filter rod shape

卷烟生产企业内从原料备料到丝束卷制成滤棒和发送为止的滤棒生产过程,由丝束和辅助材料暂存、滤棒成形、滤棒暂存、滤棒发射等工序组成。

3.16 薄片生产 thin slice manufacture

为卷烟厂提供薄片的生产过程,包括造纸法薄片或辊压法薄片等设备及其作业活动;其中造纸法薄片生产包括投料和萃取、制浆、制涂布液、抄造、分切打包等工序。

3.17 烟叶工作站 tobacco leaf workstation

烟草企业在国家下达烟叶收购计划的地区设置的开展烟叶工作的基层单位,主要职能为组织生产、烟叶收购、物资供应、培训指导、技术服务和基础建设。

3.18 配送 distribution

根据客户要求,对卷烟制品进行拣选、加工、包装、分割、组配等作业,并按时送达指定地点的物流活动。

3.19 分拣输送系统 sorting and picking system

采用机械设备和自动控制技术实现卷烟制品分类、输送和存取的系统。

3.20 营销场所 marketing place

烟草营销企业的直属烟草专卖场所,包括门店、经销部等,不含经过批准经销卷烟的社会商业单位。

4 烟草企业通用安全技术和现场规范要求

(略)

参考文献

[1]国务院令第591号 危险化学品安全管理条例
[2]公安部令第6号 仓库防火安全管理规则
[3]卫生部卫监督发[2005]498号 食品卫生许可证管理办法
[4]卫生部令第10号 餐饮业食品卫生管理办法
[5]卫生部卫监督发[2005]260号 餐饮业和集体用餐配送单位卫生规范
[6]建设部建标[2006]42号文 城市消防站建设标准(修订)
[7]国家电力监管委员会令第15号 电工进网作业许可证管理办法
[8]国家烟草专卖局 烟草行业熏蒸作业安全管理暂行规定
[9]国家烟草专卖局 烟草行业实验室安全管理规定
[10]国家烟草专卖局、公安部第1号令 烟草行业消防安全管理规定

【解读】

(1)安全技术和现场规范适用范围

由于安全技术涉及多个领域,本规范仅针对烟草企业17个通用模块、烟草工业企业4个

重点模块、烟草商业企业3个重点模块作出规范性要求;本部分适用于烟草工商企业及其下属生产经营单位;对于烟草相关和投资的其他企业,特别是多元化经营企业,如:醋酸纤维、烟草印刷、宾馆饭店、房地产开发、物流运输、商贸企业等,除执行相关强制性技术规范以外,一些辅助设施、公用工程、作业现场等可参照本部分内容加强安全技术和现场规范。

(2)本部分规范的内容和应用

本部分规范的是安全技术和现场规范要求,包括设备设施、作业活动、作业环境的规范要求,也包括现场管理的规范要求;这些规范要求与第1部分规范的基础管理要求有联系,但侧重点不同,本部分侧重的是现场。本部分内容主要依据法规、国家和行业标准编制;国家相关法规标准中未涉及内容,根据烟草企业特点,在本部分中作出了特别要求;本部分内容不可能具体到不同型号的设备、不同作业场所的具体要求,企业在执行时,可结合实际,确定更加具体的规范要求。

(3)引用文件和参考文献

本部分引用的文件,均是在正文中提及的国家和行业标准;其中凡是注日期的引用标准,正文中引用了其章节号;凡是不注日期的引用标准,正文中引用了其标准号;本部分编写依据的法规等,根据标准编制的格式要求,在参考文献中列出,其中不含相关的国家法律;企业在执行中,对于本部分未引用的一些强制性标准也必须遵照执行,并应收集和执行规范发布后国家和行业修订发布的标准和规范。本部分列出的标准,包括国家和行业有关安全生产工作领域的强制性标准(GB)、推荐性标准(GB/T)、安全行业标准(AQ或AQ/T)、烟草行业标准(YC或YC/T)、其他行业标准(GA、GBZ、JB、TSG等)。

(4)术语和定义

本部分仅列出了理解时容易产生歧义的相关术语定义,其中有注解直接源于相关法规或标准。

2.2.1 烟草企业通用安全技术和现场规范要求

2.2.1.1 作业现场通用安全要求

【解读】

本模块涵盖生产作业现场涉及的电气、消防、设备设施、安全运行、职业危害控制、设备安全装置保养检修等6个要素;本模块中未涉及的其他设备设施的要求在本部分其他模块中描述;办公场所、仓储现场等涉及上述6项内容的参照本部分要求执行。本模块中各项规范性要求,主要针对所在基层部门、班组或岗位,可作为"岗位达标"的内容及"专业达标"现场验证的依据。本模块适用于企业各个生产作业场所,纳入到复烤、制丝、卷接包、薄片生产、烟叶工作站分级打包、分拣等各个生产作业现场的考评内容,不再单独考评。

本模块主要依据法规标准:

——GB 5226.1—2008《机械电气安全 机械电气设备 第1部分:通用技术条件》;

——GB/T 13869—2008《用电安全导则》;

——国家安全生产监督管理总局令第23号《作业场所职业健康监督管理暂行规定》;

——国家烟草专卖局、公安部第1号令《烟草行业消防安全管理规定》;

——本部分依据法规、标准内容非常多,可同时参照其他相关模块的解读。

2.2.1.1.1 生产现场电气安全
(1)配电箱、柜应符合下列要求：
——内外整洁、完好、无杂物、无积水、密封性良好；
——配电箱、柜前方 1.2 m 的范围内无障碍物(因工艺布置、设备安装确有困难时可减至 0.8 m,但不应影响箱门开启和操作)，宜在箱、柜前方范围处划警戒线；
——配电箱、柜及设备外不应有裸带电体外露；应装设在设备或配电箱、柜外表上的电气元件，应有可靠的屏护。
(2)电气线路应符合下列要求：
——设备电气线路绝缘和接地完好，设备电气箱、柜除维修外，不应打开用来散热或作其他用途；
——无未经批准的临时线路；
——所有线路架空或在地面穿金属管敷设；线路完好无损，不应有接头、破损、老化或过载；
——其他电气安全通用要求，具体执行本部分 4.9 的要求。

【解读】
本条款电气泛指生产、办公区域各种低压电气线路及电气设施。

2.2.1.1.2 生产现场消防安全
(1)安全出口和消防通道应符合下列要求：
——所在车间各部位安全出口和疏散标志齐全，并宜张贴安全出口和消防通道示意图；
——安全出口门应完好无破损，能关闭自如；安全出口和消防通道禁止堆放物品，保持畅通；
——安全出口严禁堵塞或变相用作其他用途；安全出口、楼梯和走道的宽度应当符合有关建筑设计防火规范的规定，并有应急照明。
(2)消防器材应符合下列要求：
——所在车间有室内消防栓、灭火器等消防设施和器材配备示意图或清单，包括配备位置、型号和数量等；
——灭火器材应定置存放，宜有器材编号；灭火器应在检验有效期内，并有每月检查合格的现场记录，并明确记录责任人；
——消防器材前方不准堆放物品和杂物，用过的灭火器不应放回原处；现场人员不应挪动和破坏消防器材；
——其他消防安全通用要求，具体执行本部分 4.16 的要求。

【解读】
本条款对作业现场提出了较高的要求，要求建立室内消防栓、灭火器等消防设施和器材配备示意图或清单，内容应能清楚地反映本部门各个部位配置的消防栓、灭火器等具体数量、型号等信息，图单和现场配置应一致。室外的消防栓、水泵接合器、灭火器等器材、消防水源、安全通道、安全出口、重点防火部位等可在厂区(单位)消防平面示意图中进行明示。

2.2.1.1.3 生产现场设备设施安全通用要求
(1)安全防护罩、网和防护栏应符合 GB/T 8196 的要求，其中：
——安全防护罩、网和防护栏应符合 GB/T 8196 的要求；凡传动外露于设备外部，距操作者站立平面≤2 m的旋转部件,均应装设有效的防护罩(门)、网或禁止人员入内的防护栏;网罩及与设备运转部位的距离应符合要求;

——地面的防护栏的高度应不低于900 mm;距地面高度大于等于2 m并小于20 m时,防护栏杆高度应不低于1050 mm;

——防护网、罩等材质有足够的强度和刚度,无明显的锈蚀或变形;安装应牢固,工作时不应与可动部件有接触或产生摩擦,机械运转时防护装置无振动或松动。

(2)急停开关应符合GB 16754的要求,其中:

——应保证瞬时动作时能终止设备的一切运动;

——开关形状应区别于一般控制开关,按钮应突出其他按钮的外平面,按钮头应有醒目的红色标记;

——周边无障碍物。

(3)安全连锁装置应符合GB/T 18831的要求,其中:

——防护罩(门)打开后,绿色准备灯应立即熄灭,红灯应该亮起,或操作显示屏上显示报警信息,设备相应部位应立即停止工作;关闭后,人工在控制程序上进行复位,确认故障消除后才能重新运转;

——防护罩(门)透明度良好,外观完好、无破损,各种螺丝连接紧固、不缺失;连锁装置的位置无位移、无变形,无被碰撞、破损现象;

——严禁人为变动、破坏或拆卸安全连锁装置。

(4)机械手应符合GB/T 20867的相关要求,并符合下列要求:

——作业区域应设置警示标志和封闭的防护栏;

——必备的检修门和开口部位应设置明显标志,并设安全销和光电保护等防护装置或上锁;防止无关人员进入接触设备运转部位、设备误启动;

——液压管路或气压管路应连接可靠,无老化或泄露;控制按钮应齐全,且动作准确;

——执行机构应定位准确、抓取牢固;如有自动锁紧装置,应灵敏、可靠。

(5)设备走台和平台应符合本部分4.6.3的要求。

(6)管道和压力容器压力表应符合下列要求:

——汽、气、水、料等各类管道应完好,无跑、冒、滴、漏;管道各类阀门完好,启闭灵活,性能可靠;

——热蒸汽、热水管道应加保温隔热防护层,并完好有效,无法加保温隔热防护层之处,应有防止烫伤的警示标志;

——压力容器的压力表应设置上限红线标志,压力控制在红线所示安全工作范围内;压力表应有定期检验合格的标志;

——管道的色标等通用要求,具体执行本部分4.10.3的要求。

【解读】

本条款从设备设施的本质安全角度提出了规范性要求,一般情况下可通过常规目测方式判定是否符合规范要求。

2.2.1.1.4 生产现场安全运行通用要求

(1)安全操作规程应符合下列要求:

——操作现场有岗位操作规程,其中应包括安全操作要求或单独编写安全操作规程;

——内容应包括设备和作业主要危险源及控制要求、劳动防护用品配备和穿戴要求的描述。

(2) 安全标识应符合 GB 2894 和 YC/T 323 的要求，其中：

——设备所带的安全标识完好、清晰，不被遮挡；外文的安全标识应翻译后张贴中文标识；

——车间内有相应危险的区域、部位等，宜有防止危险的相应标志。

(3) 劳动防护用品应符合 GB 11651 的要求，其中：

——生产现场所有工作人员应穿戴工作服，长发应盘在工作帽内，袖口及衣服角应系扣；

——卷包生产现场设备操作人员和其他车间噪声点人员应佩戴防噪声耳塞；对临时进入卷包生产现场的其他人员，宜发放防噪声耳塞；

——车间粉尘作业点操作人员应佩戴防尘口罩；

——设备吹扫时，操作人员佩戴防尘口罩。

(4) 人工装卸作业应符合下列要求：

——平板应轻拿轻放，不要使用已损坏的平板；

——箱包封好后要及时堆放在平板上，以免阻塞通道；

——箱包堆放平整，固定牢固，防止掉下砸伤人；

——人工推车的液压、机械、紧固、转向等装置完好有效。

(5) 设备清扫和维护、检修作业应符合下列要求：

——设备清扫和维护时，包括润滑、保养、排除故障等，应关闭设备，停机作业；

——设备检修时，应停电并悬挂警示牌；

——使用酒精应防止泄漏，严禁烟火，使用后及时收回到存放点或库房保存；

——使用压缩空气，应防止喷头甩出伤人，禁止高压气体面向人员方向；

——需高处作业时，应执行本部分 4.6.6 要求。

(6) 进入筒体、柜体内作业应符合下列要求：

——进入筒体、柜体内作业前，应先进行通风后方可进入，作业时应设监护人，严禁关闭门、孔等通风口；属于有限空间作业的，应办理审批手续，具体执行 YC/T 384.1 中 4.15.3 的要求；

——作业前将隔离开关放在关闭位置，用挂锁锁住或拔下钥匙自带，或由现场监护人员保管；

——在筒体、柜体内电焊作业时，应穿戴防滑鞋，应防止中毒、窒息等危害发生，属于有限空间作业的，应在作业中对含氧量进行检测，并现场准备空气呼吸器；电焊作业前后应清理现场可燃物。

【解读】

本条款特别明确，为确保安全操作规程的有效性，要求作业现场能通过网络、电脑查阅的可采用电子版，其他不便于查询和检索的岗位应有纸质版；均应为现行有效版本。

本条款中对于工作人员劳动防护用品的穿戴，仅列出了部分岗位，如噪声、粉尘作业的要求；其他岗位应由企业确定具体要求。

本条款对于职工佩戴防噪声耳塞的要求，不仅限于噪声超标岗位的职工，泛指确定为噪声作业场所的人员，即较长时间接触设备噪声的岗位职工均应佩戴。

本条款中对于进入筒体、柜体作业时本地隔离开关上锁的要求，主要是为了防止其他人误操作导致人身伤害。

2.2.1.1.5 生产现场职业危害控制通用要求

(1)噪声控制应符合 YC/T 9 的要求,其中:
——车间内墙体、顶棚宜使用吸音材料;
——设备宜采取各类减噪、防振措施;隔音罩、板等应完好,操作时不应敞开;
——设备润滑状态良好,无异常噪声。

(2)粉尘控制和通风应符合下列要求:
——设备清扫时,应正确作业,宜采取湿式作业、擦抹等方法,避免扬尘;
——除尘系统完好有效,无泄漏;
——车间自然通风良好,机械通风或空调系统完好,有效。

(3)放射源和放射装置控制应符合下列要求:
——建立设备放射源和放射装置清单,其中应包括卷包设备放射源、核子秤、X 光秤等,并明确设备管理、内部保卫责任人;
——各放射源和放射装置的金属密封盒完好,固定牢固,严禁随意拆卸;宜采取将金属盒与设备焊接等措施;
——放射源和放射装置所在部位应有安全警示标志;
——每月对放射源金属密封盒进行一次检查,并保持记录。

(4)微波装置控制应符合下列要求:
——设备微波装置防护装置完好,无损坏;
——指定设备检修人员,每月检查一次,确保连锁有效,并保持记录;
——每两周更换一次微波松散设备门密封条,并保存记录;
——设备微波装置所在部位应有安全警示标志。

(5)职业危害及其监测、健康监护公示应符合下列要求:
——在醒目位置设置公告栏,公布有关职业危害及防治要求、操作规程;公告栏内容完整、及时;车间应公示当年各类职业危害监测结果,并把接触人员职业健康体检结果告知本人;具体执行 YC/T 384.1 中的 4.17.2 要求;
——职业危害监测结果应符合 GBZ 1、GBZ 2.1、GBZ 2.2 的要求;体检结果应符合 GBZ 188的要求;对于超标点和体检出现的问题,应进行分析,采取必要整改措施降低危害;并保存公示及相关整改记录;
——放射源设备操作人员佩戴个人放射源接受剂量检测卡,每季度报政府主管部门检测,保存记录并公示;其他职业危害因素控制情况应进行日常监视或测量,具体执行 YC/T 384.1 中的 4.17.2 要求。

【解读】
本条款对现场职业危害的日常管理要求,源于国家安全生产监督管理总局令第 23 号《作业场所职业健康监督管理暂行规定》。
本条款对于职业危害日常检测、公示等要求,应同时执行规范第 1 部分 4.17.2.5、4.17.2.6 的要求;对于一些受工艺、设备或技术限制无法实现从源头彻底降低或消除的职业危害,应采取减少接触时间、个体防护等相应的措施降低危害。

2.2.1.1.6 设备安全装置保养检修
(1)所在车间应建立设备安全装置台账;其中应包括安全连锁装置、安全报警装置、职业危害现场通风和现场除尘装置等;并明确管理和检修责任班组或责任人。

(2)安全管理部门或专兼职安全员每季度对安全装置维护保养情况监督检查不少于一次,并保存记录。

(3)进入设备内部进行保养检修时,应先关闭电流主开关,挂上警示牌;将隔离开关放在关闭位置,用挂锁锁住或拔下钥匙自带。警示牌上宜写上相应的维修人员的名字,联系电话,执行谁挂牌、谁摘牌的制度。保养检修工作结束后,确认设备内无人,关闭检修门、所有人员离开工作现场,方可启动设备开机。

【解读】

本条款对基层部门设备安全装置的管理提出了明确的要求,安全职责要明确和落实到具体岗位和责任人;对设备安全装置的维护保养等应由设备主管部门和专业技术人员进行,安全管理人员或专兼职安全员每季度进行的是监督检查。

连锁装置、报警装置等安全装置,之所以需列入安全装置台账,是由于其发生故障后不易发现,需要重点控制。

2.2.1.2 库房、露天堆场和存放点

【解读】

本模块涵盖一般库区、库房安全的通用要求、烟草及烟草制品库房、露天堆场、高架库、危险化学品库房、油库和加油点、生产现场油品/化学品存放点等7个要素,本模块主要针对仓储环节的防火管理等提出了规范性要求。

本模块主要依据法规标准:

——公安部令第6号《仓库防火安全管理规则》;

——国务院令第591号《危险化学品安全管理条例》;

——国家烟草专卖局、公安部第1号令《烟草行业消防安全管理规定》;

——GB/T 5972—2009《起重机钢丝绳保养、维护、安装、检验和报废》;

——GB 13690—2009《化学品分类和危险性公示通则》;

——GB 15603—1995《常用危险化学品储存通则》;

——GB 50074—2002《石油库设计规范》;

——YC/T 205—2006《烟草及烟草制品仓库设计规范》。

2.2.1.2.1 安全通用要求

(1)基础设施应符合下列要求:

——库区围墙与库区内建筑之间的间距不宜小于5 m,库区应采用围墙或围栏与外界形成有效隔离;

——库区应安装使用防盗、防抢、防侵入的监控或报警系统,如视频监控、红外监控等;

——库区内不应搭建临时建筑,如确实需要时,应经过审批;

——半露天库房支架不应使用易燃材料。

(2)消防设施、器材和管理应符合下列要求:

——消防通道应畅通,无占道堵塞现象;

——库区内严禁吸烟和明火作业,设置醒目的禁烟等安全警示标志;需要动火,应按规定办理动火手续;

——库区(含露天堆场)周围100 m内张贴禁止燃放烟花、爆竹标志;周边不应堆放任何易燃物,周围的杂草应及时清除;

——根据YC/T 205,地面积超过500 m²(含500 m²)或建筑面积超过1000 m²(含1000 m²)的烟草库房应安装火灾自动报警装置;每年检查检测合格;

——其他消防通用要求,具体执行本部分4.1.2的要求。

(3)出入和巡查应符合下列要求:

——实行出入库区登记制度,进入库区的外来人员,应登记并交出携带的火种;

——物品入库前应当有专人负责检查,确定无火种等隐患后,方准进入库区;

——除装卸货物的厂内机动车,其他机动车辆装卸物品后,不应在库区、库房、货场内停放和修理;

——库区应设专人巡查,有人值守的库区,至少每小时巡查一次,无人值守的库区,至少每2小时巡查一次;

——使用巡更器,保持巡查记录。

(4)道路和车辆管理应符合YC/T 205的要求,其中:

——库区主要通道宽度不小于8 m,一般通道不小于4 m;库区应设置减速带,视线不好的区域安装广角镜;

——库内使用电动车辆运输时,主通道宽度宜为3.5 m;不使用电动车辆运输时,主通道宽度宜为3 m,可根据车辆运输需要确定;库内辅助通道宽度宜为1 m;涉及危化品、油库的应按其具体要求执行;

——汽车、拖拉机不应进入库房。

(5)库房灯具应符合下列要求:

——不应使用碘钨灯和超过60 W以上白炽灯等高温照明灯具;灯具应加装防护玻璃罩;当使用日光灯等低温照明灯具和其他防燃型照明灯具时,应当对镇流器采取隔热、散热等防火保护措施;

——库房内未经批准不应使用移动式照明灯具;移动式照明灯具应使用36 V以下安全电压或电池供电灯具;

——照明灯具垂直下方与储存物品水平间距不应小于0.5 m。

(6)库房线路和用电管理应符合下列要求:

——库房内敷设的配电线路,应穿金属管或用非燃硬塑料管保护;未经批准不准架设临时线路;低压线路和配电箱、柜、板的设置和使用应符合本部分4.9的要求;

——烟草及烟草制品库房、危险化学品库房、油库的每个库房应当在库房外单独安装开关箱,并有防潮、防雨等保护措施,库房无人时应拉闸断电;

——库房不应使用电炉、电烙铁、电熨斗等电热器具和电视机、电冰箱等家用电器。

(7)库房、露天堆场定置管理和物品储存应符合下列要求:

——实现定置存放,每个库房和堆场单独编制定置图或设置现场标识,规定物资存放的具体间距、区域等;现场有定置线或区域标志;

——规定储存物品的限额,并形成清单;严禁在危险化学品库以外的库房内存放火灾危险性为甲、乙类的物品;库内物品应按性质分区、分类储存,物品堆码整齐。

【解读】

本条款中"库区"主要指相对封闭、专门用于储存环节的多个库房或露天堆场组成的区域；其中对库区安装防盗报警、防侵入系统、视频监控、巡更系统提出了明确要求；对于库区巡查要求更为严格，有人值守每小时1次，无人值守每2小时一次，并使用巡更系统。

企业在执行时，可根据实际情况确定或增加规范要求，如汽车、拖拉机不应进入库房，如确需进如库房内，可熄火后采取人工牵引方式进入。

2.2.1.2.2 烟草及烟草制品库房

(1)库房消防和电气应符合下列要求：

——进行磷化氢熏蒸杀虫的库房内,应安装使用抗磷化氢气体腐蚀和灰尘影响的自动火灾监控报警系统；每年检查检测合格；

——所在建筑物应当安装防雷装置，并定期检测；

——库内应使用防电燃灯具或防爆灯具；光源宜选用小功率金属卤化物灯或电磁感应灯；库内照明应分区、分层控制；

——库房电气和消防应符合本部分4.1.1和4.1.2的要求。

(2)烟草及烟草制品堆放应符合下列要求：

——每垛占地面积不应大于100 m²，垛与垛的间距不小于1 m，垛与柱、梁间距不小于0.3 m，垛与墙的间距不小于0.5 m；高架库内堆放应符合设计要求；

——堆垛与灯的距离不应小于0.5 m；

——卷烟成品、复烤片烟、复烤烟梗的堆垛高度应符合YC/T 205的要求。

【解读】

烟草及烟草制品库房按照YC/T 205—2006《烟草及烟草制品仓库设计规范》的定义包括：原烟仓库、复烤片烟醇化仓库、卷烟成品仓库、烟用材料仓库等；如烟草及烟草制品库房贮存方式为高架库时，应同时符合4.2.4条款要求；各类库房均应同时符合4.2.1条款要求。

企业在执行中，可根据实际情况确定或增加规范要求，如烟叶库房进行磷化氢熏蒸杀虫作业时，若火灾自动报警装置不能抗磷化氢气体腐蚀的需进行密封。

2.2.1.2.3 露天堆场

(1)露天堆场烟叶堆放应符合下列要求：

——露天、半露天烟叶堆场的最大储量不应超过20000 t，超过部分应分场堆放；

——分场堆物，堆场与堆场之间不应小于40 m，每垛占地面积不宜超过100 m²，堆高不宜超过5 m，堆垛与堆垛之间不应小于1.5 m，五垛为一组，组与组之间不应小于15 m；

——烟叶堆放设有防自燃措施，宜采用避光材料遮盖，防止升温；

——每垛设有温度监测点，并设定温度控制上限，每周至少监测一次，并保存记录；发现温度超过上限应采取翻包等措施降温。

(2)露天堆场防火防雷应符合下列要求：

——堆场应当安装防雷装置，并定期检测；

——堆垛每组之间应保持防火间距；堆场设置消防水池；

——堆场电气和消防应符合本部分4.1.1和4.1.2的要求。

【解读】

露天堆场一般指为相对封闭的库区，同时需要考虑防汛的要求，夜间应有辅助照明设施；

固定消防设施的要求具体执行规范第2部分4.16.3要求。企业在执行中,可根据实际情况确定或增加规范要求,如露天堆场存放烟梗、烟末的是否需设温度检测点,可根据企业实际情况确定。

2.2.1.2.4 高架库

(1)现场消防、电气、定置管理和物品储存通用要求应符合本部分4.2.1的要求。

(2)设备设施应符合下列安全要求:

——钢丝绳断丝数、腐蚀(磨损)量和固定状态等应符合 GB 5972 的要求;断丝数、腐蚀(磨损)量超过限值的应予更换;

——钢丝绳超载、超松电子检测器完好有效;

——滑轮应完好,转动灵活;钢索轮毂转动灵活,无缺损;用于绕钢丝绳的螺旋槽应完好,钢丝绳应夹紧在轮毂的端部;螺旋槽出现裂纹、螺旋槽严重磨损等缺陷时应予更换;

——急停开关、安全限位开关和阻止片(SBS)、缓冲器等停车保护装置完好有效;缓冲器安装牢固,同一方向相撞的两端应等高和同步接触,水平方向的误差应不大于 50 mm;工作正常、可靠;缓冲器的止挡立柱安装牢固;除试验等有特殊要求的作业外,不得将限位或限量开关、连锁装置作为正常操作的停车手段;

——制动器松开的间隙、厚度等应符合要求,磨损量不超过标准;制动器及导轨刹车部位表面不应有油污或其他缺陷;

——各种防短路、过压、过流、失压与互锁、自锁、连锁等保护装置齐全,完好;应设立巷道外电源控制器,同时在巷道内导轨旁设立电气隔离开关;电气系统的任何改动应事先论证和经过设计单位批准;

——控制系统设专人管理,所有程序软件应备份;计算机系统只能用于和高架库系统相关的网络连接,确保系统正常运行;

——定期对设备设施进行检查,润滑保养,并保持记录,确保状况良好;检查要求见表2.4。

表 2.4 高架库检查和检验要求一览表

项目	检查和检验内容	周期	备注
钢丝绳	断丝数、腐蚀(磨损)量、变形量、使用长度和固定状态等	每半年	检查时同时进行定期保养、润滑
钢索轮毂与螺旋槽	转动灵活无缺损,装置安装牢靠,无损坏或明显变形	每半年	
限位开关、急停开关、阻止片(SBS)、缓冲器	安全牢固,完好可靠	每半年	
限速器、制动器	安全牢固,完好可靠	每半年	
巷道门锁或门禁、连锁装置	完好,灵敏有效	每半年	
各种信号装置	完好,可靠	每半年	

(3)安全运行要求

——高架库区域实行封闭管理,并有禁止无关人员进入的标识;巷道入口处安装门锁或门禁、连锁装置;只有排除故障、检查、维修人员方可进入;巷道内存在碰撞、触电、坠落物等伤害可能的位置设置安全警示标志;外来人员进入高架库区,需办理登记手续,并由指定人员监护陪同;

——现场安全运行应符合本部分4.1.4的要求;

——输送带卡料时排除故障,操作时应防止夹手;

——进入高架库进行维修、保养、清洁作业,应有2人以上,并有专人监护;工作前将巷道外电源控制器关闭,钥匙拔出随身携带,并在巷道外电源控制器上悬挂禁止合闸的警示标志;

——高架库内进行高处作业,应符合本部分4.6.6的要求;应戴安全帽和挂安全绳。

【解读】

本条款中高架库的设备设施,主要是升降、起吊等设备,其性质、风险与起重机械相似,企业执行时,可参照起重机械相关规范要求。高架库存放烟草制品的,同时按本部分4.2.2要求执行;存放烟草制品等易燃物品的高架库必须设自动灭火系统,参照本规范第2部分4.16.6要求执行。

2.2.1.2.5 危险化学品库房

(1)库房建筑物应符合下列要求:

——库房使用前,应通过相关政府主管部门的验收,验收不合格的,不应交付使用;

——库房与明火间距应大于30 m、电气线路不应跨越库房,平行间距应不小于电杆高度的1.5倍;

——建筑物不应有地下室或其他地下建筑,相邻库房应有防火墙隔开;库房门窗应向外开启;

——建筑应安装通排风设备,并有导除静电的接地装置;

——通风管、采暖管道和设备的保温材料,应采用非燃烧材料制作;通风管道不宜穿过防火墙等防火分隔物,如必须穿过时应使用非燃烧材料分隔;

——建筑物应当安装防雷装置,并定期检测。

(2)库房防火防爆应符合下列要求:

——现场电气和消防应符合本部分4.1.1和4.1.2的要求;

——库房外灭火的砂、铲、桶等应齐全;

——库内使用防爆型电气,所使用的工具应满足防火防爆的要求;换装、清扫、装卸易燃、易爆物料时,应使用不产生火花的铜制、合金制或其他工具;

——库内不应使用蒸汽采暖和机械采暖;库房门窗的玻璃应设置防止阳光直射的措施;

——进入危险化学品贮存区域的人员、机动车辆,应采取防火措施;机动车辆应当安装防火罩。

(3)库房管理和作业应符合下列要求:

——危险化学品专职库管人员和领用人员应经过培训上岗,符合YC/T 384.1中4.15.1的要求;

——库房外应设置储存物品的名称、特性、数量及灭火方法的标识牌;现场应有《危险化学品安全技术说明书》(MSDS)和相关危险化学品事故应急预案;

——危险化学品出入库前均应按合同进行检查验收、登记,并保存记录;验收内容应包括:数量、包装、危险标志等,经核对后方可入库、出库;

——装卸、搬运危险化学品时应轻装、轻卸，严禁摔、碰、撞、击、拖拉、倾倒和滚动；装卸对人身有毒害及腐蚀性的物品时，操作人员应根据危险性，穿戴相应的防护用品；不应用同一车辆运输互为禁忌的危险化学品。

(4)危险化学品贮存要求

——库房内设置温度和湿度计，并根据储存物质特性确定温度和湿度控制要求，库房温度和湿度应严格控制、经常检查，发现变化及时采取通风、降温、除湿等措施；

——危险化学品应按其特性，分类、分区、分库、分架、分批次存放，符合 GB 13690 和 GB 15603 的要求；危险化学品贮存安排及贮存量应符合表 2.5 的要求；

——对盛装、输送、贮存危险化学品的包装、设备、容器、货架等，应有明显的标志；采用颜色、标牌、标签等形式，标明其危险性；

——同一区域贮存两种或两种以上不同级别的危险品时，应按最高等级危险物品的性能标志；

——对于危险化学品，在转移或分装后的容器上应贴安全标签；盛装危险化学品的容器在净化处理前，不应更换原安全标签；

——废料及容器应统一回收，妥善处理；应按照国家有关规定清除化学废料，清洗盛装危险化学品的废旧容器；不需要的危险化学品和可能残留危险化学品的空容器，应由供应商进行回收，或按危险废物交具有资质的单位处置，以清除或尽可能减轻对安全、健康和环境的影响。

表 2.5　危险化学品贮存量及贮存安排

贮存要求	露天贮存	隔离贮存	隔开贮存	分离贮存
平均单位面积贮存量/(t/m²)	1.0~1.5	0.5	0.7	0.7
单一贮存区最大贮量/t	2000~2400	200~300	200~300	400~600
垛距限制/m	2	0.3~0.5	0.3~0.5	0.3~0.5
通道宽度/m	4~6	1~2	1~2	5
墙距宽度/m	2	0.3~0.5	0.3~0.5	0.3~0.5
与禁忌物料距离/m	10	不应同库贮存	不应同库贮存	7~10

注 1：隔离贮存：在同一房间或同一区域内，不同的物料之间分开一定的距离，非禁忌物料间用通道保持空间的贮存方式。

注 2：隔开贮存：在同一建筑或同一区域内，用隔板或墙，将其与禁忌物料分离开的贮存方式。

注 3：分离贮存：在不同的建筑物或远离所有建筑的外部区域内的贮存方式。

注 4：禁忌物料：化学性质相抵触或灭火方法不同的化学物料。

(5)剧毒品储存和领用应符合 YC/T 384.1 中 4.15.2 的要求。

【解读】

企业执行时根据烟草企业实际和危险化学品相关标准目录确定本企业危化品及其库房，酒精及含乙醇类香精香料属于危险化学品。企业在执行中，可根据实际情况确定或增加规范要求，如进入危险化学品库房人员，入库前用手触摸静电消除器，以防止静电火花产生；存放液态危险化学品的库房配置防泄漏应急物资；危险化学品库房灭火剂的选择应考虑禁忌物料；危险化学品仓库定期盘点，应做到"账、卡、物"相符等。

2.2.1.2.6　油库和加油点

(1)储存6桶及以上油品和使用储罐时,应按油库有关规定控制;油库和加油点应符合危化品库房的管理要求,具体执行本部分4.2.5。

(2)存放易燃易爆油品的库房防火防爆应符合下列要求:

——库房门应向外开;

——油库内电机、开关、照明设施、风扇及其线路等所有电气设施均应使用防爆型产品;安装通排风设备,并有导除静电的接地装置;库内使用的工具应是不产生火花的防爆工具;排水沟应采用常闭式阀门,并有防静电措施;

——油库内应按贮存物品的种类和数量,配置相应的报警装置;

——机动车辆进入油库区应配戴灭火罩,并严禁电动车进入库区;

(3)油罐的组成和布置、油罐上的液位计、呼吸阀、防雷接地和防静电接地设备设施等,应符合GB 50074的要求;其中:

——储存甲、乙、丙A类油品的固定顶油罐,储存甲、乙类油品的卧式油罐,储存丙A类油品的地上卧式油罐应装设阻火器;阻火器内金属网应完好无破损,且不宜使用铝质波纹片,每季检查一次,并保存记录;

——储存甲、乙类油品的固定顶油罐和地上卧式油罐的通气管上应装设呼吸阀,阀芯应呼吸正常,每月外观检查2次,检查、养护内容记录齐全;

——钢油罐应有防雷接地,其接地点不应少于两处;接地点沿油罐周长的间距,不宜大于30 m;

——输油钢管上的法兰少于5枚连接螺丝的应接跨接线,跨接线可采用铜、铝片或铜丝编接软线,压接紧固;

——储存甲、乙、丙类油品的储罐,应做防静电接地,钢油罐的防感应雷击接地装置可兼作防静电接地装置;

——架空、地沟敷设的管道始、末端分支处,以及直线段的每隔200~300 m处,应设置防静电的接地装置,架空管道还应设置防感应雷击措施,其接地电阻应小于30 Ω。

(4)油桶储存和加油点应符合下列要求:

——桶装油品一律立放,双行并列,桶身靠紧;

——油品闪点在28℃以下的,油桶存放不应超过二层;闪点在28~45℃之间的,不应超过三层,闪点在45℃以上的,不应超过四层;

——库内通风良好,发现库内油品蒸气浓度超过规定时,应采取通风措施;

——不应设置电气线路,或者使用防爆电气;

——露天存放的桶装汽、煤油等,不应在阳光下暴晒;气温高于28℃时应采取降温措施;

——加油点加油方式应为手工,使用机械加油的应按加油站管理;

——加油点应确定专人管理;配置的抽油器、油管等应采用防静电的黄铜制品等防爆工具。

【解读】

本条款所称油库指存放6桶及以上的油品现场及使用立式、卧式标准储罐储存油品的现场,但存放润滑脂等油桶时,可不按油库要求控制;其中"桶"的概念为容积为200升的标准桶。

企业在执行中,可根据实际情况确定或增加规范要求,如油库和加油点宜设消防沙池,既可防火也可防泄漏;油罐车卸油作业时与静电接地卡进行连接等。

2.2.1.2.7 生产现场油品、化学品存放点

(1)存放点设置应符合下列要求:

——油类和化学品应有固定存放点,设置专用储存室,并张贴标志;不应在其他位置存放;

——点内严禁设立办公室、住人或贮存其他杂物;

——点内严禁进行可能引起火灾和爆炸的试验和分装、打包、封焊、修理等不安全操作;

——点内配置温度计,高温季节应测量温度,确保在室内温度不超过30℃;

——汽油、煤油、酒精、油漆等宜存放在防爆柜内;

——存放点和加油点通风良好。

(2)油品、化学品存放应符合下列要求:

——存放量宜不超过一昼夜的需要量,超过的按危化品库房管理;

——存放点应有账卡和物品标识;如果使用电子台账的,应规定录入期限和定期对账要求;

——危险化学品和一般化学品同点存放时,根据储存品性质不同,保持物与物之间不应小于0.5 m的安全距离;

——危险化学品应按性质,采用隔离贮存、分区存放等方式进行分类、分堆储存。

【解读】

本条款"生产现场油品、化学品存放点",主要指生产作业现场从专用库房领取的存放量少于一个昼夜用量的存放场所;特殊情况下企业可根据实际生产使用情况进行界定,允许超过一个昼夜用量,前提是储存总量较小。

2.2.1.3 杀虫作业

【解读】

本模块适用于企业自行组织的或委外组织的采取药物喷撒、药物熏蒸等方式,对仓库、车间内烟草虫害进行防治的作业。本模块对作业单位及人员资质、熏蒸作业杀虫、车间杀虫和熏蒸药物采购使用等4个要素提出了规范性要求。

本模块主要依据法规标准:

——YC/T 299—2009《烟草加工过程害虫防治技术规范》;

——YC/T 301—2009《储烟虫害治理磷化氢与二氧化碳混合熏蒸安全规程》;

——国家烟草专卖局《烟草行业熏蒸作业安全管理暂行规定》。

2.2.1.3.1 杀虫作业人员和委外单位要求

(1)自行实施杀虫作业的人员资格和安全操作规程应符合下列要求:

——作业部门负责人和安全保卫人员应当经过安全培训并取得相应的上岗资格证书;

——操作人员(包括杀虫剂采购、运输、贮存保管人员)应当经过特种作业人员培训,取得危险化学品作业和管理人员证书,并经过企业烟草杀虫专业知识和能力的培训,持证上岗操作;

——制定杀虫作业的安全操作规程。

(2)杀虫作业外包或部分外包承揽方应符合下列要求:

——承揽方具有合法的经营资格,其中熏蒸杀虫的承揽方注册资金应在100万元以上;主

要负责人具有政府主管部门颁发的安全资格证书,相关操作人员应有危险化学品操作证书;以上各类证书应在有效期内,并复印留存;

——承揽方应当有完整的安全管理制度,至少应提供杀虫作业安全管理规定、杀虫作业技术方案、操作规程、残渣处理方案和事故应急预案;

——对承揽单位进行资质评审;安全管理部门应参加对承揽单位的资质评审,评审应形成记录,评审意见应经部门领导批准;评审结果为合格承揽方的,应将评审资料(含基本资质证书和安全管理制度复印件)报国家烟草专卖局安全生产委员会办公室备案;

——委托承揽单位进行杀虫作业时,应与其订立合同,明确双方的权利、义务和责任,其中应:明确安全责任,以及事故赔偿规则;约定杀虫作业技术方案、安全操作规程,明确杀虫作业的工作流程和双方的职责;规定杀虫药品的采购、运输、贮存、使用、残药处理的要求;具体告知委托方的技术与安全管理要求,以及承揽方的无保留承诺;

——委托部门应对承揽方的作业人员验证其从业资质,进行作业前的安全教育和培训,并保持记录。

【解读】

本条款中对于自行实施杀虫作业人员应当经过安全培训并取得相应的上岗资格证书,是指经过地方政府部门认可的培训考核机构颁发的上岗资格证书,非本单位自行颁发的上岗资格证书。

根据国家烟草专卖局的规定,对委外熏蒸杀虫单位资质评审后由省级局(公司)报国家烟草专卖局安全生产委员会办公室备案,采用药物喷撒方式进行在线杀虫的委外单位的资质不需进行备案。

2.2.1.3.2 烟叶熏蒸杀虫

(1)熏蒸作业计划、审批、作业台账和应急预案应符合 YC/T 301 的要求,其中:

——应编制年度和月度熏蒸作业计划,报安全管理部门审核,并经企业主管领导批准后方可实施;计划中应对运输、保管、使用、残药处理、熏蒸作业的各环节安全管理职能作出明确规定,责任落实到人;

——每次熏蒸杀虫作业前作业部门填写作业审批表,报安全管理部门审核,企业主管领导批准后,方可签发作业票;作业票应明确作业负责人、现场监护人、作业要求、作业注意事项等,并指定每次作业活动的现场专兼职安全员;由作业的主管人员签发后,下发到作业部门负责人、作业现场专兼职安全员、作业人员、单位消防及门卫人员等;

——建立熏蒸作业台账,对每次熏蒸的时间、部位、用药、安全状况等进行记录;

——制定熏蒸杀虫作业现场应急处置预案,内容应包括应急处置的指挥、处置和疏散措施,恢复等应急要求;预案应以书面文本发到每次作业的现场;每年组织两次应急处置预案的演练,包括实战演练或桌面演练;评估应急预案的可行性,并保持记录。

(2)熏蒸杀虫作业区域防护应符合 YC/T 299 和 YC/T 301 的要求,其中:

——熏蒸库房和露天堆垛熏蒸作业区应设立有毒警示标志;投药完毕后应在密封袋上粘贴警示标识;熏蒸作业区周围按规定距离设置警戒线,派专人负责现场警戒,任何与熏蒸作业无关人员禁止进入现场;若烟叶库熏蒸杀虫是采取整栋库房密封投药熏蒸方式,应在库房周围设置警戒线,设立有毒警示标志;

——熏蒸作业时,应有专人负责清点作业人员,确定人员全部撤离仓库后方可实施封闭。

(3)熏蒸杀虫作业防护用具和监护应符合下列要求：
——作业人员应配备足够的防毒用具；防毒面具应定期进行安全检测，有合格有效期的标志；
——分药、施药、检查、散气和处理残渣等作业时，作业人员应佩戴与磷化氢等有毒气体性质相匹配的过滤式或隔离式防毒面具，穿戴专用工作服、手套，严禁不戴或使用无效防毒设备进行熏蒸作业；
——熏蒸作业人员应有专人进行监护，严禁单人操作分药、施药、检查、散气和处理残渣等工作。

(4)熏蒸杀虫作业的检测应符合下列要求：
——熏蒸作业现场及周边应配备磷化氢气体检测仪；检测仪应经过校准检定，并在有效期内使用；
——应对熏蒸过程磷化氢气体浓度等情况进行即时技术监测，有异常现象要及时调整技术参数并保留过程相关数据。

(5)熏蒸杀虫作业应符合下列要求：
——在恶劣天气条件下，不宜用磷化铝杀虫；禁止在夜间或台风、暴雨等气象条件下进行熏蒸或散气作业；
——熏蒸使用的化学药剂应符合相关技术标准的规定，有清楚的标签和使用说明；不应采购允许使用范围之外的熏蒸药剂；不应使用溴甲烷及未经国家允许的其他药剂进行熏蒸杀虫；
——熏蒸区域密闭、可靠，塑料薄膜密闭性可靠；封闭条封闭良好，无泄漏；通气管与密封的接口处密封性可靠，通气管外露的部分应扎紧密封，无泄漏；
——确保糊封部位密闭可靠，包括库房的门窗、风洞、管道和电源线路的缝隙；对不可移动设备，应用塑料薄膜进行密封；
——从仓库封闭到充分散毒前，要设立专人值班，进行24小时巡回检查，无特殊情况禁止任何人进入危险区域；
——熏蒸作业完成后，应经过充分的通风散气，自然通风4小时或强制通风2小时以上；散气期间应有专人定期检测熏蒸区域内外磷化氢浓度并记录；磷化氢浓度到达规定数值后，人员方可入内作业；散气结束后，同时由2名操作人员和熏蒸作业负责人签字，将熏蒸药品消耗和结余数量书面报告作业组织部门负责人签字确认后，方可撤销警戒，恢复工作；
——及时做好全部药剂回收入库工作；对于药剂残渣、包装物、盛放器皿、防护用品等已被污染或可能造成严重后果的物品，应及时回收并妥善处理，保持库内清洁；
——熏蒸作业后，应确认烟叶不含有毒物质残留后方可直接使用。

【解读】
本条款中关于填写作业票的要求，应根据熏蒸单元(区域)、熏蒸时间、熏蒸杀虫单位不同，分别填写相应的作业票。本条款关于防毒面具"有合格有效期的标志"的要求，主要指滤毒罐的有效期及累计使用时间，累计使用时间达到规定时限后应强制报废。

企业在执行中，可根据实际情况确定或增加规范要求，如本条款中关于糊封的项目，宜将库房内的消防自动报警探测器、视频监控摄像头等进行密封。

2.2.1.3.3 车间杀虫

(1)杀虫剂的选择应符合下列要求：
——车间杀虫应选择无毒或低毒杀虫剂；

——对选择的杀虫剂,应收集并保存其化学特性表(MSDS)。

(2)杀虫作业应符合 YC/T 299 的要求,其中:

——生产区域封闭杀虫应在生产区域停产期间进行,并制定生产区域杀虫方案和台账;

——作业区应设立杀虫警示标志,无关人员不应进入;

——杀虫作业时,应有专人负责清点作业人员,确定无关人员全部撤离方可实施作业;

——杀虫封闭期完成后,应组织对杀虫区域进行充分通风后,方可确认无危险;

——确认无危险后,由作业负责人和作业组织部门负责人共同签字确认后,方可撤销警戒,恢复工作,并及时做好全部药剂回收入库工作。

【解读】

本条款中所指的车间杀虫,指非熏蒸杀虫方式。

2.2.1.3.4 磷化铝(镁)的采购和储存要求

(1)磷化铝(镁)药剂采购和运输应符合危险化学品管理要求,具体执行 YC/T 384.1 中 4.15.1 的要求;

(2)磷化铝(镁)库房设施应符合本部分 4.2.5 的要求,其中:

——库房张贴磷化铝(镁)危险特性和预防措施警示牌、防火警示标志;

——库房应安装双门双锁、防盗报警器;

——库房配备与磷化铝性质相适应的干粉灭火剂,禁用酸碱、泡沫和水等灭火剂,并配备干砂;

——库内电机、开关、照明设施、风扇及其线路等所有电气设施均应使用防爆型产品;库内使用的工具应是不产生火花的防爆工具。

(3)磷化铝(镁)库房人员资质和管理应符合下列要求:

——库房应有专人管理;仓库管理人员和领用人员、库房出入登记等管理应符合本部分 4.2.5 的要求;

——执行"五双制",即双人收发、双人记账、双人双锁、双人运输、双人领用;仓库保管员和安全管理人员现场同时开、关仓库,同时进行出入库台账登记,同时清点核对出入库品种和数量,同时在领用记录上签字;

——磷化铝(镁)领用出库,应经使用部门负责人和主管部门负责人双重审批,并保存审批记录;

——制定磷化铝(镁)库房事故现场应急处置预案,应急处置预案应以书面文本发放到库房现场。

(4)磷化铝(镁)储存应符合下列要求:

——磷化铝(镁)不应与氧化剂、酸性物质等其他物质一起存贮;搬运磷化铝时轻装轻卸,防止包装破损;

——室内应配置湿度计和温度表,相对湿度保持在 75% 以下,温度不应超过 60℃;

——每周检查库内磷化铝储存情况,并保存检查记录。

【解读】

本条款中规范了磷化铝(镁)采购和储存的要求,无论是企业或相关方的磷化铝(镁)药物,在企业长期或临时存放均应设置专门的库房。

2.2.1.4 复烤生产线

【解读】

本模块适用于烟草工业或商业所属的打叶复烤企业或车间,针对作业现场安全通用要求、复烤生产线、设备安全装置保养检修3个要素,重点对打叶复烤线设备安全、职业危害防治等提出了规范性要求,对于打叶复烤企业具有的其他设备设施和现场应同时按照本规范其他要素进行规范。

本模块主要依据法规标准:

——GB/T 8196—2003《机械安全防护装置固定式和活动式防护装置设计与制造一般要求》;

——GB 50222—1995《建筑内部装修设计防火规范》;

——GBZ 1—2010《工业企业设计卫生标准》。

2.2.1.4.1 作业现场要求

(1)作业现场电气、消防、设备设施、安全运行、职业危害管理等通用要求,应符合本部分4.1的要求。

(2)复烤生产线现场的建筑物钢结构,应涂防火涂料。

【解读】

本条款规范了作业现场的通用安全要求,具体解读见规范第2部分烟草企业通用安全技术和现场规范4.1模块中4.1.1—4.1.5的解读内容。复烤生产线的建筑物钢结构火灾危险性较大,裸露的钢结构均需涂防火涂料,以提高耐火等级,并定期进行防锈蚀处理;企业其他场所,如制丝、卷包车间的钢质网架结构也可参照执行。

2.2.1.4.2 复烤生产线安全要求

(1)解包挑选设备及作业应符合下列要求:

——输送设备在人员需要跨越输送线的地段应设置通行过桥,通行过桥的平台、踏板应防滑;

——现场通风和除尘装置良好,有机械排风装置,作业时应保持通风,并完好有效;现场设置除尘器吸尘口,作业时应保持开启状态;现场应有佩戴防尘口罩、注意通风和除尘的警示标志;

——人工解包、挑选时应防止周边设备转动部位外露造成机械伤害;挑选作业时,应戴手套。

(2)润叶加工设备及作业应符合下列要求:

——真空回潮机隧道式设备上盖门连锁装置完好,金属感应块位置无位移、无变形、无破损现象;滚筒式设备检修门连锁装置完好,检修门插片位置无位移、无变形、无破损现象;

——作业人员佩戴耳塞;

——现场应有进入筒体危险、防止烫伤等警示标志。

(3)打叶风分设备及作业应符合下列要求:

——设备开关有声音提示,并设置故障报警灯;

——设备防护门安全连锁装置完好,插片或连锁开关的位置无位移、无变形、无破损现象;

——设备观察窗完好,透明清晰;

——立式打叶风分机平台上作业应防止高处坠落,不应穿易滑的鞋、不应向下抛扔物品。

(4)打叶复烤机及作业应符合下列要求:

——设备防护门安全连锁装置完好,插片或连锁开关的位置无位移、无变形、无被碰撞、破损现象;符合本部分4.1.3的要求;

——蒸汽管道隔热层、阀门等完好,无泄漏;设备密封完好,无蒸汽泄漏;

——设备观察窗完好,透明清晰;

——操作人员开启蒸汽阀门时,应侧身,防止蒸汽灼伤;操作时应随时观察蒸汽压力及是否泄漏。

(5)打包设备及作业应符合下列要求:

——打包机、翻箱机等具有物体坠落或飞出的部位,应划定区域线,并设置人员不应进入的标志;设备运行时宜有灯光提示;

——人工打包和装卸符合本部分4.1.4的要求。

(6)辅连设备及作业应符合下列要求:

——转动外露于设备外部的运动部件,均应装设有效的防护罩或防护盖,符合本部分4.1.3的要求;

——启动输送设备前,确保设备上无人或异物;

——喂料口作业应观察防护网完好,防止肢体进入;

——严禁踩压电子皮带秤、振槽、振筛、输送带。

【解读】

本条款规定了复烤车间相关设备及其作业的安全要求;其中包括打叶复烤车间主要的风险控制,如噪声、粉尘、机械伤害、高处坠落、霉菌等,对作业人员的健康具有潜在的危害,重点须规范员工的作业行为,尤其是要正确穿戴劳动防护用品。

2.2.1.4.3 设备安全装置保养检修

设备安全装置的通用要求,具体执行本部分4.1.6的要求。

【解读】

本条款规范了作业现场安全装置保养检修要求,其中安全装置通用要求具体见规范第2部分烟草企业通用安全技术和现场规范4.1模块中4.1.6;对基层部门设备安全装置的管理提出了明确的要求,安全职责要明确和落实到具体岗位和责任人;对设备安全装置的维护保养等应由设备主管部门和专业技术人员进行,安全管理人员或专兼职安全员每季度进行的是监督检查。

2.2.1.5 物流运输

【解读】

本模块对输送机械及作业、装卸场所、运输车辆、加油站等4个要素对物流运输部门的安全技术和现场安全提出了规范性要求。

本模块主要依据法规标准:

——GB 11341—2008《悬挂输送机安全规程》;

——GB 14784—1993《带式输送机安全规范》;

——GB 7258—2004(2007年以3号修改单修改)《机动车运行安全技术条件》;

——GB 4387—2008《工业企业厂内铁路、道路运输安全规程》;

——GB 50156—2002《汽车加油加气站设计与施工规范》。

2.2.1.5.1 输送机械及作业

(1)机械化运输线路应符合GB 11341和GB 14784的要求,其中:

——设备设施安全装置应符合本部分4.1.3的要求;

——输送线操作工位、升降段或转弯处应设置急停开关,紧急开关能保证运输线紧急停机,灵敏可靠,且不应自动复位;
——开线、停线或急停时应有明显的声光报警信号;
——运输线路下方的行人通道净空高度不应小于 1.9 m,不足时应该张贴警示标识;
——使用悬挂式运输线路应有防坠落措施,宜安装防坠落护网;
——运输线上坡、下坡段净空高度超过 2 m 以及跨越人员和通道处应设防护栏;人员需跨越输送线的地段应设置通行过桥,通行过桥的平台、踏板应防滑,其结构应符合本部分 4.6.3 的要求;
——皮带输送机在两边应设置防跑偏挡轮,并运转灵活,销轴无窜动;链式输送机上坡、下坡处应设置防停车及断链时而导致事故的止退器或捕捉器,并运行可靠。

(2)垂直提升机应符合下列要求:
——应设置上升、下降限位装置及止挡器;
——四周加装防护网,并悬挂警示标牌;穿越楼层而出现孔口时应设护栏。

(3)安全作业应符合下列要求:
——机械化输送线路、提升机等设备开机前应对各种安全保险装置进行检查,确保有效、可靠;操作中不应接触设备的运转部位,停机排除故障;
——更换或拆修皮带、滚筒等运行部件时,不应开机工作,需检查运行情况时,不应将手放入部件运行部位。

【解读】

本条款中所指输送机械,包括车间和仓库用于将产品或其他物品输送到装卸车辆、装卸场所的机械设备,包括皮带输送机械、升降机等,不包括车间内生产使用的输送设备。

2.2.1.5.2 装卸场所

(1)装卸平台和设备设施应符合 GB 4387 的要求,其中:
——上空架设管线距离平台地面的距离应大于 5 m;平台上方建(构)筑物距平台地面的最小净高,应按装卸车辆或装卸货物后的最大高度另加 0.5~1 m 的安全间距;
——地面应平坦,坚固,并有良好的排水设施;
——应有照明灯,确保在夜晚作业时能分辨周边物品和人员;
——装卸平台应有车辆、货物的定置线或区域标志;应保证装卸人员、装卸机械和车辆有足够的活动范围和安全距离,两台车辆同时作业时沿横向两车挡板间距大于 1.5 m;车身后挡板与建筑物的间距大于 0.5 m,装卸危险物品时应大于 2.5 m;
——装卸平台应设置作业指示灯,装卸期间,开启指示灯,提示装卸作业正在进行;
——现场设置安全警示标志,提示装卸作业的安全事项;
——应设置车辆定位装置;无条件的,可采用后轮防移木垫等方式,确保车辆在装卸时不滑动;
——高出地面的装卸平台或平台内有车辆行驶的,应有警示线或标识;平台边缘处宜设置高度 200~400 mm 的安全防护栏。

(2)装卸作业管理应符合下列要求:
——作业现场应有装卸作业操作规程,符合本部分 4.1.4 的要求;
——装卸易燃、易爆等危险物品应经过管理部门批准,保持记录;
——装卸现场应有人员负责调度管理,向现场装卸人员和驾驶人员交代安全注意事项,并监督检查；

——装卸人员穿戴工作服，严禁穿滑性鞋和高跟鞋；装卸货物使用吊车时，现场人员应戴安全帽，严禁在吊车作业下面随意走动；

——在禁火区域装卸，严禁将火种带入或在禁火区内吸烟，并设置禁火标志。

(3)车辆装卸应符合下列要求：

——装卸前应先检查运货车辆的装载安全状况，防止车辆重心偏离造成货物或车辆侧翻；

——垫仓板的码放应整齐垂直、稳固；装载货物时，应按下重上轻、下大上小秩序码放整齐，按定额装载；车辆载物的高度不超过 4 m，宽度不超过 2.5 m，长度不超过 18 m；

——货物不足一车时，应尽量将货物低放，并用固定绳带固定，以防车辆颠簸货物翻倒，严禁人货混装；车厢侧板、后栏板应关好、拴牢；

——登高装卸货物时，应有供人站立的平台，不应站立在物品上作业。

【解读】

本条款所指装卸场所，包括地面划定的装卸区域，也包括高于地面的装卸平台；其中当作业人员在坠落基准面超过 2 m 以上的高处作业时，应视同高处作业进行管理。本条款规范了装卸作业的要求，包括设置车辆定位装置或采用后轮防移木垫的要求，目的是防止装卸过程车辆移位造成事故；采用人力装卸货物、搬运作业时，所使用的工具、叉车等应保持完好。

2.2.1.5.3 运输车辆

(1)车身外观应符合下列要求：

——整洁无损，紧固件无松动、滑牙，焊接部件无裂纹；底盘各部无漏油、漏水、漏气现象；

——车厢栏板搭扣、销子无损坏脱落；

——车外后视镜和前下视镜完好，位置正确；

——驾驶室内各控制仪表及操纵机构齐全有效。

(2)车辆系统应符合 GB 7258 的要求，其中：

——发动机启动迅速，工作无杂声，离合器、变速器、差速器、转动轴完好有效，工作正常；

——制动系统各部件灵活有效，无渗漏现象，车辆制动距离符合表 2.6 的要求；

——灯光系统、喇叭符合要求，雨刷器工作正常；

——润滑系统油质清洁、油位正常，油管清洁无裂纹，无渗漏油现象。

表 2.6 车辆制动距离

机动车类型	制动初速度/(km/h)	满载制动距离/m	空载制动距离/m	试验通道宽度/m
总质量不大于 3500 kg 的低速货车	30	小于等于 9.0	小于等于 8.0	2.5
其他总质量不大于 3500 kg 的汽车	50	小于等于 22.0	小于等于 21.0	2.5

(3)车辆轮胎应符合下列要求：

——轮胎气压正常；

——货车的胎冠花纹深度转向轮不应小于 3.2 mm，其他轮不应小于 1.6 mm；乘用车和挂车的胎冠花纹深度转向轮不应小于 1.6 mm；轮胎胎面不得因局部磨损而暴露出轮胎帘布层；

——胎面或胎壁上不应有长度超过 25 mm 或深度足以暴露出轮胎帘布层的破裂或割伤；
——同一轴上的轮胎规格和花纹应相同；
——转向轮不应使用翻新轮胎；
——轮胎的速度级别不应低于车辆最高设计时速的要求。

(4) 车辆牌照及附件应符合下列要求：
——牌照清晰，挂贴部位统一；
——安全带、备用胎、车身反光标识、停车三角警告牌等齐全、完好；
——车辆应配备灭火器，且在有效期内，压力等指标合格。

(5) 车辆运行应符合下列要求：
——执行派车制度，不应将车辆交他人驾驶；驾驶人员随时携带国家公安交通管理机关核发的《中华人民共和国机动车驾驶证》和《烟草系统机动车驾驶员上岗证》；
——严禁酒后、醉酒、超速等违章驾驶；
——货车载物应当符合核定的载物量，严禁超载；载物的长、宽、高不应违反装载要求，不应遗洒、飘散载运物；
——机动车行驶时，驾驶人、乘坐人员应按规定使用安全带；
——进入厂（场）区主干道最高行驶速度为 30 km/h，其他道路最高行驶速度为 20 km/h；道口、交叉口、装卸作业、人行稠密地段、下坡道和设有警告标识处，最高行驶速度为 15 km/h；进出厂房、仓库大门、停车场、危险地段和生产现场，最高行驶速度为 5 km/h；
——机动车在高速公路上发生故障时，警告标志应当设置在故障车来车方向 150 m 以外，车上人员应当迅速转移到右侧路肩上或者应急车道内；
——在道路上发生故障，需要停车排除故障时，驾驶人应当立即开启危险报警闪光灯，将机动车移至不妨碍交通的地方停放；难以移动的，应当持续开启危险报警闪光灯，并在来车方向设置警告标志等措施扩大示警距离；
——交通事故应急预案的演练，具体执行 YC/T 384 第 1 部分 4.18 的要求。

(6) 车辆检查、检验和保养要求应符合下列要求：
——车辆管理部门每月对车辆进行一次完好性检查，并保存检查记录；发现故障及时修理，车辆不得带病行驶；
——车辆驾驶人员每日出车前对车辆进行点检，全部无故障方可驾驶；
——回车后，应全面检查车辆各部位；发现故障，应及时排除或办理报修手续，并保存记录；
——运输车辆行驶里程达到 2500 km，应进行一次一级保养；行驶里程达到 15000 km 或行使时间满半年应进行一次二级维护，完工后由修理单位发放汽车二级维护竣工出厂合格证；并保存保养记录。

【解读】
本条款中的机动车辆指货运车辆，是指可以上路行驶的机动车辆，不包括厂内机动车辆；办公车辆（公务接待）的要求在本部分 4.14.1 要素中考评，但其车身外观、车辆系统、车辆轮胎、车辆牌照及附件、车辆检查与保养等要求参考本条款内容执行。对于委外运输的外单位车辆，也应按照本条款要求进行监督检查。

2.2.1.5.4 加油站
(1) 加油站应由具有资质的机构每 2 年进行一次安全评价，保存评价结果和处理结果资料。

(2)建筑物和设施应符合 GB 50156 的要求,其中:

——加油站内的站房及其他附属建筑物的耐火等级不应低于二级,经公安消防部门验收合格;加油站内,爆炸危险区域内的房间的地坪应采用不发火花地面;道路路面不应采用沥青路面;站内不应种植油性植物;

——油罐车卸油应采用密闭方式,卸油管线与油罐进油管线应用快速接头连接;

——站内设置严禁烟火的标志;

——加油站爆炸危险区域照明灯具,应选用防爆型,其他区域可选用非防爆型,但罩棚下的灯具应选用防护等级不低于 IP44 级的节能型照明灯具。

(3)储油罐、管线、加油机应符合 GB 50156 的要求,其中:

——钢罐严禁设在室内或地下室内;油罐的通气管宜单独设置,管口应高出地面 4 m 或以上,沿建筑物的墙(柱)向上敷设的通气管口,应高出建筑物顶 1.5 m,其与门窗的距离不应小于 4 m,通气管公称直径不应小于 50 mm,并安装阻火器;通气孔无堵塞、遮挡现象;

——油管线应埋地敷设,管道不应穿过站房等建(构)筑物,穿过车行道时,应加套管、两端应密封完好;与管沟、电缆沟、排水沟交叉时,防渗措施应完好有效;

——卸油软管、油气回收软管应采用导电耐油软管,无泄漏;

——加油机不应设在室内,应牢固地安装在加油岛上;穿过基础进油管、供电线及接地线的预留孔应用细沙填实,无外露现象;

——加油机的油泵、流量计、计数器、照明灯和各种管路,应防火、防爆、紧固严密、不渗不漏、不误动;

——加油机的电气线路应采用电缆敷设和钢管配线,电气设备采用本质安全型;加油机电源及照明灯的开关应安装在营业室内;

——当采用电缆沟敷设电缆时,电缆沟内应充沙填实;电缆不应与油品、热力管道敷设在同一沟内。

(4)防雷、防静电装置要求

——独立的加油站或邻近无高大建(构)筑物的加油站,应设可靠的防雷设施,如站房及罩棚需要防直雷击时,应采用避雷带保护;油罐应进行防雷接地,接地点不应少于两处;防雷装置每年应由具有资质单位检测一次,并保存记录;

——加油的信息系统应采用铠装电缆或导线穿钢管配线;配线电缆金属外皮两端、保护钢管两端均应接地完好有效;

——加油机与储油罐及油管线之间应用导线连接并接地完好有效;埋地油罐罐体量油孔及阻火器等金属附件应进行电气连接并接地完好有效;油罐应有防静电接地装置;并完好有效;

——罐车卸车时用的防静电接地装置应完好有效;加油枪软管应加绕螺旋形金属丝作静电接地;

——在爆炸危险区域内的油管上的法兰、胶管、阀门两端等连接处金属跨接线应完好有效;

——防静电接地装置的接地电阻不应大于 10Ω;每年由专业人员或委托具有资质的单位对防静电装置,包括接地电阻进行一次检查检测,并保存记录。

(5)消防设施和灭火器材应符合下列要求：

——每2台加油机应设置至少1个4 kg手提式干粉灭火器和1个泡沫灭火器；加油机不足2台按2台计算；

——地下储罐应设35 kg推车式干粉灭火器1个，当两种介质储罐之间的距离超过15 m时，应分别设置；

——泵、压缩机操作间(棚)应按建筑面积每50 m²设8 kg手提式干粉灭火器1只，总数不应少于2只；

——单罐容积小于等于30 m³或总容积小于等于60 m³的三级加油站应配置灭火毯2块，沙子2 m³；一、二级加油站应配置灭火毯5块，沙子2 m³；加油加气合建站按同级别的加油站配置灭火毯和沙子；

——消防设施完好，有效，每月检查一次，并保存记录；具体执行本部分4.16的相关要求。

(6)安全管理应符合下列要求：

——加油站工作人员应按国家规定经政府主管部门指定的机构培训取证，取得上岗资格；

——加油时，车辆应熄火，驾驶员不应离开，不准吸烟；禁止使用手机等无线通讯装置；现场悬挂有关标志；

——禁止穿戴有铁掌和铁钉鞋进入加油站，禁止用铁锤或金属用具在库区乱敲，以免产生火花。

【解读】

本条款中加油站是指企业内部设置的，用于企业内部公务车辆、厂内机动车辆等加注燃油而设置的储油、加油场所，不包括对外营业性质的加油站和手工加油点；手工加油点的规范要求具体执行本部分4.1.8要素。企业执行时，应按规范要求建立加油站卸油、加注燃油的安全操作规程，严禁违章作业。

2.2.1.6 工业梯台

【解读】

本模块对烟草工商企业生产作业现场涉及的固定式钢直梯、钢斜梯、走台、平台，移动式金属梯及木质梯、移动轮式升降平台，以及高处作业等6个要素的安全技术和现场安全管理提出了规范性要求；其中高处作业要求，与规范第1部分4.15.3危险作业管理要素中高处作业审批的要求相关，但主要规范的是相关高处作业现场的具体要求。

本模块主要依据法规标准：

——GB 4053.1—2009《固定式钢梯及平台安全要求 第1部分 钢直梯》；

——GB 4053.2—2009《固定式钢梯及平台安全要求 第2部分 钢斜梯》；

——GB 4053.3—2009《固定式钢梯及平台安全要求 第3部分 工业防护栏杆及钢平台》；

——GB 12142—2007《便携式金属梯安全要求》；

——JB 5320—2000《剪叉式升降台安全规程》。

2.2.1.6.1 钢直梯

(1)钢直梯结构应符合GB 4053.1的要求，其中：

——单段梯高宜不大于10 m，攀登高度大于10 m时宜采用多段梯；

——钢直梯踏棍的位置、距离、供踩踏表面的内侧净宽度等符合要求；

——梯段高度大于 3 m 时,宜设置安全护笼;单梯段高度大于 7 m 时,应设置安全护笼;当攀登高度小于 7 m,但梯子顶部在地面、地板或屋顶之上高度大于 7 m 时,也应设置安全护笼;

——结构件不应脱焊、变形、腐蚀和断开、裂纹等缺陷,构件表面应光滑无毛刺;安装后的钢直梯不应有歪斜、扭曲、变形及其他缺陷;

——钢直梯安装后应认真除锈并做防腐涂装。

(2)钢直梯使用应符合下列要求:

——经常检查其各部分强度,如不符合要求立即停止使用,并及时报维修部门修理;

——使用 3m 以上的直梯时,只允许一个人在上面,并有监护人。

2.2.1.6.2 钢斜梯

(1)钢斜梯结构要求应符合 GB 4053.2 的要求,其中:

——梯高宜不大于 5 m;大于 5 m 时宜设梯间平台,分段设梯;单段梯的梯高应不大于 6 m;梯级数宜不大于 16;

——钢斜梯内侧净宽度、踏板的前后深度、由突缘前端到上方障碍物的垂直距离等符合要求;

——踏板应采用花纹钢板或经防滑处理的钢板;

——钢斜梯的扶手、中间栏杆、立柱等符合要求;

——结构件不应脱焊、变形、腐蚀和断开、裂纹等缺陷,构件表面应光滑无毛刺;安装后的钢斜梯不应有歪斜、扭曲及其他缺陷;

——钢斜梯安装后,应认真除锈并做防腐涂装。

(2)钢斜梯使用应符合下列要求:

——经常检查其各部分强度,如不符合要求立即停止使用,并及时报维修部门修理;

——使用 5 m 以上的斜梯时,只允许一个人在上面,并有监护人。

2.2.1.6.3 走台、平台

(1)结构通用要求应符合 GB 4053.3—2009 中第 4.1 条—第 4.6 条的要求,其中:

——距下方相邻地板或地面 1.2 m 及其以上的平台、通道或工作面的所有敞开边缘应设置防护栏杆;其中在平台、通道或工作面可能使用工具、机器部件或物品的场合,应设置带踢脚板的防护栏杆;

——平台地面到上方障碍物的垂直距离应不小于 2 m;

——平台应安装在牢固可靠的支撑结构上,并与其刚性连接;梯间平台不应悬挂在梯段上;栏杆端部应设置立柱或与建筑物牢固连接;

——钢走台、平台铺板应采用不小于 4 mm 厚的花纹钢板或经防滑处理的钢板;相邻钢板不应搭接;

——结构件不应有松脱、裂纹、扭曲、腐蚀、凹陷或凸出等严重变形,更不应有裂纹;

——钢走台、平台安装后,应认真除锈并做防腐涂装。

(2)防护栏应符合 GB 4053.3—2009 中第 5.1 条—第 5.6 条的要求,其中:

——防护栏杆端部应设置立柱,立柱间距应不大于 1 m;在扶手与踢脚板之间应至少设置一道中间栏杆,其与上、下方构件的空隙间距应不大于 500 mm;

——当平台距基准面高度小于 2 m 时,防护栏杆高度应不低于 900 mm;距基准面高度大

于等于 2 m 并小于 20 m 时,防护栏杆高度应不低于 1050 mm;距基准面高度大于 20 m 时,防护栏杆高度应不低于 1200 mm;

——踢脚板顶部在平台地面之上高度应不小于 100 mm,其底部距地面应不大于 10 mm,宜采用不小于 100 mm×2 m 的钢板制造。

(3)平台、走台使用和作业应符合下列要求:

——经常检查其各部分强度,如不符合要求立即停止使用,并及时报维修部门修理;

——在平台、走台上的操作人员应注意力集中,不准携带重物进行高处作业;

——在平台、走台上作业,不准往下抛掷材料、工具和其他物品。

2.2.1.6.4 活动轻金属梯及木质梯、竹梯

(1)结构应符合下列要求:

——便携式金属延伸梯、便携式金属单梯、便携式金属折梯的结构应符合 GB 12142 的要求;人字梯的铰链完好无变形,两梯之间梁柱中部限制拉线、撑锁固定装置牢固;

——具备伸缩加长功能的轻金属直梯,其止回挡块完好无变形、开裂;

——木质梯,其梯柱的截面不应小于 30 mm×80 mm,横梁截面不应小于 40 mm×50 mm,同时木质中不应有死结、松软结或腐朽结,梯柱上不应有长度在 100 mm 以上和深度超过 10 mm 的裂纹;

——竹梯,构件不应有连续裂损 2 个竹节或不连续裂损 3 个竹节;

——梯脚防滑措施完好,包有防滑橡皮,无开裂、破损;

——结构件不应有松脱、裂纹、扭曲、腐蚀、凹陷或凸出等严重变形,更不应有裂纹。

(2)梯子使用应符合下列要求:

——建立各类梯子台账,并每月至少检查一次,保存记录;

——操作时登高梯台应放置稳固,使用前应先固定住轮脚,并插好保险销,不应在梯子底下垫物来抬高梯子;

——梯子使用处下方可能坠落范围半径(R)范围内,不准堆放杂物,具体半径范围见表 2.7;

——使用梯子时不应穿光滑硬底鞋,只允许一个人在上面,并有监护人;梯上有人时不应移位;

——在梯子上作业,不准往下抛掷材料、工具和其他物品;

——使用梯子登高,超过 5 m 无固定平台的作业人员在操作时应佩戴好安全带等个体防护用具,安全带、安全绳应挂扣在作业面上方固定、牢固的构件上。

表 2.7 可能坠落半径范围　　　　　　　　　　　　　　　　　　　　单位:m

内容	指标值			
作业位置至其底部的垂直距离(h)	$2 \leq h \leq 5$	$5 < h \leq 15$	$15 < h \leq 30$	$h > 30$
可能坠落范围半径(R)	3	4	5	6

2.2.1.6.5 轮式移动平台

(1)操作平台结构应符合 JB 5320 的要求,其中:

——主要受力构件及焊缝应无变形、腐蚀、裂纹等缺陷;

——升降台在升降过程中自然偏摆量、支腿回缩装置、防止工作台失控下降的安全装置、

锁定装置、上升极限位置限制器等符合要求；

——升降车和行驶速度大于 4 km/h 的自行式升降台应设置报警装置；

——工作台四周应设置高度不小于 1 m 的保护栏杆或其他保护设施，且无破损；

——工作台表面应防滑。

(2)移动平台使用应符合下列要求：

——操作时设备应放置稳固，并防止滑动，平台上有人时不应移位；

——使用处下方可能坠落范围半径(R)范围内，不准堆放杂物，具体半径范围同表 2.7；

——登高操作人员应注意力集中，不准携带重物进行高处作业；

——在平台上作业时不应穿光滑硬底鞋，登高人员物品不应超载，并有监护人；

——在平台上作业，不准往下抛掷材料、工具和其他物品。

【解读】

本模块以上条款依据国家相关标准编制，其中列出了一些企业日常需检查的标准内容，但由于篇幅限制未全部列出，执行时许多要求需查阅相关标准。不同的梯台由于其材质、结构等不同，企业在执行中应结合实际，确定各类梯台的检查要求，原则是保持其有足够的强度。

2.2.1.6.6 高处作业

(1)高处作业人员和审批应符合 YC/T 384.1—2011 中 4.15.3 的要求；高处作业中，应将审批单置于现场，监护人不应离开现场；在现场保存相关人员高处作业资格确认记录。

(2)高处作业要求

——需审批的高处作业开始前，应对作业人员进行登高知识告知交底，同时由监护人对审批单进行验证，并检查登高梯台，并保存交底和验证记录；

——无固定站立部位或站立部位无防护的高处作业应使用安全带，安全带应悬挂在建筑物设施或固定装置上，禁止悬挂在移动物体上；登高时无固定站立部位或站立部位无防护的部位，宜设置悬挂安全带的固定装置；

——不应使用叉车、电瓶车等厂内机动车的属具载人登高；

——作业周边有物体坠落的可能时，应戴安全帽。

(3)外墙清洁作业应符合下列要求：

——外墙清洗单位应具有相应资质，并具备基本的安全条件；

——清洗工作区域下方醒目处设置警示标识或护栏；

——外墙清洗作业前应确认作业期间天气状况，并保持记录；确保外墙清洗作业在良好的气候条件下进行，风力应小于 3 级，3 级以上停止作业。下雨、下雪、有雾、能见度差以及高温(35 ℃以上)和低温(0 ℃以下)的条件下，停止进行外墙清洁作业；

——吊绳应松紧适宜，无断股、分丝、断裂等破损，吊绳根部、固定处应牢固、无松动；保持定期检查记录；

——坐板、安全带、自锁器、卸扣、套钩无破损，完好有效；

——吊板作业人员应戴安全帽和安全带，采用一人两绳、二人三绳作业方式；安全带应固定在安全绳上；

——吊篮作业人员应戴安全帽和安全带，并设置安全绳；安全带应固定在安全绳上；吊篮安装后使用前应委托有资质单位对吊篮进行安全检验，合格后方可使用，并保存记录。

【解读】

本条款不仅适用于企业内部人员从事高处作业,对于外来相关方从事高处作业,也须严格按照本模块要求进行监督管理。高处坠落是烟草企业常见的伤害形式之一,大部分是由于登高用具有缺陷、高处作业不正确穿戴劳动防护用具、无人监护等造成的,在进行审批时应重点按规范要求严格审查。

高处作业安全带(绳)应遵循高挂低用原则,对于作业现场受条件限制没有可高处悬挂安全带(绳)的场所,可以就近固定,但至少应保证作业人员意外情况下安全带能起到保护作用;同时,安全带不能固定在有锋利毛刺或刃口的构建上。

外墙清洗作业不仅单位须有相应资质,作业人员也必须持证上岗。在车间上方网架上作业虽不属于高处作业范畴,但应严防工具、零件等物品等从网架上掉落。

2.2.1.7 空压、真空和通风空调系统

【解读】

本模块对压缩空气系统、真空系统、通风空调通风系统3个要素的安全技术和现场安全管理提出了规范性要求;其中3个要素之间没有必然的联系,各自成系统,其中通风空调系统中包括各种类型的制冷机组及送风管道。

本模块主要依据法规标准:

——GB 9237—2001《制冷和供热用机械制冷系统安全要求》;
——GB 10080—2001《空调用通风机安全要求》;
——GB 18361—2001《溴化锂吸收式冷(热)水机组安全要求》;
——GB 19210—2003《空调通风系统清洗规范》;
——GB 22207—2008《容积式空气压缩机安全要求》;
——GB 50029—2003《压缩空气站设计规范》;
——GB 50365—2005《空调通风系统运行管理规范》。

2.2.1.7.1 空压系统

(1)空压设备应符合 GB 22207 的要求,其中:

——各种出厂技术资料(产品质量说明书,出厂合格证等)齐全,并有空压管道分配流程图;
——空压机应有字迹清晰的铭牌和安全警示标志;
——空压机机身、曲轴箱等主要受力部件不应有影响强度和刚度的缺陷,并无棱角、毛口;所有紧固件和各种盖帽、接头或装置等应紧固、牢靠;
——空压机与墙、柱以及设备之间留有足够的空间距离,应符合 GB 50029 的相关规定;
——空压机应安装在有足够通风的房间里,其区域内无灰尘、化学品、金属屑、油漆漆雾等;
——螺杆式压缩机顶部、背部通风口处不能放置任何物件。

(2)安全防护装置应符合下列要求:

——空压机组旁应设紧急停机按钮或保护装置(开关);
——外露的联轴器、皮带转动装置等旋转部位应设置防护罩或护栏;
——螺杆式空压机保护盖应安装到位,门、顶盖关闭好;

——空压机每级排气均应装有排气温度超温停车装置,停车后只能手动复位。

(3)压缩空气管道应符合下列要求:

——管道无腐蚀,管内无积存杂物,支架牢固可靠;

——压缩机空气管道的连接,除与设备、阀门等处用法兰或螺纹连接外,其余均采用焊接;

——任何与进、出口接头的进气和排气管道支架,应采取措施,防止振动、脉冲、高温、压力以及腐蚀性和化学性因素;

——管道漆色符合要求,用淡灰色标示流向箭头。

(4)储气罐压力容器应符合下列要求:

——属压力容器的储气罐应按特种设备进行使用登记,并按规定定期检验,现场悬挂登记标志和检验合格标志;

——容器的本体、接口部位、焊接接头等无裂纹、变形、过热、泄漏等缺陷;表面无严重腐蚀现象;

——支撑(支座)完好,基础可靠,无位移、沉降、倾斜、开裂等缺陷,螺栓连接牢固;

——罐底应安装排污阀,并确保排污阀畅通,定期排除积水;

——压力表刻度盘上应划有最高工作压力红线标志,定期检验,铅封完好,并有合格标志;

——属压力容器的储气罐应有安全阀,定期检验,并有合格标志,符合本部分4.10.2的要求。

(5)移动式空压机应符合下列要求:

——压力与储气罐容积的乘积大于或者等于2.5 MPa·L的移动式空压机应按压力容器进行使用登记,并按规定定期检验;现场悬挂登记标志和检验合格标志;

——安全阀及压力表等安全附件应定期检验,并有合格标志;符合本部分4.10.2的要求;

——压力继电器工作正常;

——空压机运行时,振动不会引起底盘位移;

——移动式空压机的电源线应绝缘良好,无接头,长度不应超过6 m。

(6)安全运行应符合下列要求:

——属压力容器的空压机操作人员及其相关管理人员,应当按照国家有关规定经特种设备安全监督管理部门考核合格,取得国家统一格式的特种设备作业人员证书,方可从事相应的作业或者管理工作;

——安全运行的通用要求,应符合本部分4.1.4的要求;现场人员应配备耳塞,现场工作时佩戴;除需到设备周围作业外,作业人员应在采取隔音措施的区域内观察和休息;

——室内严禁存放易燃易爆危险品;无关人员未经允许不应进入控制室、机房,操作人员不应擅离工作岗位;

——各企业应根据设备特性及安全要求,确定巡检时间,对系统运行状态进行巡检,并规定记录和异常情况报告程序;

——设备人员每月对空压系统压力容器进行一次检查,并保存记录;

——设备维修和保养应关闭电源开关,并挂上警示牌;不应带压拆修管道、阀门等设备。

【解读】

本条款规范的是空压站的安全要求,重点是储气罐压力容器的安全要求。空压系统由于设备运行噪声较高,应设置隔离值班(控制)室。

2.2.1.7.2　真空系统

(1)系统设备资料和标识应符合下列要求：

——现场有真空管道分配流程图,并与实际相符；

——设备原有的安全警示标志清晰完好,外文应翻译成中文。

(2)安全防护装置和报警装置应符合下列要求：

——过载保护器或各种控制器等安全装置完好有效,确保过载或其他参数(如压力、温度等)超过规定范围时,自动停机；其他安全防护装置应符合本部分4.1.3的要求；

——仪表真空度报警器灵敏,有效。

(3)管道、真空压力表、电磁阀应符合下列要求：

——压力管道保持畅通、密闭；管道和纵横交错的管道交汇处,应标示气、液体的流向,颜色标示应符合本部分4.10.3的要求；

——压力表等计量器具完好、正常,有定期检测合格的标志；

——电磁调节阀定期试验,完好有效。

(4)安全运行应符合下列要求：

——安全运行的通用要求,应符合本部分4.1.4的要求；有人值班的泵房应设立防噪声的值班室；

——设备启动或备用、停用,阀门、设备应挂好相应状态的标志牌；未经许可,不应随意改变仪表真空度等报警控制值,不应关闭报警器；真空泵运行期间严禁关闭真空泵排气处阀门；

——各企业应根据设备特性及安全要求,确定巡检时间,对系统运行状态进行巡检,并规定记录和异常情况报告程序；

——集气罐定期清理,确保无积尘。

【解读】

本条款规范的是企业真空泵站、泵房及其运行的要求；现场噪声一般较大,进入人员应注意防范,较长时间滞留时,应佩戴耳塞。

2.2.1.7.3　通风空调系统

(1)机房应符合下列要求：

——机房应有安装良好、数量足够、开向朝外的门,不应有使逸出的制冷剂流向建筑物内其他部分的开口；至少应有一个开口直接通向大气的紧急出口；

——机房应向室外通风,借助窗口和格栅达到自然通风；自然通风的气流不应受到墙、烟囱、周围环境建筑物或类似物体的阻碍；无自然通风的机房如处于地下室中,应有持续机械通风；

——现场消防和电气,应符合本部分4.1.1和4.1.2的要求；应在门上清楚标明未经许可不应随意入内的警告以及未经许可不准操作的禁令；机房严禁烟火,不应吸烟,不应存放易燃易爆物品；

——机房中制冷剂的储存量,除制冷系统中制冷剂的充装量外不应超过150 kg。

(2)氟利昂制冷机组应符合GB 9237的要求,其中：

——冷凝器、蒸发器等构成压力容器,应按规定定期检验,且铅封完好；检验合格标志应悬挂在设备上；

——压力容器压力表刻度盘上应划有最高工作压力红线标志,定期检验,铅封完好,并有

合格标志;
——设备结构有足够的强度、刚度及稳定性,基础坚实,安全防护措施齐全有效;截止阀和控制器件等附件应加以保护;外露的运动部件、栅板、网和罩应完好有效;
——控制系统灵敏,作业点均有急停开关,紧急停止开关灵敏、醒目,在规定位置安装并有效;
——加氟利昂时应由具有资质的单位进行,并采取措施防止泄漏。

(3)溴化锂机组应符合GB 18361的要求,其中:
——使用蒸汽的机组管道应有隔热层,并悬挂防止烫伤的标志;
——使用燃气的机组站房内应有燃气泄漏报警装置,配备燃气检测仪、防毒面具;
——设备结构有足够的强度、刚度及稳定性,基础坚实,安全防护措施齐全有效;外露的运动部件、栅板、网和罩应完好有效。

(4)冷却塔应符合下列要求:
——冷却塔宜有防雷装置,并由具有资质的单位定期检测,保存检测记录;具体执行本部分4.9.7的要求;
——冷却塔梯台完好,符合本部分4.6.3的要求;
——在冷却塔上进行动火作业时,应采取拆除易燃材料或隔离、喷雾等措施,防止冷却塔易燃材料起火。

(5)管道及通风机应符合GB 10080的要求,其中:
——若架空安装,支点及吊挂应牢固可靠,不应妨碍人员行走及车辆通行;与地面距离低于2.2 m的管道,应采取措施并悬挂标志,以防碰人;
——外露进口及运动部件应用金属网、栅板或罩保护,防止人员的手、衣物或其他物件触及;
——管道的颜色、流向标志等符合要求,具体执行本部分4.10.3的要求。

(6)安全运行应符合下列要求:
——安全运行应符合本部分4.1.4的要求;机房建立24小时值班和交接班制度,值班人员填写运行和交接班记录;
——大中型制冷与空调设备运行操作、安装、调试与维修人员应按政府主管部门要求,经过具有资质的机构培训取证方可上岗;
——各企业应根据设备特性及安全要求,确定巡检时间,对系统运行状态进行巡检,并规定记录和异常情况报告程序;
——制冷剂钢瓶在充装完制冷剂后应立即与系统分离;钢瓶允许充装量应标在钢瓶上,充装时测定制冷剂量,不应超过钢瓶的允许充装量;制冷剂钢瓶不应倒置;
——如果在系统完全无氟的情况下加氟应先对系统抽真空,在保证真空度的前提下才可以充氟;
——不准带压拆修管道、阀门等设备;对无逆止装置的通风机,应待风道回风消失后方可检修;当设备运行时严禁打开检修门。

(7)通风空调系统的检查和清洗应符合下列要求:
——机房设备设施由专业人员或委外定期进行检查,检查内容应包括设备设施的安全要求,并符合GB 50365的要求;检查应保存记录;

——风管检查每2年不少于一次,空气处理设备检查每年不少于一次;并对污染进行清洗、验收,确保管道内清洁,并符合 GB 19210 的要求;检查和清洗、验收应保存记录;

——清洗送风管道时,应先进行通风后方可进入管道,并戴口罩,防止粉尘和有害物质对人员伤害;并防止在风口处坠落。

【解读】

本条款中包括了制冷机组的安全要求;其中氟利昂制冷机组主要指利用该类技术进行制冷作业的机组,包括采用无氟或低氟媒介的机组;采用燃气加热方式提供热源的溴化锂制冷机组主要应控制燃气泄漏,应设置可燃气体泄露报警装置。

制冷机组设备中的压力容器,应按特种设备管理;采取隔热或保温措施的压力容器,设备铭牌应置于保温层外,便于现场查阅压力容器相关安全技术参数。

企业在执行中,可根据实际情况确定或增加规范要求,如室外高处冷却塔未独立设置防雷装置的,金属构件必须与高处的避雷带(针)进行等电位连接。

2.2.1.8 给排水系统

【解读】

本模块对生产、生活给水系统和工业污水处理系统这两个要素提出了安全技术和现场安全规范性要求;本模块不涵盖消防给水系统,其要求按本部分 4.16.4.3 条款执行;本模块不涵盖雨水管网排水系统。

本模块主要依据法规标准:

——GB 17051—1997《二次供水设施卫生规范》;

——GB 8958—2006《缺氧危险作业安全规程》。

2.2.1.8.1 给水系统

(1)系统技术资料齐全,其中应包括给水管道分配流程图。

(2)设备设施应符合下列要求:

——蓄水塔应安装避雷设施和夜间警示灯;

——对蓄水箱、塔和池的定期清洗应聘请有资质的单位进行,清洗时防止窒息和中毒;

——有门、窗的水箱、塔和池等应加锁;

——进入水池、水箱时,应配备使用安全电压、带隔离变压器的行灯;

——泵房等潮湿的地方,应安装排风设施。

(3)饮用水供水设施应符合 GB 17051 的要求,其中:

——经过蓄水箱、塔和池的水,若用作饮用水,应定期进行化验,并符合当地政府主管部门的要求;

——设施周围应保持环境整洁,应有很好的排水条件,设施与饮水接触表面应保证外观良好,光滑平整,不对饮水水质造成影响;

——饮用水箱或蓄水池应专用,不应渗漏,设置在建筑物内的水箱其顶部与屋顶的距离应大于 80 cm,水箱应有相应的透气管和罩,人孔位置和大小要满足水箱内部清洗消毒工作的需要,人孔或水箱入口应有盖(或门),并高出水箱面 50 mm 以上,并有上锁装置;

——水箱的容积设计不应超过用户 48 h 的用水量;

——设施不应与市政供水管道直接连通,在特殊情况下需要连通时应设置不承压水箱;设施管道不应与非饮用水管道连接,如必须连接时,应采取防污染的措施。

(4)水管道应符合下列要求:

——管道无腐蚀,管内无积存杂物,支架牢固可靠;

——地下或半地下敷设管道应做好防腐处理;

——地上管道漆色应为艳绿色,并标明流向。

(5)安全管理和作业符合下列要求:

——在蓄水箱、塔上高处作业时,或者进入水池清理时,应两人以上操作;

——进入水箱内工作前,应按有限空间作业,确保箱内氧气达到规定标准,有害气体不超标,并不能长期在箱内作业,符合 YC/T 384.1 中 4.15.3 的要求;

——操作人员每小时进行巡检,并保持记录,巡检内容应包括对水箱水位和进水压力、电动阀开启和关闭状态、各水泵出口管道上的止回阀、水位自动调节装置的检查。

【解读】

本条款主要针对企业二次供水,要求经过水塔、水箱储存后的生活用水(包括职工食堂生活用水、办公场所饮水机用水等)符合自来水标准,防止细菌、重金属等污染饮用水。本条款中水箱的容积设计不应超过用户 48 h 的要求,针对的是生活用水的水箱。

2.2.1.8.2 污水处理场

(1)安全管理应符合下列要求:

——污水处理场应制定安全管理制度,并严格执行;

——污水处理场应制定地下水池有限空间作业现场处置方案,并有演练和效果评价记录;

——现场应设置防止中毒、防止坠落等警示标志;

——场内配置硫化氢浓度报警仪,读数的数值显示正常,硫化氢报警仪半年检测一次,标识在有效期内,有使用说明书;

——场内备有防毒面具、安全带、绳索等应急防护用品。

(2)设备设施和作业环境应符合下列要求:

——泵房、微滤机、污泥脱水设备等地上设备外露运动部位应有防护罩或网,并完好,无破损;急停开关或隔离开关完好、有效;

——现场消防、电气等,应符合本部分 4.1.1 和 4.1.2 的要求;

——设备设施的电气应防潮,现场使用的开关应防潮;现场地面不宜使用接线板和临时接线,如需接线,应使用规范的接线盘并架空;

——现场设备设施无漏水,地面无积水,地下水池的盖板完好、无位移、无超过 1 cm 的间隙、无严重腐蚀;

——污水处理场建筑物安装防雷装置,并按要求定期检测。

(3)沉淀池和反应池应符合下列要求:

——池四周设置防护栏,并符合安全要求;防护栏完好,无断裂、腐蚀;符合本部分 4.6.3 的要求;

——池周边应有无关人员不应入内、危险等警示标志;有台阶或可能导致人员跌落的部位,应有防止跌落的警示标志;

——池周边照明良好,灯具无损坏;

——池区露天电气柜应有防雨措施。

(4)水质化验室应符合下列要求：
——化验室内存放的化学试剂应分类存放在指定架子上，标识清晰；稀硫酸等由专人在专门地点柜内存放，不应存放在化验室内；
——室内电源插座完好，无破损；符合本部分4.1.1的要求；
——化验台有通风装置，并完好、有效；人员作业时，应佩戴防护手套。

(5)安全运行应符合下列要求：
——安全运行的通用要求，执行本部分4.1.4的要求；
——泵房应有隔音措施，人员应在隔离室内，如长时间进入时应佩戴耳塞；配制液碱和向液碱罐内充液时，应戴口罩、防护手套和护目镜，人不应站立在充液管下方；
——控制室每天应按照要求检查各类安全数据，并填写污水处理站运行记录表；
——使用电炉、电烘箱时应避免手部接触加热部位，人不应离开现场；现场人员操作时不应用潮湿的手接触电气开关。

(6)地下池有限空间作业应符合GB 8958的要求，其中：
——需进入地下池内进行限空间作业，应按规定办理审批手续，现场张贴或保存审批单；具体执行YC/T 384.1中4.15.3的要求；
——污水处理场负责人和地下水池清洗人员应经过企业有限空间作业专门培训，并保存培训记录；当地政府有要求的，应经过政府主管部门培训并取证；
——进入地下池内进行作业前，应事先与作业人员确定明确的联络信号；保持与作业人员的联系，发现异常，及时采取有效措施；
——地下集水井、调节池、污泥池等地下空间需清洗和检修时，应打开池盖采取强制通风措施，并对地下空间的硫化氢气体浓度和含氧量进行测试，确保氧含量在19%～22%（体积比），并保持记录；如检测结果超标，需用风机进行鼓风置换；人员在作业时应每隔半小时用仪器对作业环境进行检测，检查氧气和有害气体是否超标，符合要求方可继续作业；
——下池作业人员应佩戴便携式硫化氢浓度报警仪，每次使用前应该调试并确认；进入硫化氢聚集区作业应该佩戴空气呼吸器；
——下池作业时应将安全带、绳索等放置在作业现场，需从直梯下到池内时和在池内易发生坠落作业场所工作时，应佩戴安全带并系上绳索，并在适当位置可靠地固定，由监护人员负责在地面监护；
——空气呼吸器、气体检测分析仪器等每年定期检验、维护，并保持记录。

【解读】
本条款所指污水处理场包括使用地下水池和地上敞开水池，采用各种处理方式的污水处理场（站）；其主要危险包括淹溺、触电、使用化学品、地下水池有限空间危险作业等。进入地下水池有限空间需实行严格的审批手续，并在作业过程中随时监控作业现场的含氧量、硫化氢等有害气体浓度是否超标，设置监护人员；进入有害气体浓度聚集区域作业人员应佩戴空气呼吸器，不得以防毒面具代替呼吸器；空气呼吸器、气体检测分析仪器等每年定期检验、维护，宜在仪器、装备上张贴检验合格及时间标签，确保灵敏可靠。

水处理化验室可同时参照本规范4.12"试验检测"模块的要求执行；药物应分类存放，参照4.2.5.4"危险化学品贮存要求"执行。

企业在执行中，可根据实际情况确定或增加规范要求，如污水处理场有沼气回收利用装置的，周边动火作业需严格作业审批手续，沼气塔（柜）防雷装置保持完好有效。

2.2.1.9 变配电、电气线路和防雷系统

【解读】

本模块对变配电设备设施、变配电技术资料和运行检测、固定电气线路、临时低压电气线路、配电箱(柜、板)、发电机、防雷系统等7个要素的安全技术和现场安全提出了规范性要求，本模块适用于企业生产、办公、仓储等各个涉及上述内容的区域或场所。

本模块主要依据法规标准：

——GB 3836.1—2000《爆炸性气体环境用电气设备 第1部分:通用要求》；
——GB 3883.1—2008《手持式电动工具的安全 第一部分:通用要求》；
——GB/T 3787—2006《手持式电动工具的管理、使用、检查和维修安全技术规程》；
——GB 4208—2008《外壳防护等级(IP代码)》；
——GB 5226.1—2008《机械电气安全机械电气设备 第1部分:通用技术条件》；
——GB 10235—2000《弧焊变压器防触电装置》；
——GB/T 13869—2008《用电安全导则》；
——GB 13955—2005《剩余电流动作保护装置安装和运行》；
——GB 50052—2009《供配电系统设计规范》；
——GB 50053—94《10 kV及以下变电所设计规范》；
——GB 50054—95《低压配电设计规范》；
——GB 50057—94(2000版)《建筑物防雷设计规范》；
——GB 50059—92《35～110 kV变电所设计规范》；
——GB 50217—2007《电力工程电缆设计规范》；
——GB 50303—2002《建筑电气工程施工质量验收规范》；
——DL 401—2002《高压电缆选用导则》；
——JGJ 46—2005《施工现场临时用电安全技术规范》；
——国家电力监管委员会令第15号《电工进网作业许可证管理办法》。

2.2.1.9.1 变配电设备设施

(1)变配电所环境应符合GB 50053—94第二章和GB 50059—92第二章的要求，其中：

——独立变配电所位置与有爆炸危险生产装置的水平安全距离不应小于15 m，与普通建筑物水平安全距离不应小于7.5 m；
——变配电所不应设置在多尘、水雾、有腐蚀性气体、地势低洼或可能积水的场所；站内无漏雨、无积水；
——变配电所周围应有安全消防通道，且保持畅通；尽头式消防车道应设置回车道(场)；
——变配电所应配有适合扑灭电气火灾的干粉或其他类型的灭火器材。

(2)门窗和相关设施应符合下列要求：

——门应向外开，高压室门应向低压室开，相邻配电室门应双向开；
——变配电设备所在室内不应有与其无关的管道和明敷线路通过；
——控制室和配电室内的采暖装置，宜采用钢管焊接，且不应有法兰、螺纹接头和阀门等；
——变压器室、配电室、电容器室等通向变电所外部的门和窗、自然通风和机械通风空洞、架空线路及电缆进出口线路的穿墙透孔和保护管等敞开部位，均应加装防止小动物进入的金

属网或其他建筑材料,网孔应小于 10 mm×10 mm;

——变配电所应配置与实际设备相符的操作模拟板或操作模拟显示屏。

(3)安全用具和防护用品应符合下列要求:

——应配置验电器、绝缘夹钳、接地线、标示牌、绝缘手套、绝缘靴、绝缘拉杆等安全用具和防护用品,应编号并形成清单,明确保管责任人;

——各种安全用具和防护用品应完好无损,正确存放,并在实物上张贴定期检验合格的标志;

——安全用具送外检验时,应保持现场使用的需要量。

(4)变压器应符合下列要求:

——变压器室、车间内及露天变压器安装地点附近,应设置标明变压器编号和名称、电压等级的标牌,并挂有国家电力统一标准的、明显醒目的"高压危险"警示标志;

——油浸电力变压器应安装在独立的变压器间;油浸式变压器上方的防爆隔膜完整符合要求,吸湿剂无明显受潮变色;变压器不漏油,游标油位指示清晰,油色透明无杂质,油温指示清晰,上层温度低于85℃,具有超温报警装置的,应确保完好有效;冷却设备完好;

——油浸变压器,应设置贮油池;

——油浸变压器外部与变压器后壁、侧壁的最小净距,1000 kVA 及以下为 0.6 m,1250 kVA 及以下为 0.8 m;与门的最小净距,1000 kVA 及以下为 0.8 m;1250 kVA 及以上为 1 m;高压侧应装设高度不小于 1.7 m 的固定遮拦,固定遮拦网孔不应大于 40 mm×40 mm,移动遮拦应选用非金属材料,其安全距离不变;

——设置于变电所内的非封闭式干式变压器,应装设高度不低于 1.7 m 的固定遮栏,遮栏网孔不应大于 40 mm×40 mm;变压器的外廓与遮栏的净距不宜小于 0.6 m,变压器之间的净距不应小于 1.0 m;

——当高压母线排距地面高度低于 1.9 m 时,应加遮栏不准通行或装设护罩隔离;

——变压器运行时,瓷瓶、套管清洁、无裂纹、无放电痕迹;变压器运行过程中,内部无异常响声或放电声;

——箱式变电站及其干式变压器应在专用房间内采取可靠的通风排烟和降温散热措施。

(5)高低压配电应符合 GB 50053—94 的要求,其中:

——变配电所的高压配电装置应是具有防止带负荷分、合隔离开关,防止误分、合断路器,防止带电挂接地线或合接地刀闸,防止带地线合隔离开关、断路器和防止误入带电间隔的"五防"功能的成套设备;

——屋外配电装置的最小安全净距,无遮拦裸导体至地面,10 kV 应为 2.7 m;35 kV 应为 2.9 m;屋外配电装置场所宜设置高度不低于 1.5 m 的围栏;

——屋内配电装置的最小安全净距,无遮拦裸导体至地(楼)面,10 kV 应为 2.5 m;35 kV 应为 2.6 m;高压配电室内各种通道最小宽度应符合 GB 50053—94 表 4.2.7 的要求;配电屏前、后通道最小宽度应符合 GB 50053—94 表 4.2.9 的要求;

——变配电室内高、低压配电柜的操作和维护通道应铺有符合标准的绝缘垫或绝缘毯;

——应有高压危险的警示标识,并清晰、完好;所有遮拦、围栏、阻挡物、屏护和外壳等装置,应满足机械强度及稳定性、刚度和 PE 连接可靠的要求;

——裸露的带电体上方不应敷设照明线路、动力线路、信号线路或其他管线;所有瓷瓶、套管、绝缘子应安装牢固、清洁无裂纹、无放电闪络痕迹；

——母排应清洁整齐，间距合格；相序包括 N 排、PE 排标识应明显，漆色无变色或变焦现象；接点连接应良好，无烧损痕迹；母线终端无引出线和引入线时，端头应封闭；母线温度应低于 70℃，在母线端头不应有温度过高形成的变色现象；封闭式母线至地面的距离不宜大于 2.2 m；

——变配电装置运行在允许范围内；计量、指示仪表显示符合实际情况；安全连锁装置、继电保护、灯光信号等显示正常有效，无异常气味和声响；

——装有六氟化硫（SF_6）设备的配电室，应装设强制通风装置，风口应设置在室内底部；应在低位区安装缺氧和 SF_6 气体泄漏报警仪器，并定期检验，保持完好有效；

——各种型号断路器应定期维护保养、试验，并保存记录。

(6)电容器应符合 GB 50053—94 中第 5.3.1 条—第 5.3.5 条的要求，其中：

——室内高压电容器装置应设置在单独房间内，当电容器组容量较小时，可设置在高压配电室内；

——低压电容器装置可设置在低压配电室内，当电容器总容量较大时，宜设置在单独房间内；

——电力电容器外壳无膨胀变形，外壳温度不高于 60℃；

——充油电容器外壳应无异常变形，无渗漏。

【解读】

本条款主要针对高压变配电部分的建筑物、变配电设备设施提出了明确的要求，均源于国家强制性法规标准要求。本条款的要求专业性强，企业执行时应发挥电气技术人员的作用。本条款中规定的"变配电所应配置与实际设备相符的操作模拟板或操作模拟显示屏"，是为了在对操作票进行模拟操作，也是供电部门相关规范中的要求；具体的设置要求应达到能够模拟操作的要求。

本条款的规范要求是通用性要求，不同地区地方标准和规章的具体要求会有所不同，如本条款规定"变压器室、配电室、电容器室等通向变电所外部的门和窗、自然通风和机械通风空洞、架空线路及电缆进出口线路的穿墙透孔和保护管等敞开部位，均应加装防止小动物进入的金属网或其他建筑材料"，而并未规定用何种方式，企业应根据地方安全或供电部门规定执行，如许多地区普遍要求的防鼠板等。

企业在执行中，可根据实际情况确定或增加规范要求，如根据各自关键设备用电负荷等级，采取低压双回路供电方式时，双回路电源开关不得同时闭合。

2.2.1.9.2 变配电技术资料和运行检测

(1)及时更新和保存以下基本技术资料：

——企业各厂区高压供电系统图、高压和低压电力配电图及继电保护控制图；

——各厂区的供电系统平面布置图，应注明变配电所位置、架空线路及地下电缆的走向、坐标、编号及型号、规格、长度、杆型和敷设方式；

——高低压变配电所、变压器室、电容器室的平面布置图，设备安装及变压器贮油池和排、挡油装置的土建设计、设备安装图；

——降压站、中央变电所、高压配电室及各分变电室的接地网络和接地体设计施工的地下隐蔽资料；

——变配电所主要设备的使用说明书、产品合格证；

——各种试验和测试记录、测量记录，包括主要电气设备设施和安全用具及防护用品的本周期预防性电气试验和测试数据（绝缘强度、继电保护、接地电阻等项目），保存期至少3年；

——保存日常运行记录和检修记录，保存期至少3年。

（2）安全运行操作应符合下列要求：

——变配电操作运行、维修人员应经过有资质单位培训，取得电工特种作业人员证书，证书应在有效期内，由本人随时携带或保存在工作地；

——在受电装置或者送电装置上从事电气安装、试验、检修、运行等作业的人员还应经过电力部门组织的培训考试，按国家电力监管委员会令第15号《电工进网作业许可证管理办法》的要求，取得电工进网作业许可证，并按低压、高压、特种三个类别分别从事相关作业；

——按GB/T 13869的要求，建立变配电管理制度文件、安全操作规程或作业指导书，并在现场保存有效版本；内容应包括交接班、巡视检查、缺陷管理、现场整洁、安全操作、出入登记、电气相关方管理等要求、工作票和操作票的"两票制度"、倒闸和停电操作、巡视和记录要求等，操作人员应熟悉制度和操作要求；

——有人值班的变配电所内的变配电装置，每班巡视2次；无人值班每周至少巡视2次，巡检情况应记入交接班日志；

——变配电停电或部分停电检修应执行"工作票"，停电、验电、接地等作业时，应悬挂标示牌；进行低压带电作业、高处作业的，应设监护人；

——变配电的正常倒闸操作应执行"倒闸操作票"，并设监护人；在紧急情况或事故处理时，可先进行操作后应立即报告上级，并补填倒闸操作票；在进行倒闸操作时，应遵循送电时从电源侧往负荷侧送；停电时顺序相反，送电时先合刀闸；后合带有灭弧装置的开关（断路器、接触器等），停电时按顺序相反的技术原则，并应先在操作模拟板上进行核对性操作；

——高压设备发生接地时，室内不应接近故障点4 m以内；室外不应接近故障点8 m以内。进入上述范围人员应穿绝缘靴；接触设备的外壳和架构时应戴绝缘手套。

（3）设备检修应符合下列要求：

——变配电装置的定期检修应根据设备的质量、已运行的时间、运行中存在的缺陷及其严重程度、负载和绝缘老化的情况、历次试验分析结果等确定周期并保存检修记录。一般宜3~5年作一次定期检修；

——断路器及其操作机构每年至少进行一次检修；检修时应执行保证安全的组织措施和技术措施，需供电部门的上一级电源停、送电时，应事先办理相关手续，报请供电部门审批；应保存检修记录。

（4）定期试验、检验和检测应符合下列要求：

——高压变配电装置及设备，应每年请当地供电部门进行一次预防性试验，并保存试验报告；试验内容至少应包括高压开关柜、变压器、避雷器、高压电缆等，检测结果不符合要求，整改后重新进行试验；

——低压配电装置及设备，宜每2年请当地供电部门进行一次预防性试验，并保存试验报告；

——配电变压器停止运行一年及以上，准备投入运行时应由供电部门或其指定的具有资质的单位进行超期试验，合格后方可投入运行；

——安全用具和防护用品检测周期按国家和地方相应标准执行;其中绝缘手套、绝缘靴、高压验电器每半年由供电部门或其指定的具有资质的单位进行一次检验,保存记录。

【解读】

本条款对变配电技术资料和运行检测进行了重点规范,提出了较高的要求,尤其是对电气安全技术资料、电气安全制度、电气安全操作、电气设备运行记录、预防性试验等提出了较高的要求,需要逐条对照落实。

本条款要求"高压变配电装置及设备,应每年请当地供电部门进行一次预防性试验,并保存试验报告",是考虑到内部检查缺乏技术力量而规定的;此要求参考了相关供电部门的要求,原要求是1~3年一次,考虑到烟草企业高压设备较多,且用电量大,确定为每年一次。

2.2.1.9.3　固定电气线路

(1)电缆应符合 DL 401 和 GB 50217 的要求,其中:

——三相五线制系统的低压电缆应采用五芯电力电缆,三相四线制系统的低压电缆应采用四芯电力电缆;不应采用另加一根单芯电缆或以导线、电缆金属护套作中性线;

——电缆直埋敷设不应采用非铠装电缆;

——电力电缆的终端头和中间接头,应保证密封良好,表面清洁、无漏油,防止受潮;电缆终端头和中间接头的外壳与电缆金属护套及铠装层均应良好接地。

(2)配电线路应符合 GB 50052 及 GB 50054—95 第五章第二节"绝缘导线布线"、第三节"钢索布线"、第四节"裸导体布线"、第五节"封闭式母线布线"和第六节"电缆布线"的要求;电缆桥架安装和桥架内电缆敷设应符合 GB 50303 的要求;其中:

——配电线路不应跨越易燃材料筑成的建筑物;

——系统布线的安全净距应符合 GB 50054—95 中表 5.2.1、表 5.2.4、表 5.2.6 的要求;绝缘导线至地面的最小距离,导线水平敷设室外不应低于 2.7 m;室内不应低于 2.5 m;导线垂直敷设室外不应低于 2.7 m;室内不应低于 1.8 m;当导线垂直敷设至地面低于 1.8 m 时,应穿管保护;

——线路穿墙、楼板或埋地敷设时均应穿管或采取其他保护;穿金属管时,管口应装绝缘护套;室外埋设,上面应有保护层;

——金属电缆桥架及其支架全长应不少于 2 处与接地(PE)或接零(PEN)干线相连接;非镀锌电缆桥架间连接板的两端应跨接铜芯接地线,接地线最小截面积不小于 4 mm²;镀锌电缆桥架连接板的两端可不跨接铜芯接地线,但连接板两端应不少于 2 个有防松螺帽或防松垫圈的连接固定螺栓;

——电缆进入电缆沟、隧道、竖井、建筑物、盘(柜)处应予以封堵;电缆沟内无渗漏的积水,对外有防止小动物进入的措施,沟内无杂物,沟盖板无裂损,平整可靠;

——直埋电缆在直线段每隔 50~100 m 处、电缆接头处、转弯处、进入建筑物等处应设置明显的标志或标桩;

——线路绝缘、屏护良好,无发热和渗漏油现象,线路无机械损伤,易触电的裸导体有屏护或其他保护措施,无过热变色现象;

——地下线路应有清晰的坐标或标志以及竣工图。

(3)架空线路要求应符合下列要求:

——电杆基础牢固,无倾斜,杆身无裂纹,无露筋;

——拉线与电杆夹角不应小于30°,应与线路方向对正;混凝土电杆拉线从导线之间穿过时,应设拉线绝缘子;

——横担应平整,直线杆单横担应在受电侧,转角杆及终端杆单横担应在拉线侧;瓷件及绝缘套、垫完整无裂纹,金属件固定牢固;

——相间排列或其他线路同杆、同侧敷设时,排列均应整齐有序,线路周围应无树枝或其他障碍物。

(4) 设备和照明线路应符合 GB 5226.1 的要求,其中:

——固定设备和照明使用的电源线应采取穿管敷设;

——所有设备的外露可导电部分应与系统主干 PE 连接牢固;PE 线和 N 线不得有任何漏接、错接、混装、串接等现象;PE 线或设备外露可导电部分严禁用作 PEN 线或作为正常时载流导体;

——禁止使用易燃易爆管道、水管、暖气管、蛇皮管等作为 PE 线使用;

——单相设备 N 与 PE 应分开,且从主端子排引出;N 与 PE 分开后,不应再合并;

——用电设备接入处 PE 标识应明显,明敷的接地导体(PE 干线)的表面应涂 15～100 mm 宽度相等的绿、黄相间的标识条纹。当使用胶布时,应采用绿黄双色胶带;

——各种电器元件及线路接触良好,连接可靠,无严重发热、烧损现象。

(5) 固定线路系统、技术资料和检测应符合下列要求:

——低压配电系统应采用 TN-S 系统,确定有困难时,可采用 TN-C-S 系统;当电子信息系统设备采用 TN 系统供电时,应是 TN-S 系统接地形式;同一电源供电的低压系统,不应同时采用 TN 系统,TT 系统;

——及时更新和保存以下基本技术资料:各厂区的供电系统平面布置图,应注明变配电所位置、架空线路及地下电缆的走向、坐标、编号及型号、规格、长度、杆型和敷设方式;固定线路的接地网资料,其中接地网(接地装置)应统一编号,并设置接地标识牌,注明编号、检测数据、有效日期等;

——测量接地电阻应规范、准确,每年应不少于一次,且在干燥气候条件下测量。同一接地网多个测点的接地电阻值应取最大值;一般低压线路中电源系统中性点工作接地应小于 4 Ω,TN 系统每处重复接地网的接地电阻应小于 10 Ω;电气设备、电子设备接地电阻应小于 4 Ω。当电气设备、电子设备与防雷接地系统共用接地网时,接地电阻应小于 1 Ω;当采用共用接地网时,其接地电阻应符合诸种接地系统中要求接地电阻最小值要求;测量仪器仪表应定期校准,并保存记录;

——高压电缆主绝缘的绝缘电阻和耐压试验,按电力部门要求由有资质单位定期检测,并保存记录。

【解读】

本条款规范了通用固定电气线路的安全要求,包括从变配电箱接出的设备和照明线路。本条款强调,一般情况下低压配电系统应采用 TN-S 系统,即三相五线制,单独设 PE 接地,且同一电源供电的低压系统,不应同时采用 TN 系统,TT 系统。本条款还特别要求及时更新和保存以下基本技术资料:各厂区的供电系统平面布置图,应注明变配电所位置、架空线路及地下电缆的走向、坐标、编号及型号、规格、长度、杆型和敷设方式;固定线路的接地网资料,其中接地网(接地装置)应统一编号,并设置接地标识牌,注明编号、检测数据、有效日期等。

2.2.1.9.4 临时低压电气线路

(1)审批手续和监督检查应符合下列要求：

——临时线路安装前应办理审批手续，应由用电管理部门负责进行临时线路技术方案和措施的审批；

——临时低压电气线路期限宜为15天，如需要延长应办理延期手续；对预期超过三个月临时低压电气线路，应按固定线路方式进行设置；

——相关方临时用电工程，用电设备在5台及以上或设备总容量在50 kW及以上者，由其编制用电设计方案，用电设备在5台以下或设备总容量在50 kW以下者，由其编制安全用电技术措施和电气防火措施；经审批安装后每月应不少于一次进行现场检查和确认；

——使用现场应悬挂临时用电危险警示牌，配置符合安全规范的移动式电源箱或在指定的配电箱、柜、板上供电。

(2)临时线路敷设应由用电管理部门或委托使用部门电工负责，并符合以下要求：

——应避开易撞、易碰、地面通道、热力管道、浸水场所等易造成绝缘损坏的危险地方；当不能避免时，应采取保护措施；严禁在易燃易爆场所架设临时线；

——危险区域或建筑工程、设备安装调试工程的施工现场有电气裸露时，应设置围栏或屏护装置，并装设警示信号；

——沿墙架空敷设时，其高度在室内应大于2.5 m，室外应大于4.5 m，跨越道路时应大于6 m，临时线与其他设备、门、窗、水管等的距离应大于0.3 m；沿地面敷设应有防止线路受外力损坏的保护措施；

——电缆或绝缘导线不应成束架空敷设，不应直接捆绑在设备、脚手架、树木、金属构架等物品上；埋地敷设时应穿管，管内不应有接头，管口应密封；

——装设临时用电线路应采用橡套软线，其截面按固定线路要求执行；

——施工现场低压配电系统应设置总配电箱(柜)和分配电箱、开关箱，实行三级配电，且每台设备应配备专用开关；

——应设置剩余电流动作保护系统，并在规定的动作电流与切断时间内可靠切断故障电路，符合GB 13955的要求；

——当设置的剩余电流动作保护装置(断路器)同时具备短路、过载、接地故障切断保护功能时，可不设总路或分路断路器或熔断器；否则每一分路应装设与负荷匹配的断路器或熔断器；

——所有用电设备、插座电路、移动线盘等应与主干PE线连接可靠。配电箱内电器安装板上应装设N线端子排和PE线端子排。

【解读】

本条款规范了企业低压临时用电审批的规范要求；特别应注意应明确审核权限，由用电管理部门负责进行临时线路技术方案和措施的审批，即由熟悉线路负载等具体技术数据的人员把关，以确保临时线路安全。

临时用电线路应设置剩余电流动作保护系统，即原来标准所称的漏电保护装置。相关方施工现场临时用电应符合本条款及JGJ 46—2005《施工现场临时用电安全技术规范》的要求。

2.2.1.9.5 配电箱、柜、板

(1)配电箱、柜、板配置应符合下列要求：

——安装在有人场所的敞开式配电箱、板，未遮护的裸带电体距地面高度不应小于

2.5 m;当低于 2.5 m 时应设置遮护物或阻挡物,阻挡物与裸带电体的水平净距不应小于 0.8 m,阻挡物的高度不应小于 1.4 m;
——除办公场所以外的生产车间、食堂等场所均应采用封闭式箱、柜;
——除尘房、库房等应采用密闭式的箱、柜;
——加油站、油库、燃气站、易燃化学品库等产生易燃易爆气体的危险作业场所应采用防爆型的配电箱(柜、板),选用的产品应符合 GB 3836.1 的要求;
——粉尘、潮湿或露天、腐蚀性环境中的配电箱(柜、板),其外壳防护等级应符合 GB 4208 的 IP 代码要求。

(2)编号、识别标记应符合下列要求:
——配电箱、柜、板都应有其本身的编号;
——配电柜、箱、板应标识所控对象的名称、编号等,且与实际相符合;配电柜应有、配电箱宜有单线系统图,标明进出线路、电器装置的型号、规格、保护电气装置整定值等;
——交流、直流或不同电压插座在同一场所时,应有明显区别或标志。

(3)接地、线路和安装应符合下列要求:
——动力、照明箱、柜、板的所有金属构件,应有可靠的接地故障保护;
——箱、柜、板内插座接线正确,单相两孔插座,面对插座右极接相线,左极接零线;单相两孔插座必须上下安装时,零线在下方,相线在上方;单相三孔插座,面对插座上孔接 PE 线,右极接相线,左极接工作零线;四孔插座只准用于 380 V 电源的电气设备,上孔接 PE 线;
——一般熔断元件的额定工作电流应不大于导线允许载流量的 2.5 倍。如按负荷计算,熔断元件短路保护额定电流可在 1.5~2.5 倍负荷的额定工作电流选择;对于低压断路器,单相短路电流不应小于脱扣器整定电流的 1.3 倍;
——潮湿、腐蚀性等环境恶劣场所、由 TT 系统供电的用电设备使用场所、I 类手持式及移动式临时性用电设备使用场所应配置剩余电流动作保护装置(兼作开关),剩余动作电流值应按环境条件选择,但正常场所不应超过 30 mA;剩余电流保护装置的安装运行应符合 GB 13955 的相关规定;PE 线不应接入其装置,始终保持其连续性、可靠性;
——箱、柜、板外不应有裸带电体外露;应装设在箱、柜外表面或配电板上的电气元件,应有可靠的屏护;
——箱、柜、板符合电气设计安装规范,各类电器元件、仪表、开关和线路应排列整齐,安装牢固,操作方便;
——落地安装的箱、柜底面应高出地面 50~100 mm,操作手柄中心距地面一般为 1200~1500 mm。

【解读】

本条款规范了各类场所配电箱、柜、板的设置种类要求,要求生产车间、食堂等场所均应采用封闭式箱、柜,除尘房、库房等应采用密闭式的箱、柜。本条款还规定了相关的标识要求,要求箱、柜、板都应有其本身的编号,配电柜、箱、板应标识所控对象的名称、编号等,且与实际相符合;配电柜应有、配电箱宜有单线系统图,标明进出线路、电器装置的型号、规格、保护电气装置整定值等;这些要求旨在加强规范化管理,为安全提供保障。

本条款要求配置剩余电流动作保护装置的要求,源于 GB 13955—2005《剩余电流动作保护装置安装和运行》的 4.5.1 条款。

企业在执行时,可根据实际情况确定或增加规范要求,如需采用安全电压的用电设备或配电箱插座,宜采用隔离变压器进行转换。

2.2.1.9.6 发电机

(1)机房设置应符合下列要求:

——当采用发电机作为应急电源时,应报当地供电部门许可,并备案;

——发电机应固定位置,移动式发电机有固定保存位置;由专人管理和操作,并定期进行运行测试;

——使用的油品应单独存放,按油品存放点控制,与发电机保持距离;超过当日用量的应在油库储存;具体执行本部分4.2.5和4.2.6的要求;

——除值班人员外,未经许可禁止其他人员进入机房;

——机房内应有良好的采光和通风;禁止堆放杂物和易燃、易爆物品;

——机房内应配有适合扑灭电气火灾的干粉或其他类型的灭火器材。

(2)发电机设备应符合下列要求:

——设备铭牌完好,清晰,相关额定参数符合运行规定;

——绝缘、接地故障保护等保护装置应完好、可靠;外露的带电部位及其他危险部位应有防护罩等遮栏与安全警示标识;

——备用发电机组与电力系统应设置可靠的连锁装置,防止向电网反送电;

——发电机并联运行应满足频率相同、电压相同、相位相同、相序相同的条件才能进行;准备并联运行的发电机均应进入正常稳定运转;

——移动式发电机,使用前应将底架停放在平稳的基础上,运转时不准移动。

(3)安全运行应符合下列要求:

——安全运行的通用要求,执行本部分4.1.4的要求;

——发电机启动前应认真检查各部分接线是否正确,各连接部分是否牢靠,电刷是否正常、压力是否符合要求,接地线是否良好;

——发电机开始运转后,确认情况正常后,方可调整发电机至额定转速;负荷应逐步增大,力求三相平衡;

——运行中的发电机应密切注意发动机声音,观察各种仪表指示是否在正常范围之内。检查运转部分是否正常、通风是否良好、发电机温升是否过高,并保存运行记录。

【解读】

本条款中发电机主要指以内燃机驱动的方式将能量转化为电能输出的设备。

2.2.1.9.7 防雷系统

(1)应当安装防雷装置的范围应包括:

——GB 50057规定的一、二、三类防雷建(构)筑物;

——加油站、危化品库、油库及烟叶露天堆场、烟草制品仓库所在建筑物等贮存场所;

——变配电站等输配电系统;

——停车场、通信、计算机信息等系统的主要设施;

——按照法律、法规、规章和有关技术规范,应当安装防雷装置的其他场所和设施。

(2)防雷装置的管理和检测应符合下列要求:

——从事防雷工程设计和施工、维护保养单位应当持有气象管理部门颁发的防雷工程设

计和施工资质证书;

——竣工的防雷工程应当在投入使用前,应向具有检测资质的单位申请防雷装置检测;并经过当地气象部门的工程验收,验收合格方可投入使用;保存验收资料和记录;

——建立安装防雷系统的场所、建筑物和接地点分布清单,登记系统规格、地点、检测情况,标明各防雷装置接地或检测点的编号、位置、数量等;

——建立防雷装置的安全检测和维护检查档案;每年应在雷雨季节前对雷电防护系统进行检测,对爆炸危险环境的防雷装置应每半年检测一次;防雷装置应由具有资质取得《计量认证合格证书》的防雷装置检测机构实施检测;检测结果应合格,有不合格项的,应整改后重新检测;

——检测结果应符合 GB 50057 的要求,其中防雷接地网与电子设备接地、电气设备接地采用共用接地网时,电阻值应小于 1 Ω,采用独立设置的防雷接地网不应超过 10 Ω,有特殊要求时应符合设计值;检测发现有不合格项的,应整改后重新检测。

(3)每季度至少对防雷装置进行一次日常检查和维护,并保存记录;日常检查应对下列项目进行检查,发现问题及时维修:

——各处明装导体有无锈蚀或者因机械力的损伤而折断的情况;镀层或涂漆是否完好,无严重锈蚀;有无因接受雷击而熔化或者折断的情况;

——引下线接地是否完好,在易受机械损坏的地方,地面上约 1.7 m 至地下 0.3 m 的一段是否采取保护性措施,有无破坏的情况;

——避雷针(带)与引下线的接地装置连接是否采用焊接,保证完好、可靠;标识是否完好;

——防雷装置采用多根引下线时,是否设置可供检测用压接端子形式的断接卡,断接卡是否有防腐蚀保护措施;断接卡有无接触不良的情况;

——独立避雷针、架空避雷线(网)的支柱上是否无悬挂在电话线、广播线、电视接收天线及低压架空线等情况;

——电涌保护器劣化性能指示,是否处于正常状态;

——所有防雷装置与道路或建筑物出入口距离是否大于 3 m,并有防止跨步电压触电措施与标识;与其他接地网和金属物体的间距是否大于 3 m;防直击雷的人工接地网与建筑物入口处及人行道间距是否大于 3 m;

——是否由于修缮建(构)筑物或者建(构)筑物本身的变形使防雷装置的保护情况发生变化;

——有无因挖土方、敷设其他管(线)路或者种植树木而挖断接地装置;接地装置周围的土壤有无沉陷的情况。

【解读】

本条款除了规范了防雷装置的设置、检测要求外,特别强调了日常管理和检查的要求,包括建立安装防雷系统的场所、建筑物和接地点分布清单,每季度至少对防雷装置进行一次日常检查和维护等。为规范防雷装置日常检查,本条款还列出了检查的主要项目。

2.2.1.10 特种设备

【解读】

本模块适用于锅炉、压力燃气、压力管道、工业气瓶、起重机械、电梯、厂内专用机动车辆等

7类特种设备,分别描述了不同特种设备安装、使用、维保需要遵守的安全技术和现场规范,在国家强制性规范要求基础上,根据烟草企业实际,增加了部分现场管理要求。

本模块主要依据法规标准:

——GB 1576—2008《工业锅炉水质》;
——GB/T 5972—2009《起重机钢丝绳保养、维护、安装、检验和报废》;
——GB 6067.1—2010《起重机械安全规程 第1部分:总则》;
——GB 7231—2003《工业管道的基本识别色、识别符号和安全标识》;
——GB 10060—1993《电梯安装验收规范》;
——GB 11638—2003《溶解乙炔气瓶》;
——GB 13495—1992《消防安全标志》;
——GB 15052—1994《起重机械危险部位与标志》;
——GB/T 16178—1996《厂内机动车辆安全检验技术要求》;
——GB 16899—1997《自动扶梯和自动人行道的制造和安装安全规范》;
——GB 50273—2009《工业锅炉安装工程施工及验收规范》;
——TSG D0001—2009《压力管道安全技术监察规程—工业管道》;
——TSG R0003—2007《简单压力容器安全技术监察规程》;
——TSG R0004—2009《固定式压力容器安全技术监察规程》;
——TSG R0005—2010《移动式压力容器安全技术监察规程》;
——YC/T 323—2009《卷烟企业安全标识使用规范》。

2.2.1.10.1 锅炉

(1)锅炉房建筑和设施应符合下列要求:

——锅炉房不应直接设在聚集人多的房间(如公共浴室、餐厅等)或在其上面、下面、贴邻或主要疏散口的两旁;不应与甲、乙类及使用可燃液体的丙类火灾危险性房间相连;若与其他生产厂房相连时,应用防火墙隔开,余热锅炉不受此限制;

——锅炉间的外墙或屋顶至少应有相当于锅炉间占地面积10%的泄压面积(如玻璃窗、天窗、薄弱墙等),泄压处不应与聚集人员多的房间和通道相邻;

——锅炉房地面应平整无台阶,且应防止积水;

——锅炉房每层至少应有两个出口,分别设在两侧;锅炉前端的总宽度(包括锅炉之间的过道在内)不超过12 m,且面积不超过200 m² 的单层锅炉房,可以只开一个出口;锅炉房通向室外的门应向外开,在锅炉运行期间不准锁住或关住,锅炉房的出入口和通道应畅通无阻;

——在锅炉房内的操作地点以及水位表、压力表、温度计、流量计等处,应有足够的照明。锅炉房应有备用的照明设备或工具;

——锅炉房现场电气、消防的通用要求,执行本部分4.1.1和4.1.2的要求。

(2)锅炉及其附件应符合GB 50273的要求,其中:

——锅炉压力容器使用登记证应当悬挂在锅炉房内或者固定在压力容器本体上;锅炉压力容器使用登记证在锅炉压力容器定期检验合格期间内;

——炉墙无严重漏风、漏烟;炉体应完好,构架牢靠,基础牢固;油、汽、煤粉炉防爆式装置完好;

——额定供热量>30×10⁴ kcal/h 的热水锅炉和蒸发量>0.5 t/h 蒸汽锅炉应至少安装

两只安全阀;其余热水锅炉和蒸汽锅炉应至少安装 1 只安全阀;

——额定蒸发量>0.5 t/h 的锅炉至少应安装两只独立的水位表;水位表应安装合理,灵敏可靠,且便于观察;水位表有"最高水位"、"最低水位"和"正常水位"标志,并设置放水管,有定期冲洗记录;水位表距离操作地面高于 6 m 时,应加装远程水位显示装置;

——锅炉压力表表盘直径不应小于 100 mm,表的刻度盘上应划有最高工作压力红线标志;

——排污阀操作灵活、无泄漏;污水应排放至安全地点;

——蒸发量大于等于 2 t/h 的锅炉,应装设极限高低水位报警器和极低水位连锁保护装置;蒸发量大于等于 6 t/h 的锅炉,应装设超压报警和连锁保护装置;燃油、煤粉或以气体为燃料的锅炉应装设点火连锁保护和熄火连锁保护装置;报警和连锁保护装置应灵敏可靠。

(3)定期检查检验应符合下列要求:

——在用锅炉每月进行一次企业内部设备检查,并保存记录;

——每年进行一次外部检验(包括锅炉管理检查、锅炉本体检验、安全附件、自控调节及保护装置检验、辅机和附件检验、水质管理和水处理设备检验等),首次内部检验在锅炉投入 1 年后进行,以后每两年进行一次内部检验,每六年进行一次水压试验;当内部检验和外部检验同在一年进行时,应首先进行内部检验,然后再进行外部检验;对于不能进行内部检验的锅炉,应每三年进行一次水压试验;锅炉通过内部检查、外部检验和水压试验合格后,且在有效期内,方可运行;

——安全阀至少每年检验一次,铅封完好;设备有排气试验装置的,运行时每周应进行一次手动排气试验,每月进行一次自动排气试验,并做好运行记录;

——压力表至少每半年校验一次,铅封完好;

——检验、校验应由具有资质的单位进行,并保存记录。

(4)给水设备和水质处理应符合下列要求:

——应配置两套给水设备,保持给水系统畅通;

——蒸发量<2 t/h 的锅炉宜采用炉内加药处理,加药装置应完好,且有加药记录;蒸发量≥2 t/h 的锅炉应采取炉外水处理,pH 值测试记录齐全;

——盐泵、盐池、水处理系统应运行正常,给水和炉水的化验记录齐全;

——经处理后的水质应能达到 GB 1576 的指标要求。

(5)管道及标识应符合下列要求:

——各类管道无泄漏,蒸汽、热水管道应加保温、防护层,且完好无损,管道构架牢固可靠;

——对于纵横交错的管道交汇处应标出气、液体的流向;

——管道的流向等标识,应符合本部分 4.10.3 的要求;

——蒸汽压力管道的压力表设置上限红线标志,压力应控制在红线所示安全工作范围内。

(6)燃煤、燃油和燃气设施应符合下列要求:

——煤场使用的行车应按特种设备管理要求进行控制;

——皮带运输机、提升机和粉碎机等,应有防护装置以避免机械伤害;加煤机上限位装置应灵敏、可靠;除渣设备应能满足有关规定要求,并保持整齐干净,不影响周围环境;

——煤场应有喷水装置,以防止自燃;

——建立煤场核子秤放射源清单,明确各放射源的设备管理责任人;放射源部位金属密封

盒完好,固定牢固,必要时,宜采取将金属盒与设备焊接等措施,严禁随意拆卸;放射源所在部位应有中文安全警示标志;

——煤场应采取洒水等措施,防止煤尘扬散;煤场作业人员应佩戴防尘口罩;煤场每年对粉尘进行一次检测,并保存记录;

——燃油锅炉和燃气锅炉应合理配置通风设施,运行良好;燃气锅炉现场应配置燃气泄漏报警装置,并定期检定校准,保存记录;燃油锅炉的储油罐,按本部分4.2.6的要求执行。

(7)日常安全管理应符合下列要求:

——锅炉操作人员、水质化验人员及其相关管理人员,应当按照国家有关规定经特种设备安全监督管理部门考核合格,取得国家统一格式的特种设备作业人员证书,方可从事相应的作业或者管理工作;

——建立岗位责任制,按锅炉房的人员配备,分别规定班组长、司炉工、维修工、水质化验人员等职责范围内的任务和要求;

——制定锅炉房管理制度,内容应包括巡回检查制度、设备维修保养制度、交接班制度、水质管理制度、清洁卫生制度、安全保卫制度等具体要求;

——制定应急专项预案,每年应演练两次,并保存记录;

——锅炉房应有锅炉及附属设备的运行记录、交接班记录、水处理设备运行及水质化验记录、设备检修保养记录、设备人员每月一次的锅炉特种设备检查记录、事件事故记录;保存一年以上。

(8)安全运行应符合下列要求:

——安全运行应符合本部分4.1.4的通用要求;锅炉运行时,司炉人员应两人当班;人员进出锅炉房应执行出入登记制度;

——上班前仔细查看交接班记录,检查蒸汽管、煤气管、水管和各类阀门无泄漏;安全阀、压力表、水位计、煤气减压阀装置是否完好,确保设备运行安全;发现安全阀、压力表等失效,应采取紧急措施,并向有关部门报告;

——锅炉运行中如遇水位低于水位表最低可见边缘,采取措施水位继续下降、水位超过最高可见水位,经放水仍不见水位、给水设备损坏、水位表,安全阀,压力表其中一种全部失灵、受压元件泄漏、炉膛严重结焦、受热面金属超温又无法恢复正常、燃烧设备损坏、炉墙倒塌或锅炉构架被烧红等严重威胁锅炉安全运行的情况时,应紧急停炉;

——锅炉运行时,维修人员不应随意拆卸防护装置,严禁擅自调整锅炉上各种仪表的数据和阀门的位置;更换阀门或维修管路时,应停止供汽,停汽前严禁维修;操作前应将余汽放尽,并在阀门处悬挂警示牌;

——进行锅筒、炉膛或管道等有限空间检修时,应符合YC/T 384.1中4.15.3的要求,设专人监护;进入锅筒或管道内,照明灯具应使用12V电压。

【解读】

本要素中锅炉是指烟草企业常用的低压承压锅炉,不适用于常压锅炉、有机热载体锅炉、中压以上锅炉和电站锅炉等。锅炉内部、外部检验周期应依据当地质量技术监督部门出具的检验报告中规定的"下次检验时间"为准。特种设备作业人员的复审周期按国家最新相关法规执行,超过复审时限的视为无证上岗(持无效证件上岗)。

企业在执行时,可根据实际情况确定或增加规范要求,如燃煤锅炉煤廊输送有核子秤计量装置的需建立放射源清单;间歇运行的锅炉或季节性使用的锅炉,停运期间应采取干式或湿式保养,停运超过一年以上重新启用前,需按规定进行检验合格后方可运行。

2.2.1.10.2 压力容器

(1)登记和检验应符合下列要求:

——压力容器应按特种设备进行使用登记,现场悬挂登记标志和检验合格标志,并按规定定期检验;按 TSG R0003 界定属于简单压力容器的,可不进行使用登记和定期检验,但达到规定推荐使用年限的应报废;

——安全阀一年校验一次;

——压力表每半年校验一次;

——检验、校验由具有资质的单位进行,并保存记录。

(2)固定式压力容器应符合 TSG R0004 的要求,移动式压力容器应符合 TSG R0005 的要求,简单压力容器应符合 TSG R0003 的要求,其中:

——本体、接口部位的焊缝、法兰等部件应无变形、无腐蚀、无裂纹、无过热及泄露等缺陷,油漆应完好;支座支撑应牢固,连接处无松动、移位、沉降、倾斜、开裂等缺陷,注册登记证号应印制在本体上;

——连接管元件应无异常振动,无摩擦、松动现象;

——压力表指示灵敏,刻度清晰,并在容许最高压力处标志红线,铅封完整,在检验周期内使用;压力表量程选用容器设计压力的 2 倍,最小不能小于 1.5 倍,最大不能超过 3 倍;

——温度表(计)指示应清晰可靠,符合设备运行要求,严防超温;

——安全阀铅封完好,动作可靠,介质泄放点安全合理;安全阀与本体之间不应装设截止阀;

——爆破片应满足容器压力、温度参数的要求;爆破片单独作为泄压装置时,爆破片与容器间的截止阀应开启,并加铅封;

——液位计(油标)能清晰显示液位,并有明显的最高和最低安全液位标记;

——对于盛装易燃介质、毒性介质的压力容器,安全阀或爆破片的排放口应装设导管,将排放介质引至安全地点,并进行妥善处理。

(3)安全运行应符合下列要求:

——安全运行应符合本部分 4.1.4 的通用要求;压力容器操作人员及其相关管理人员,应当按照国家有关规定经特种设备安全监督管理部门考核合格,取得国家统一格式的特种作业人员证书,方可从事相应的作业或者管理工作;

——设备人员每月一次对压力容器进行一次检查,并保存记录。

【解读】

按《特种设备安全监察条例》第九十九条的定义,压力容器是指盛装气体或者液体,承载一定压力的密闭设备,其范围规定为最高工作压力大于或者等于 0.1 MPa(表压),且压力与容积的乘积大于或者等于 2.5 MPa·L 的气体、液化气体和最高工作温度高于或者等于标准沸点的液体的固定式容器和移动式容器;盛装公称工作压力大于或者等于 0.2 MPa(表压),且压力与容积的乘积大于或者等于 1.0 MPa·L 的气体、液化气体和标准沸点等于或者低于 60 ℃ 液体的气瓶等。

本条款中"压力表每半年校验一次"的要求,可根据压力容器的压力、介质、温度等情况分类,按当地质量技术监督部门的具体要求执行。

2.2.1.10.3　压力管道

(1)登记和检查应符合下列要求:

——压力管道应按特种设备到政府主管部门进行使用登记;

——技术资料应有管道总平面布置图及长度尺寸、导除静电平面布置图、导除静电和防雷接地电阻测试记录、安装和验收资料等,且标记完整,位置准确;

——指定设备或专业人员对管道每月进行一次检查,并保存记录;

——压力管道的技术和管理要求,应符合 TSG D0001 的要求。

(2)漆色、色环,流向指示、危险标识应符合下列要求:

——压力管道的漆色、色环,流向指示、危险标识等应明显、流向清晰,其中,管道基本识别色标识方法按 GB 7231—2003 中 4.2 规定的五种方法执行;

——各类基本识别色和色样及颜色标准按 GB 7231—2003 中表 1 和 YC/T 323—2009 中表 3 执行;

——工业管道的识别符号宜由物质名称、流向和主要工艺参数等组成,其中危险物品管道应有物质名称的标识,应包括物质全称或化学分子式;

——工业管道内物质的流向宜用箭头表示,其中危险物品流向应有标志;如果管道内物质的流向是双向的,则以双向箭头表示;当基本识别色的标识方法已包括流向,可用作物质流向的标志;

——管道内的物质,凡属于危险化学品,其管道基本识别色的标识上或附近应设置危险标识;危险物品管道上应涂 150 mm 宽黄色,在黄色两侧各涂 25 mm 宽黑色的色环或色带;

——工业生产中设置的消防专用管道应遵守 GB 13495 的规定,并在管道上标识"消防专用"识别符号。

(3)管道的架设、强度、保护层应符合下列要求:

——地下、半地下敷设的管道应采取防腐蚀措施;地下敷设的管道应在地面设置走向标识;一般管道的泄露点每 1000 m 不应超过三个;承压管道有足够强度,不得有深度大于 2 mm 以上的点状腐蚀和超过 200 mm^2 以上的面状腐蚀;

——热力管道的保温层应完好无损;

——架空管道支架牢固合理;管道的支承、吊架等构件均应牢固可靠,无锈蚀;

——架空敷设管网下方为交通要道时,应有相应的跨高及宣告醒目的警示标志;

——电气不连贯处均应装设电气跨接线和按规定合理布置消除静电的接地装置。

(4)输送可燃、易爆或者有毒介质压力管道应符合下列要求:

——应对各类输送可燃、易爆或者有毒介质压力管道,如燃气管道、二氧化碳管道的安全控制措施作出规定,控制措施应包括标识、阀门检查、管道检查、管道维护保养等具体要求。

——应规定巡检的职责和频次,巡检应检查阀门、管道是否有泄漏、压力是否在正常范围、管道周边的禁烟等防火防爆措施是否执行、现场的消防器材和设施是否完好、有效等;并保存巡检记录;

——制定管道泄漏事故应急预案,并且定期演练;

——管道危险标识明显,标识正确,符合规范要求;管道应严密,无泄露;

——输送助燃、易燃、易爆介质的管道,凡少于 5 枚螺钉连接的法兰应接跨接线,每 200 m

长度应安装导除静电接地装置;接地电阻应小于 100 Ω,每年应定期监测接地电阻值并做好记录存档;

——管道周边无火源或明火作业。

【解读】

按《特种设备安全监察条例》第九十九条的定义,压力管道是指利用一定的压力,用于输送气体或者液体的管状设备,其范围规定为最高工作压力大于或者等于 0.1 MPa(表压)的气体、液化气体、蒸汽介质或者可燃、易爆、有毒、有腐蚀性、最高工作温度高于或者等于标准沸点的液体介质,且公称直径大于 25 mm 的管道。烟草企业常见的压力管道主要包括:蒸汽管道、压缩空气管道、二氧化碳管道、燃气管道、输油管道等;其中二氧化碳管道、燃气管道和输油管道等属于危险物品管道,除了应有色标外,还应有应有物质名称的标识、危险标识、流向标识等。关于"导除静电"的要求,主要针对介质为易燃、易爆的压力管道,其他压力管道不作要求。

企业在执行时,可根据实际情况确定或增加规范要求,如消防水管网不属于压力管道范畴,但标识需规范统一。

2.2.1.10.4 工业气瓶

(1)气瓶管理应符合下列要求:

——气瓶使用单位建立气瓶清单或台账,对气瓶的入库与发放实行登记制度;

——登记内容应包括气瓶类别、编号、定检周期、外观检查、出入库时间和领用单位、管理责任人等。

(2)气瓶应符合下列要求:

——气瓶有检验合格标志;其中氧气瓶、氢气瓶、乙炔瓶等每 3 年检验一次,氮气等惰性气瓶每 5 年检验一次;使用年限超过 15 年的气瓶应报废;

——外观无缺陷及腐蚀;漆色及标志正确、明显,且有气瓶警示标签;气瓶表面漆色、字样和色环标志应符合 GB 16804 和 GB 7144 的要求,其中常用的乙炔气瓶应为白色,氧气瓶应为淡蓝色;

——气瓶附件含气瓶专用爆破片、安全阀、易熔合金塞、瓶阀、瓶帽、防震圈等。

(3)气瓶储存应符合下列要求:

——气瓶应储存在专用位置;同一地点放置的气瓶数量不应超过 5 瓶;超过 5 瓶但不超过 20 瓶时,应有防火措施;超过 20 瓶以上时应设置瓶库,库内不应有地沟、暗道,严禁明火和其他热源,库房门口应有明显的安全标志;库房应远离热源,严禁明火,有防止阳光直射库内的措施,库内通风良好,保持干燥;

——各种气瓶及空、实瓶应分开存放,存放量符合规定;空、实瓶的存放应有明显标识,并保持间距 1.5 m 以上;

——气瓶立放时,应采取可靠的防止倾倒措施;存放时安全帽应旋紧;

——库内及附近应设防毒护具或消防器材。

(4)气瓶使用应符合下列要求:

——气瓶使用前应指定部门或者专人进行安全状况检查,对盛装气体进行确认,不符合安全技术要求的气瓶严禁入库和使用;应按照说明书的要求检查;

——作业现场的气瓶不应靠近热源,可燃、助燃气体气瓶与明火间距应大于 10 m,与氧气瓶距离不小于 3 m;

——气瓶壁温应小于60℃,严禁用温度超过40℃的热源对气瓶加热;瓶内气体不应用尽,应按照规定留有剩余压力或重量。

(5)乙炔气瓶及其储存、使用应符合GB 11638的要求,其中:

——使用前,应对乙炔气瓶的颜色标记,检验标记和气瓶的安全状况,安全附件进行认真检查,凡不符合规定的乙炔气瓶不准使用;

——乙炔气瓶的放置地点,不应靠近热源和电器设备,与明火的水平距离不小于10 m;

——乙炔气瓶严禁在通风不良或有放射性射线场所使用,严禁敲击、碰撞;严禁在气瓶体上引弧或放置在绝缘体上使用;

——乙炔气的出口处应配置专用的减压器和回火防止器,正常使用的减压器指示的放气压力不超过0.15 MPa,放气流量不应超过0.05 m³/(h·L);

——乙炔气瓶在使用过程中,开闭瓶阀要轻缓,操作人员应站在阀口的侧面;暂时中断使用时,应关闭焊割工具的阀门和气瓶阀;

——夏季使用乙炔气瓶应采取防晒、雨淋、水浸措施;冬季如果瓶阀或减压结冻,严禁用40℃以上的热水或其他热源加热,更不能用火烧烤。

【解读】

按《特种设备安全监察条例》第九十九条的定义,工业气瓶属于压力容器;对于烟草企业,主要包括生产及维修过程中使用的氧气瓶、乙炔瓶、氩气瓶、氦气瓶、氮气瓶、氢气瓶、二氧化碳瓶、一氧化碳瓶、液化石油气瓶等,并包括相关方单位在企业现场存放和使用的气瓶;企业医疗机构医用氧气瓶应视同工业气瓶进行管理。

关于"气瓶登记、检验周期及报废年限"的要求,主要针对企业购买使用的自有专用气瓶,对于外租气瓶,仅要求检查其是否在合格的检验周期内。

本条款特别强调了建立气瓶清单或台账,对气瓶的入库与发放实行登记、验收;企业在执行时应明确主管部门和人员,并与外租气瓶相关方单位签订合同或协议,明确描述租赁方提供合格的气瓶的要求。

2.2.1.10.5 起重机械

(1)安全管理和标识应符合下列要求:

——属于特种设备的起重机械,含地面操作的起重机械,应按规定进行使用登记,操作人员及其相关管理人员,应当按照国家有关规定经特种设备安全监督管理部门考核合格,取得国家统一格式的特种作业人员证书,方可从事相应的作业或者管理工作;

——按周期由具有资质的检验机构进行检验,并保存检验报告;

——起重机械的制造、安装、改造、维修应由具备资质的单位承担;

——起重机械应在醒目位置挂有额定起重重量的吨位标示牌;各类标志应符合GB 15052的要求;

——各类起重机司机室,应配备小型的消防器材,在有效使用期内,置放位置安全牢靠。

(2)设备结构件、轨道和制动系统应符合GB 6067.1的要求,其中:

——主要受力构件(如主梁、主支撑腿、主副吊臂、标准节、吊重横梁等)无明显变形;金属结构连接焊缝无明显可见的焊接缺陷,螺栓和销轴等连接处无松动,无缺件、损坏等缺陷;

——大车、小车轨道无明显松动;

——安全保护、连锁装置和缓冲器应完好有效;急停装置不应自动复位;

——起重机械上外露的、可能卷绕伤人的运动构件防护罩盖应完好;室内车不应有预留孔(如有紧固螺栓之用,且无小物体坠落可能时,孔径应≤50 mm);露天起重机走道板应留有50 mm的排水孔;

——制动器运行可靠,制动力矩调整合适;液压制动器不应漏油;

——地面操作的电葫芦按钮盒不应有破损,不应使用临时性的措施对损坏部位进行捆扎;按钮灵敏可靠,急停开关完好可靠;接线完好,无破损。

(3)信号、照明和电气应符合下列要求:

——音响信号装置应安装牢固,音响清晰,音量适度,开关灵敏可靠;电源宜采用24 V或是36 V;除地面操作的电动葫芦吊车酌情安装外,其余各类起重机均应安装音响信号装置;

——指示信号装置应有滑线指示灯、司机室送电指示灯等;起重机主滑线三相都应设亮度明显的指示灯,规范颜色为黄、绿、红色(L1－L3),当轨长>50 m时,滑线两端应设指示灯;

——司机室灯和检修灯应采用24 V或36 V安全电压;桥下照明灯应采用防振动的深碗灯罩,灯罩下部应装 10 mm×10 mm 的耐热防护网;照明电源在主接触器释放时不应断开,须用独立的电源;

——PE连接可靠,电气设备完好有效。

(4)滑轮和吊钩应符合下列要求:

——防止钢丝绳跳出轮槽的滑轮护罩等装置安装牢靠,无损坏或明显变形;

——滑轮应转动灵活;滑轮直径与钢丝绳的直径应匹配,其轮槽不均匀磨损不应大于3 mm,轮槽壁厚磨损不应大于原壁厚的20%,轮槽底部直径磨损不应大于钢丝绳直径的50%,并不应有裂纹;

——不许使用铸造的吊钩,不许用冲击韧性低的材料制作;吊钩表面应光洁,无剥裂、毛刺等缺陷,如有缺陷或已磨损均不许补焊;

——吊钩等取物装置不应有裂纹、明显变形或磨损超标等缺陷,紧固装置完好;固定螺母的定位螺栓、开口销等应紧固完好;

——吊钩危险断面的高度磨损量达原尺寸的10%、开口度比原尺寸增加15%、扭转变形超过10°、危险断面或吊钩颈部产生塑性变形等情况时应予以报废;

——吊钩应设置防脱钩的保险装置,且完好有效。

(5)吊索具应符合下列要求:

——吊索具使用部门设立吊索具管理点,建立管理点吊索具清单或台账,登记使用的吊索具种类、数量、承重量,并明确管理人;吊索具管理点,设置吊索具放置架,并在每根吊索具上标识其承重量;备用的吊索具,应在放置架上存放,防止踩踏、受潮;

——索具应完好无明显损伤;钢丝绳的断丝数、腐蚀(磨损)量、变形量、使用长度和固定状态等应符合 GB/T 5972 的要求。

(6)安全运行应符合下列要求:

——建立定期维护保养制度并认真执行,包括设备人员的每月检查和操作人员的工作日检查,并保存记录;

——安全运行的通用要求,执行本部分4.1.4;

——起吊过程中,操作人员不应擅自离开岗位,起吊时起重臂下不应有人停留或行走,禁止在物件上站人或进行加工;

——两机或多台吊时,应有统一指挥,动作配合协调,吊重应分配合理,不应超过单机允许起重量的80%;操作中要听从指挥人员的信号,信号不明或可能引起事故时,应暂停操作;

——起重臂、物件应与架空电线保持安全距离;起吊物件应拉溜绳,速度要均匀,禁止突然制动和变换方向;

——起吊重物严禁自由下落,重物下落用手刹或脚刹控制缓慢下降;严禁斜吊和吊拔埋在地下或凝结在地面、设备上的物件;

——起重机停止时,应将起吊物件放下,刹住制动器,操纵杆放在空挡,并关门上锁;地面操作的电动葫芦停止作业时,应将操作盒靠边放置,并确保高度大于1.8 m;

——保养维修时应停电作业;高处作业应符合本部分4.6.6的要求。

【解读】

按《特种设备安全监察条例》第九十九条的定义,起重机械是指用于垂直升降或者垂直升降并水平移动重物的机电设备,其范围规定为额定起重量大于或者等于0.5 t的升降机;额定起重量大于或者等于1 t,且提升高度大于或者等于2 m的起重机和承重形式固定的电动葫芦等;对于烟草企业主要指固定式起重设备,电动葫芦及相关方施工使用的移动式起重设备,如轮式或履带是汽车吊;建筑施工用塔吊;生产现场提升机应根据定义,判断其是否属于特种设备。

企业在执行时,可根据实际情况确定或增加规范要求,如手动葫芦提升机的安全装置可参照本要素中相关要求执行。

2.2.1.10.6 电梯

(1)选购、安装和管理应符合下列要求:

——电梯的安装由取得国家规定资格的单位承担,并保证安装的电梯经检验机构检验检测合格,符合GB 10060的要求;

——电梯应按特种设备进行使用登记;电梯操作人员及其相关管理人员,应当按照国家有关规定经特种设备安全监督管理部门考核合格,取得国家统一格式的特种设备作业人员证书,方可从事相应的作业或者管理工作;公共场所的电梯应设专职安全管理人员;

——电梯的日常维护保养应由依法取得许可的安装、改造、维修单位或者电梯制造单位进行。电梯应当至少每15日进行一次清洁、润滑、调整和检查,并保持记录;

——在用电梯的定期检验周期为一年,应当按期由具有资质的机构进行检验,并保存记录。

(2)电梯轿箱应符合下列要求:

——在电梯轿厢显著位置标明有效的安全检验合格标志;

——有电梯安全使用的警示说明或者张贴安全注意事项;

——轿厢内应装有紧急报警装置;当电梯行程大于30 m时,在轿厢和机房之间应设置对讲系统或类似装置;

——轿箱内应有应急照明。

(3)轿厢门及安全装置应符合下列要求:

——电梯停层保护装置应完好有效,保证空载或满载的轿厢可靠地停靠在站层上;

——轿箱门应开启灵敏,防夹人安全装置完好有效;

——层门、轿门的门扇之间,门扇与门套之间,门扇与地坎之间的间隙不大于6 mm,货梯不大于 8 mm。

(4)电梯机房应符合下列要求：

——机房内应通风、屏护良好，无杂物；设有温度计，温度应保持在 5～40℃；

——机房内应配置消防设施，并完好有效；房门应张贴闲人免进的标志，无人时应上锁；非操作人员进入应登记；

——通向机房、滑轮间和底坑的通道应畅通，且应有永久性照明；

——控制柜(屏)的前面和需要检查、修理等人员操作的部件前面应提供不小于 0.6 m×0.5 m 的空间；曳引机、限速器等旋转部位应设置防护罩；

——运行中的钢丝绳与楼板不应有摩擦的可能；通向井道的孔洞四周应筑有高 50 mm 以上的台阶；

——机房中每台电梯应单独装设主电源开关，并有易于识别(应与曳引机和控制柜相对应)的标志，该开关位置应能从机房入口处迅速开启或关闭。

(5)自动扶梯应符合 GB 16899 的要求，其中：

——周边不应有任何可能碰撞人员的物品；在与楼板交叉处应设置无锐利边缘的垂直防护挡板；

——应设置安全警示标志，提示"老人和小孩等应由监护人陪同乘坐"、"小心碰头"等；自动扶梯周边，应有足够的照明；

——出入口应有安全的立足面，不应有任何障碍物；每天开启之前，由专人对自动扶梯的安全状态进行检查确认，试运行无问题后方可使用；

——自动扶梯的制动系统在失电时应能自动工作；

——自动扶梯内部积聚的杂物应及时清扫，防止润滑脂、油、灰尘、纸等引发火灾；

——不穿过于宽松衣裙进入自动扶梯；不将手提包或随身携带的重物放置在扶手带上；禁止在自动扶梯上使用轮椅；

——应有在紧急情况时的紧急停止装置，设置在出入口附近明显而易于接近的位置上，并完好有效。

(6)安全运行应符合下列要求：

——电梯无自动操作系统的，应设专职操作人员；专用货梯宜设专职操作人员；有人操作的电梯现场应有操作规程文本，符合本部分 4.1.4 的要求；

——有人操作的电梯厅门和轿厢门关好后方能开动行驶，严禁使用应急开关、门电开关或限位开关来开动电梯(紧急情况下除外)；

——有人操作的电梯停驶时，应须停在最底层，搬出所有载重物件，门关闭锁好后，切断控制电源，方可离开工作岗位；电梯驾驶员每班要做好运行记录；

——载货电梯行驶中不应客货混载；

——电梯检修时，应切断电源，并将电梯落到底层，在厅门前挂上严禁开动的警示牌；在乘载厢顶部维修时，应特别注意对重块上下运动，不应将乘载厢开到最高层；在乘载厢顶上维修时，应将紧急出入口关好，以防坠落。

【解读】

按《特种设备安全监察条例》第九十九条的定义，电梯是指动力驱动，利用沿刚性导轨运行的箱体或者沿固定线路运行的梯级(踏步)，进行升降或者平行运送人、货物的机电设备，包括载人(货)电梯、自动扶梯、自动人行道等。

企业在执行时,可根据实际情况确定或增加规范要求,如为便于电梯故障困人等紧急情况下的应急处置,电梯机房内在醒目位置悬挂松闸扳手,并有明显标识,电梯轿厢内张贴电梯维保单位和维修人员的联系方式。

2.2.1.10.7 厂内专用机动车

(1)安全管理应符合下列要求:

——按特种设备进行使用登记;操作人员及其相关管理人员,应当按照国家有关规定经特种设备安全监督管理部门考核合格,取得国家统一格式的特种设备作业人员证书,方可从事相应的作业或者管理工作;

——办理和悬挂由国家统一制作的厂内机动车牌照;

——由设备人员每月对车辆进行一次检查,并保存记录;

——定期由具有资质的单位进行车辆检验,并保存记录。

(2)车辆应符合 GB/T 16178 的要求,其中:

——动力系统发动机的安装应牢固可靠,连接部位无松动、脱落、损坏;发动机性能良好,动转平稳,没有异响,能正常启动、熄火;点火系统、燃料系统、润滑系统、冷却系统应性能良好,工作正常,安装牢固;线路、管路无漏电、漏水、漏油现象;

——转动系统离合器分离彻底,接合平稳,不打滑、无异响;变速器变速杆的位置适当,自锁、互锁可靠(不跳挡、不乱挡);行驶中不抖动、无异响;

——行驶系统车架和前后桥不应有变形、裂纹,前后桥与车架的连接应牢固;钢板弹簧片整齐,卡子齐全,螺栓紧固,与转向桥和车架的连接应牢固;充气轮胎胎面中心花纹深度不应小于 2 mm,轮胎胎面和胎壁不应有长度超过 3 cm、深度足以暴露出轮胎帘布层的破裂和割伤;实芯轮胎的中心花纹深度磨损不应影响车辆的正常行驶,确保不打滑;

——转向系统应轻便灵活,行驶中不应有轻飘、摆振、抖动、阻滞及跑偏现象;转向机构不应缺油、漏油,固定托架应牢固,转向垂臂、横向拉杆等转向零件不应采用拼凑、焊接方法修复;

——制动系统应设置行车制动和停车制动装置,且功能有效,驻车制动器应是机械式;电瓶车的制动连锁装置应齐全、可靠,制动时连锁开关应切断行车电动机的电源;

——润滑和油路系统中,油管清洁无破损,无渗漏油现象;底盘各部无漏油现象;液压系统的油管顶杆上无渗漏油现象;

——车辆灯光电气应设置转向灯、制动灯,灯具灯泡要有保护装置,安装要牢固,不应因车辆震动而松脱、损坏,失去作用或改变光照方向;所有灯光开关安装牢固,开启、关闭自如,不应因车辆震动而自行开启或关闭;车辆应安装喇叭,且灵敏有效,音量不应超 105 dB(A);电气线路和接触点情况良好,无松动、无异常发热现象;

——蓄电池和电解液符合要求,蓄电池金属盖板与蓄电池带电部分之间应有 15 mm 以上的空间,如盖板和带电部分之间具有绝缘层时,则其间隙至少要有 10 mm;绝缘层应牢固,以免在正常使用时发生绝缘层脱落或移动;电解液量符合标准;电池组无渗漏液;

——保持电刷架清洁,电刷压力正常;

——进入防爆场所的车辆配备防爆电气。

(3)属具和手把式搬运车应符合下列要求:

——厂内机动车属具应按设计要求使用,不应随意在不同的车型之间调换;属具应保持完

好,不应有破损、开裂、松动等现象,各项基本功能正常使用;属具应保持清洁,不应有杂物、棉纱等缠绕影响属具的正常功能;

——升降装置防止载货架越程的限位装置完好、有效;

——手把式搬运车的手把转向灵活,不应有破损、断裂;制动器,包括手离开车把后自动停车开关应完好、有效;人员站立面防滑橡胶应良好,无破损。

(4)充电间应符合下列要求:

——充电间应有通风装置,保持空气流通;应配备消防器材,具体执行本部分 4.16 的要求。

——电瓶的充电和补液应设置充电点或充电间,在充电区域内禁止吸烟并用标牌警告;保持充电设施清洁,无积尘杂物;充电夹子弹性正常,安放整齐;宜采用封闭式专业加液小车进行无渗漏加液;

——蓄电池充电时,应根据蓄电池的允许容量,确定电流强度,如整流器发热或其他部分损坏,应立即切断电源;充电时遇汽泡过分激烈,应减低充电量或暂停充电;新电池充电,没有特殊情况不应中断;在未切断电源前,严禁在充电机上取用蓄电池。

(5)保养和运行应符合下列要求:

——按累计运行时间进行中修和大修,每 6000 小时至少进行一次中修,每 10000 小时至少进行一次大修,并保存修理记录和资料;

——每半月由设备人员或委托具有资质的单位进行一次预防性保养,对起重、刹车、灯光、喇叭、转向、行驶等各系统进行检查,并保存保养记录;车辆累计行驶 500 h 至少进行一次一级保养,1000 小时至少进行一次二级保养,由生产厂家、具有资质单位或经过培训具有相应能力的人员进行,并保存记录;

——各级保养的记录中应包括作业过程、检验数据、更换零部件情况以及作业责任人;保养记录作为车辆技术档案存档;

——车辆行驶有操作规程文本,符合本部分 4.1.4 的要求;

——在厂区直线宽阔道路行驶每小时不应超过 8 km(属厂内机动车的汽车可 15 km),室外混合作业区不应超过 5 km;转角处、十字路口、进入仓库或车间不应超过 5 km/h;

——厂内车辆未经许可,不应开出厂区;未经改装不应进入易燃易爆场所;厂内车辆不准作为牵引车使用;

——燃油车辆加油时应熄火。

(6)车辆装卸应符合下列要求:

——装卸物体严禁超过车辆核定重量,严禁为保住重心而在铲齿、配重处站人;

——装卸物体高度应低于司机视平角,货物离地面保持在 30 cm 左右;如物体高度超过,应倒车行驶或有人在前方引导;电瓶叉车、电瓶托盘车运送材料、成品时不应超过一个平板单位,夹包车装卸烟叶包时夹运高度不应超过 2 包、总数不应超过 4 包;

——严禁两车装铲同一物体,严禁两个动作同时进行(如边前进,边升降);严禁在铲齿上站人;

——确保货物平稳装卸,不偏心,不摇晃;铲齿应全部深入装卸物体托架;

——手把式搬运车的操作作业前,应检查制动装置,包括手离开车把后自动停车开关是否有效;作业时,作业人员应保持身体平衡,其中 T 20 型车应双手扶把,不应一手脱把;停车时,

车辆完全停止,操作人员方可下车;

——车辆停用时,应停放在指定位置,不应停放在坡地上;叉车、铲车、夹包车停用时,应将叉、铲斗和夹板落地。

【解读】

按《特种设备安全监察条例》第九十九条的定义,场(厂)内专用机动车辆是指除道路交通、农用车辆以外仅在工厂厂区、旅游景区、游乐场所等特定区域使用的专用机动车辆;对于烟草企业,主要包括内燃机叉车、抱车,电动叉车、抱车;厂内汽车等,不包括人力驱动的车辆。

2.2.1.11 除尘、异味处理设施

【解读】

本模块重点对集中除尘设备、异味处理设施的安全技术和现场规范进行了明确,其中异味处理设施属于烟草工业企业特有,规范了通用要求。本模块主要依据法规标准:

——GB/T 15605—2008《粉尘爆炸泄压指南》;

——GB 18245—2000《烟草加工系统粉尘防爆安全规程》。

2.2.1.11.1 除尘系统

(1)除尘间设置和现场应符合下列要求:

——各独立的除尘系统应单独设立除尘间;

——除尘间宜单独设置并位于生产厂房外;如确因条件所限,也可设于生产厂房内,但应与其他生产设备防爆隔离,并应按照GB/T 15605的要求采取泄压措施;

——现场电气、消防、职业危害控制等要求,具体执行本部分4.1的要求。

(2)设备设施应符合下列要求:

——管网、风机应符合GB 18245—2000中第8.2条—第8.5条的要求;管道应采用金属材料制作,接地电阻符合要求;管道上不应设置端头和袋状管,避免粉尘积聚;管网拐弯处和除尘器入口处应设置泄压装置;各通风除尘支路与总回风管连接处应装设自动阻火阀;

——除尘房电气设备应确保风机位于最后一个除尘器之后,并选用防尘结构(标志为DP)的粉尘防爆电气设备;现场使用密闭式的配电箱、柜;现场灯具应有防尘罩;

——设备设施的安全防护装置应符合本部分4.1.3的要求。

(3)防火防爆应符合下列要求:

——现场严禁烟火,张贴禁止标志;

——现场配置消防设施和器材,具体执行本部分4.16的要求;

——配置强制通风设施或自然通风,设施开启正常,确保通风良好。

(4)安全运行应符合下列要求:

——开机前应检查压缩空气压力是否在正常范围内;布袋两侧压力压差控制在有效的压力内,当接近或超过范围时应及时清理或替换布袋;

——当发现有挡布、杂物堵塞管道或引起设备停机时,应排除异物后再开机;

——在生产结束后分段关闭风机,待除尘器内烟尘基本出完,无积灰,无堵塞后,再关闭电源;

——集尘应每班清理;清理后的粉尘应在除尘间以外的固定地点存放;

——操作人员清理设备和积灰时应佩戴防尘口罩。

(5)设备安全保养检修应符合本部分4.1.6的要求。

【解读】

本条款规范了除尘系统的通用要求,企业在执行时,可根据实际情况确定或增加规范要求,如除尘管道自动阻火阀应定期进行手动试验,保持其灵敏、可靠,宜不超过每月1次。

2.2.1.11.2 异味处理

(1)设备防护等应符合下列要求:

——防水装置齐全、可靠;露天配电箱、照明灯、电机等电气设施符合防水要求;

——在高层建筑物顶部的设备应设防雷装置;

——附属平台、阶梯符合梯台、防滑、防腐要求,具体执行本部分4.6的要求;

——现场消防、电气、设备设施、职业危害控制应符合本部分4.1的要求。

(2)危险化学品储存和使用应符合下列要求:

——氢氧化钠、硫酸等化学品溶液储存现场应按危化品库房管理,本部分4.2.5的要求;宜双人双锁,每次领用应进行核查登记;

——操作人员应佩戴化学安全防护眼镜和橡皮手套;配置和使用场所宜设置紧急洗眼装置,确保化学品溅入眼睛后的应急需求。

(3)安全运行应符合本部分4.1.4的要求。

(4)设备安全保养检修应符合本部分4.1.6的要求。

【解读】

本条款中异味处理主要包括:通过吸收法、生物法、多级洗池法、热分解和催化氧化法、臭氧氧化法、低温等离子体—催化净化法等技术净化废气中烟草异味的设施;本条款仅规范了异味处理使用化学品等通用要求,企业在执行时,可根据实际情况确定或增加规范要求。

2.2.1.12 试验检测

【解读】

本模块重点对烟草企业实验室化学分析、检测检验过程中涉及的试剂管理、检测装置及现场提出了规范性要求。本模块主要依据法规标准:

——国家烟草专卖局《烟草行业实验室安全管理规定》;

——国务院令第344号《危险化学品安全管理条例》。

2.2.1.12.1 化学试剂的采购、储存、使用和废弃

(1)化学试剂采购、储存应符合下列要求:

——化学试剂的采购符合YC/T 384.1中4.15.1的要求;

——批量化学试剂应当储存在专用仓库,按危化品库房管理,符合本部分4.2.5的要求;试验室现场使用的化学试剂数量应控制在较小数量,并形成存放清单,规定存放的最大限量,明确各类试剂存放的负责人;化学试剂存放点严禁吸烟和使用明火;禁止在易燃易爆化学品存放区域内堆积可燃废弃物品;

——化学试剂入室后应按其化学性质分类存放,并固定存放点,现场悬挂存放点标志;各类化学试剂应有安全标签,或在包装物、容器上标明其名称;对于在储藏过程中不稳定或形成过氧化物的化学药品应分开储藏,并加注特别标记,标签上标明购买日期;

——有毒品应装入密封容器,贴好标签,放在专用的药品架上保管,并在标志上进行数量

登记；

——装有腐蚀性液体的容器的储藏位置应当尽可能低，并加垫集盘；

——将易燃液体的容器置于较低的试剂架上，始终密闭容器的盖子，除非需要倾倒液体；

——在储存期内，发现其化学试剂品质变化、包装破损、渗漏、稳定剂短缺等，应及时处理；泄漏或渗漏危险品的包装容器应迅速移至安全区域；

——剧毒品采购、储存，应符合 YC/T 384.1 中 4.15.2 的要求。

(2)化学试剂使用应符合下列要求：

——领用剧毒品试剂时应提前申请上报，一次配制成使用试剂，不准存放；凡是领用剧毒物品应遵守"五双"制度；即双本账、双人管、双把锁、双人领、双人用；

——剧毒品发放应遵循"先入先出"的原则，发放时应有准确登记，包括试剂的计量、发放时间和经手人等，并保存记录；

——现场应有剧毒品、腐蚀性试剂等操作规程；使用剧毒、腐蚀性试剂等的人员应穿好工作服，戴好防护眼镜、手套等劳动保护用具，使用的化学试剂应向操作人员提供安全技术说明书(MSDS)；

——需要转移或分装到其他容器时，应标明其内容；对于危险化学品，在转移或分装后的容器上应贴安全标签；盛装危险化学品的容器在未净化处理前，不应更换原安全标签；

——易燃、有毒的实验应在通风橱中进行，允许在通风柜里使用的易燃液体不应超过 5 L；

——使用场所应设有急救设施，并在现场悬挂或保存应急处置措施文本；

——过量领用的危险化学品，当日如果没有开封，应退回储存室保管，不应留在试验室内过夜。

(3)化学试剂废弃应符合下列要求：

——试验后的废液、残渣不得倒入下水道或厕所，应分别放入专门容器储存，并放置在固定位置；

——废弃残液、容器、包装物应集中存放，设置危险废物标志，按危险废物处置；

——委托有危险废物经营许可证的单位回收、处置危险废物，防止造成危险和环境污染。

【解读】

本条款规范的是化学试剂的安全要求，仅适用于使用化学品的试验检测部门；其中重点是剧毒品安全。

2.2.1.12.2　试验检测设备设施及作业

(1)试验检测现场电气、消防、设备设施、安全运行、职业危害控制、设备检修的通用要求，应符合本部分 4.1 的要求。

(2)专用设备设施及操作应符合下列要求：

——洗瓶机等设备的门连锁装置完好；打开门，设备能立即停止运转；

——高低温试验箱、恒温恒湿箱、烘箱使用时手不应进入箱内；防止烫伤；

——冷库工作时，应有正在工作的标志；

——使用离心机等高速旋转的设备时，应按操作规程正确操作；防止物体飞出；

——停电时，一定要切断设备设施电源开关和拉开离合器等装置，以防再送电时发生事故。

——不要接触或靠近电压高、电流大的带电或通电部位；可能接触带电或通电部位时，要

穿上绝缘胶靴及戴橡皮手套等防护用具;使用高电压、大电流的实验,至少要由2~3人以上进行操作;

——在开关或发热设备的附近,不要放置易燃性或可燃性的物质。

(3)高压试验装置及操作应符合下列要求:

——高压釜应在指定的地点使用,并按照使用说明进行操作,使用压力及最高使用温度等条件应在其容许的条件范围内;

——放入高压釜的原料,不可超过其有效容积的三分之一;

——高压釜内部及衬垫部位应保持清洁,盖上盘式法兰盖时,应将位于对角线上的螺栓一对对依次拧紧。

(4)高温装置及操作应符合下列要求:

——使用高温装置的实验,要求在配备有防火设施的室内进行,并保持室内通风良好;

——高温炉等高温装置在耐热性差的实验台上进行实验时,装置与台面之间要保留10 mm以上的间隙,以防台面着火;高温实验禁止接触水;

——使用高温装置时要使用干燥的手套;宜使用耐高温手套;需要长时间注视赤热物质或高温火焰时,应戴防护眼镜;处理熔融金属或熔融盐等高温流体时,要穿上皮靴之类防护鞋;

——燃烧炉点火时,应先使其喷出燃料,再进行点火,接着送入空气或氧气。

(5)液氮气瓶及使用应符合下列要求:

——应将液氮罐放在户外或在通风良好的室内;

——在运输、使用或贮存产品时,钢瓶要处于垂直竖立的位置,并有防倾倒装置;钢瓶的安全阀和内胆爆破片等安全装置完好;具体执行本部分4.10.4的要求;

——低温液体管路要安装安全阀,防止液化气体变热时引起管路损坏或人员受伤;

——液氮罐排放液体时应戴安全护目镜或面罩;为了保护皮肤,宜穿长袖衣服,戴上易脱的手套;

——液氮倒入保温瓶,应留有缝隙,防止爆喷。

(6)氢气发生器及氢气使用应符合下列要求:

——氢气发生器及氢气使用现场,通风应良好,并有禁止烟火等警示标志;

——氢气气瓶应设置在独立的房间内;气瓶完好,有固定防倾倒装置;管道无泄漏;每季度至少检查一次,并保存记录。

(7)烟叶研磨等粉尘作业应符合下列要求:

——烟叶研磨等粉尘作业应在通风橱下进行;

——粉尘作业人员应佩戴防尘口罩。

【解读】

本条款规范的是试验检测场所的通用安全要求,由于各企业试验检测的设备和方法不完全相同,企业在执行时,可结合实际情况确定或增加规范要求。

2.2.1.13 维修和辅助设备设施

【解读】

本模块重点针对维修用金属切削机床、电焊机、砂轮机、手持移动电动工具及其他辅助设备等5个要素的安全技术和现场提出了规范性要求。

本模块主要依据法规标准:
——GB 3883.1—2008《手持式电动工具的安全 第一部分:通用要求》;
——GB/T 3787—2006《手持式电动工具的管理、使用、检查和维修安全技术规程》;
——GB 4208—2008《外壳防护等级(IP代码)》;
——GB 4674—2009《磨削机械安全规程》;
——GB 5226.1—2008《机械电气安全机械电气设备 第1部分:通用技术条件》;
——GB/T 8196—2003《机械安全防护装置固定式和活动式防护装置设计与制造一般要求》;
——GB 10235—2000《弧焊变压器防触电装置》;
——GB/T 13869—2008《用电安全导则》;
——GB 13955—2005《剩余电流动作保护装置安装和运行》;
——GB 15578—2008《电阻焊机的安全要求》;
——GB/T 18831—2002《机械安全带防护装置的连锁装置设计和选择原则》;
——GB 23821—2009《机械安全防止上下肢触及危险区的安全距离》;
——JB/T 6092—2007《轻型台式砂轮机》;
——YC/T 323—2009《卷烟企业安全标识使用规范》。

2.2.1.13.1 金属切削机床

(1)防止夹具、卡具松动和脱落的装置应符合下列要求:
——夹具与卡具结构布局应合理,零部件与连接部位应完好可靠,与卡具配套的夹具应紧密协调;
——易产生松动的连接部位应有防松脱装置(如保险销、反向螺母、安全爪、锁紧块);
——各锁紧手柄齐全有效;
——夹卡刀具、工件的螺钉(螺孔)齐全完好,螺丝无不全、滑扣、拧不紧等现象。

(2)设备防护装置应符合下列要求:
——各类行程限位装置、过载保护装置、顺序动作电气与机械连锁装置、事故连锁装置、紧急制动装置、机械与电气自锁或互锁装置、音响信号报警装置、光电等自动保护装置、指示信号装置等应灵敏可靠;
——限位装置(限位与撞块等)应安全可靠,位置准确,运动机构的行程限制在规定的范围之内;
——操作手柄应档位分明、图文标示相符、定位可靠,操纵杆不应因振动和齿轮磨损而脱位;
——设备防护装置还应符合 GB 8196 和 GB 23821 的通用安全要求及本部分 4.1.3 的要求。

(3)操作和维修应符合下列通用要求:
——安全操作和检修,应符合本部分 4.1.4、4.1.6 的要求;
——操作人员应佩戴防护镜;
——机床开动前,应认真仔细检查机床各部件和防护装置是否完好,安全可靠,加油润滑机床,并作低速空载运行 2~3 min,检查机床运转是否正常;
——机床运转时,严禁用手触摸机床旋转部分;严禁在车床运转中隔着车床传送物件、装卸工件；

——机床运转时，操作者不能离开机床，当突然停电时，应立即关闭机床，并将刀具退出工作部位；

——应配备清屑专用工具拉屑勾、夹屑钳、扒屑铲、毛刷等，且放在机旁随手可用。

【解读】

本条款对金属切削机床提出了通用的安全规范要求，适用于车床、铣床、刨床、磨床、钻床（含台钻）、冲床、剪切机、加工中心等设备。

企业在执行时，可根据实际情况确定或增加规范要求，如金属切削机床辅助照明应采用安全电压。

2.2.1.13.2 电焊机

(1)电焊机应符合 GB 15578 的通用安全要求，其中：

——电源线、焊接电缆与焊机连接处的裸露接线板均应采取安全防护罩或防护板隔离，以防人员或金属物体（如：货车、起重机吊钩等）与之相接触，并完好可靠；

——焊钳应能保证在任何斜度下均可夹紧焊条，绝缘良好，手柄绝缘层完整，焊钳与导线应连接可靠；连接处应保持轻便柔软，使用方便，无过热现象，导体不外露，钳柄屏护良好；

——焊机一次线应采用三芯（四芯）铜芯橡胶电线或绝缘良好的多股软铜线，其接线长度不得超过 3 m。如确需使用较长导线，应在焊机侧 3 m 以内增加一级电源控制，并将电源线架空敷设，焊机一次线不应在地面拖拽使用，更不应在地面跨越通道使用；

——焊机二次线应连接紧固，无松动，二次线的接头不得超过三个，应根据焊机容量正确选择焊机二次线的截面积，以避免因长期过载而造成绝缘老化；

——严禁利用厂房金属结构、管道、轨道等作为焊接二次回路使用。

(2)电气接地及检测应符合 GB 10235 的要求，其中：

——焊机应以正确的方法接地（或接零），接地（或接零）装置应连接良好，禁止使用氧气、乙炔等易燃易爆气体管道作为接地装置；

——在有接地（或接零）装置的焊件上进行弧焊操作，或焊接与大地密切连接的焊件（如：管道、房屋的金属支架等）时，应特别注意避免焊机和工件的双重接地；

——焊机变压器一、二次绕组，绕组与外壳间绝缘电阻值不少于 1 MΩ，要求每半年应对焊机绝缘电阻检测一次，并保存记录。

(3)现场作业条件应符合下列要求：

——设备的工作环境应与其技术说明书规定相符，安放在通风、干燥、无碰撞或无剧烈震动、无高温、无易燃品存在的地方；

——室内作业场所应有通风装置，多台焊机在同室工作时，应安装强制排风设施；

——在特殊环境条件下（如：室外的雨雪中；温度、湿度、气压超出正常范围或具有腐蚀、爆炸危险的环境）应对设备采取特殊的防护措施以保证其正常的工作性能。

(4)安全操作和维修应符合下列要求：

——安全操作、职业危害控制、设备检修应符合本部分 4.1 的要求；

——单点或多点电阻焊机操作过程中，应有效地采用机械保护式挡板、挡块、双手控制方法，弹键，限位传感装置，防止压头动作的类似装置或机构等措施进行保护；

——移动电焊机位置，应先停机断电；焊接中突然停电，应立即关闭电焊机；

——换焊条时应戴好手套,身体不要靠在铁板或其他导电物件上。在敲焊渣时应戴防护眼镜;
——产生弧光的作业时,应使用防护眼镜或面罩;焊接有色金属件时,应加强通风排毒,必要时使用过滤式防毒面具。

【解读】
本条款规范了烟草企业维修活动等使用电焊机、相关方电焊机的通用安全要求;

企业在执行时,可根据实际情况确定或增加规范要求,如使用电焊机从事焊接作业,在非固定动火点应按动火作业审批,固定动火点应有明显的标识,作业现场应配置灭火器材,作业期间严格遵守安全操作规程。

2.2.1.13.3 砂轮机
(1)砂轮机设备应符合 GB 4674 和 JB/T 6092 的要求,其中:
——防护罩要有足够强度和有效的遮盖面;防护罩安装要牢固,防止因砂轮高速旋转松动、脱落;
——挡屑板应牢固地安装在防护罩壳上,调节螺栓齐全、紧固;挡屑板应有一定强度,能有效地挡住砂轮碎片或飞溅的火星;挡屑板的宽度应大于防护罩外圆部分宽度;挡屑板应能够随砂轮的磨损而调节与砂轮圆周表面的间隙,两者之间间隙≤6 mm;砂轮机防护罩在砂轮主轴中心水平面以上的开口角度≤30°时,可不设挡屑板;
——砂轮片应完好无裂纹、无损伤;不准使用存放超过安全期的砂轮片,安全期以制造厂的说明书为准;
——切割砂轮机的法兰盘直径不应小于砂轮片直径的1/4,其他砂轮机法兰盘的直径应大于砂轮片直径的1/3,以增加法兰盘与砂轮片的接触面;法兰盘应无磨损、变曲、不平、裂纹、不准使用铸铁法兰盘;砂轮片与法兰盘之间应衬有柔性材料软垫(如石棉、橡胶板、纸板、毛毡、皮革等);
——砂轮托架应有足够的面积和强度,托架靠近砂轮片一侧的边棱应无凹陷、缺角;托架位置应能随砂轮磨损及时调整间隙,间隙应≤3 mm;砂轮片直径≤150 mm 时,砂轮机可不装设托架,否则应安装托架。
(2)安装位置和作业条件应符合下列要求:
——应制定安全操作规程,并符合本部分4.1.4 的要求;
——多台砂轮机应安装在专用砂轮机房内,单台可安装在人员流动较少的地方;砂轮机不应安装在有腐蚀性气体或易燃易爆场所;
——砂轮机的开口方向应尽可能朝墙,不能正对着人行通道或附近有设备及操作的人员;如果砂轮机已经安装在设备附近或通道旁,在距砂轮机开口 1~1.5 m 处应设置高 1.8 m 金属网加以屏障隔离;
——作业场所应有排风设施;单台砂轮机带除尘装置的,应保持良好有效,及时清理布袋内积尘;单台砂轮机不带除尘装置,且多台在同室作业的,应安装集中除尘装置。
(3)安全操作应符合下列要求:
——检查砂轮有无裂纹,轻击砂轮有无杂音,确认正常才能安装;新砂轮片安装后,应修整砂轮片外径,待修整后砂轮机无跳动后方能使用;
——禁止侧面磨削,因为砂轮片的径向强度较大,而轴向强度很小,侧面磨削用力过大会

造成砂轮片破损伤人;不准正面操作,操作者应站在砂轮的侧面,以免砂轮片破损伤人;不准2人共同操作;

——严禁砂轮机上磨超过长度500 mm的工件及超3 kg以上重量工件;严禁在砂轮机上磨薄铁皮和铝、铜材料工件;

——砂轮机上操作不应戴手套,应使用防护眼镜;有粉尘时,应佩戴防尘口罩。

【解读】

本条款规范了砂轮机的安全要求,对于常见的安装位置、挡屑板、托板、除尘装置等不符合,企业应特别注意检查并整改。

2.2.1.13.4 手持电动工具和移动电气装备

(1)手持电动工具应符合GB 3883.1的通用安全要求,其中:

——电动工具的防护罩、盖及手柄应完好,无破损、无变形、无松动;

——开关灵敏、可靠。能及时切断电源,无缺损、破裂;

——电源插头不应有破裂及损坏,规格应与工具的功率类型相匹配,而且接线正确;

——Ⅰ类电动工具绝缘线应采用三芯(单相工具)或四芯(三相工具)多股铜芯橡套软线;其中,绿/黄双色线在任何情况下只能用做PE线;

——手持电动工具绝缘电阻应符合GB/T 3787的要求,至少每年应进行一次绝缘电阻的测量,并在检测合格工具的明显位置粘贴合格标识;电动工具使用500 V兆欧表测量,电阻值应不小于表2.8规定的数值。

表2.8 各种类型手持电动工具最小绝缘电阻值

测量部位	绝缘电阻/MΩ
Ⅰ类工具带电零件与外壳之间	2
Ⅱ类工具带电零件与外壳之间	7
Ⅲ类工具带电零件与外壳之间	1

(2)移动电气设备应符合下列要求:

——防护罩、遮拦、屏护、盖应能防止人手指触及旋转部位,且应完好、无松动,保持旋转平稳,无晃动、无噪声;

——电源开关应可靠、灵敏,且与负载相匹配;

——移动电器质量应可靠,安全指标符合要求;

——间断性使用的移动电气设备(停用超过三个月),使用前和使用过程中应测量其绝缘电阻;常年使用的移动电气设备应每年测量一次;绝缘电阻值应不小于1 MΩ,并保存测量记录。

(3)使用和维修应符合下列要求:

——管理部门和使用部门建立电动工具和移动电气设备台账和借用制度,登记种类、数量、保管和使用人、绝缘电阻检测情况等;

——在一般作业场所应选用Ⅱ类工具,在一般场所使用Ⅰ类工具时,应在电气线路中采用额定剩余工作电流不大于30 mA的剩余电流动作保护器、隔离变压器等保护措施;

——在潮湿的场所或金属构架上等导电性能良好的作业场所,应使用Ⅱ类或Ⅲ类工具;在锅炉、金属容器、管道内等狭窄场所应使用Ⅲ类工具或在电气线路中装设额定剩余工作电流不大于 30 mA 的剩余电流动作保护器的Ⅱ类工具；
——电源线按出厂长度，不应随意接长或拆换，中间不得有接头及破损；不应拖地或接触尖锐物品；
——移动电气设备接地故障保护应符合配电系统的接地形式和移动电气设施容量要求，接地正确，连接可靠；
——不应在一个插座上插用多个移动电器；移动电气设备设施周围不能堆放易燃杂物；
——移动电器设备设施使用时要做到人走断电，用毕断电；
——非电气维修人员禁止从事移动电气设备的修理；电器或线路拆除后，可能通电的线头应及时用绝缘胶布包扎好。

【解读】

本条款所指电动工具烟草企业常用的是维护检修使用的手电钻等，移动电器设备常用的是吸尘器、高于 2 米的工业风扇等；其主要控制措施的防触电，包括定期的绝缘电阻检测等；为了确保日常管理到位，首先要求建立台账或清单，并明确管理人员；做到对每一个工具或设备进行日常管理。

2.2.1.13.5　其他维修和辅助设备设施

(1)其他维修和辅助设备设施的选用和配置等应符合相关法规和标准的要求。
(2)其他维修和辅助设备设施的安全运行、安全装置等应符合本部分 4.1 的要求。

【解读】

本条款所指其他维修和辅助设备设施，具体由企业根据实际情况识别，并规范具体的控制措施，如热处理设备、电加工设备等。

2.2.1.14　后勤设施

【解读】

本模块重点对食堂、绿化保洁、窨井作业等 3 个要素提出了规范性要求；其中窨井作业属于有限空间作业。

本模块主要依据法规标准：
——GB 8958—2006《缺氧危险作业安全规程》；
——卫生部卫监督发[2005]498 号《食品卫生许可证管理办法》；
——卫生部令第 10 号《餐饮业食品卫生管理办法》；
——卫生部卫监督发[2005]260 号《餐饮业和集体用餐配送单位卫生规范》。

2.2.1.14.1　食堂

(1)食堂环境卫生和安全应符合下列要求：
——现场消防、电气、管道等应符合本部分 4.1 的要求；配电箱、开关箱等应是密封型的；
——就餐间与后厨间，干湿操作区域应分开设置；食堂内应配置自然通风或强制通风设施；食堂内地面应符合防滑要求，地面无积水、无油污；地面有水或者下雨天气，及时摆放"小心滑倒"等字样的提示牌；
——使用蒸汽的设备、设施及场所，应张贴防止烫伤的警示标示；
——液化气瓶和灶台相距应 1.5 m 以上或以实墙相隔；食堂内应配置灭火毯并完好有效。

(2)燃气专用房应符合下列要求:
——设置煤气、天然气调压箱、液化气气瓶等燃气专用房,房内不应放置其他杂物;
——专用房内保持通风,电气符合防爆要求;宜设自动报警装置;
——灭火器、消防栓等符合配置要求,具体执行本部分4.16的要求;
——房外设置危险警示标志,人员不应随意进入,门房应加锁。

(3)炊事机械和设施应符合下列要求:
——炊事机械金属壳体、电动机壳体的PE连接均应可靠;炊事机械电源线路应敷设在无泡浸、无高温和无压砸的沿墙壁面;厨房间照明灯应符合防潮要求;炊事机械电源控制开关单机单设,不许几台设备共用一个开关或用距离较远的闸刀控制;
——搅拌操作的容器应加盖密封且盖机连锁;盖机行程限位开关的连锁装置应固定在容器本体上,启盖(以手能伸进去为准)即应断电;
——绞肉机、压面机等机械,凡可能对操作者有造成伤害的危险部位,应采取安全防护,且应可靠、实用;绞肉机加料口应确保操作人员手指不能触及刀口或螺旋部位;
——绞肉机应备有送料的辅助工具,压面机应备有专用刮面板,严禁用手推料、刮面粉;
——压面机(含其他面食加工机械)轧辊应便于装拆,调整灵活、定位可靠;压面机(含其他面食加工机械)加料处应有防护装置,防止手指伸入;
——冷库应有安全警铃或可以从内部打开的保护装置;定期检查保养,确保完好;
——炊事机械和设施的防护装置应符合本部分4.1.3的要求。

(4)专用电梯应符合下列要求:
——专人操作,严禁乘人;
——门连锁完好,门未合闭时电梯不会启动;
——构成特种设备的,应定期检验,检验记录和标志在有效期内,具体执行本部分4.10.6的要求。

(5)食品卫生管理应符合下列要求:
——食堂经营者应取得当地政府卫生部门颁发的《卫生许可证》,方可从事食堂经营;
——从事餐饮人员每年进行健康体检,取得《合格健康证》,持证上岗;从事餐饮人员不应在工作区域内佩戴金银首饰等饰品、挂物并保持个人卫生;
——建立食品留样登记制度;每餐的食品应留样,留样时间和数量应符合当地政府卫生部门的要求;保存食品留样记录;
——对每天采购的食品品种及其原料进行登记,并保存肉类的检疫证明;
——生熟食品应分别使用各自的冰箱放置保存;生熟食品分别使用各自的案板操作;
——对所有的食品用具、炊事机械应每天清洗或消毒;
——食堂要设炊事人员专用更衣室,正确佩戴餐饮操作服,并遵守生食间进入熟食更衣室的要求,不应在不同功能区域随意走动,避免交叉感染。

(6)安全操作应符合下列要求:
——制定安全操作规程,符合本部分4.1.4的要求;
——使用加热锅时应缓慢开启蒸汽阀门,加热后手不应触摸锅体以防烫伤;
——油锅加热时,不应离开岗位,观察油温,防止起火;
——燃气点火时应使用点火棒,不能直接点火,随时注意气体动态;全天不使用时应关闭总阀；

——燃气使用情况每月检查、保养一次，燃气输送软管应定期更换，保持完好；发现问题及时解决，无法解决的，应及时报告燃气供应单位；

——冷库由专人管理，放假期间应安排巡检；进入冷库应有人监护，穿上棉衣、棉裤等。

(7)保养和维修应符合下列要求：

——定期对排风机、排油烟系统和管道等进行清洗、保养，并保持记录；

——各种炊事机械的机盖连锁、防护装置等应定期检查，确保完好有效，并保持记录；

——保养和维修应符合本部分4.1.6的要求。

【解读】

本条款适用企业内部职工食堂、包括相关方承包的食堂或食品配送单位的控制，企业所属宾馆、饭店的餐饮场所可参照执行。对于委外承包经营的食堂应同时执行规范第1部分中相关方安全管理的要求，签订安全合同或协议，明确各自的责任、权利和义务。本条款中关于燃气的要求，包括天然气或液化气，但不适用于采用燃油为燃料的灶台及场所。本条款对炊事机械提出了较高的要求，企业执行时应特别注意，如搅拌操作的容器应加盖密封且盖机连锁，要求设备采购时符合要求；本条款对食品安全的要求，需企业根据地方政府的要求细化。

企业在执行时，可根据实际情况确定或增加规范要求，如进入食堂冷库，可根据时间长短选择相应的防寒衣物，短时间进入不必穿棉衣、棉裤；食堂操作间、原辅材料库房应采取相应的防鼠、防蚊蝇等措施。

2.2.1.14.2 绿化、保洁

(1)绿化机械应符合下列要求：

——绿化机械转动部位的皮带轮、齿轮、链轮与链条、联轴器等应加防护罩或防护盖；

——保护镜、肩背带、刀片罩等辅助防护设施齐全、有效；

——定期清理或更换火花塞、汽油吸油管头，并保持记录。

(2)农药的选购、存储应符合下列要求：

——严禁使用国家明令禁止的杀虫药品；

——农药存储应有专门地点，由专人负责保管，并上锁。

(3)作业活动应符合下列要求：

——从配药到喷洒农药杀虫的全过程，操作人员应正确佩戴橡胶安全防护手套；喷洒农药杀虫时，操作人员应正确佩戴防毒口罩；喷洒农药后要用肥皂反复多次用流动水洗手；

——喷洒农药杀虫作业应在周围环境无人条件下进行，操作人员应站上风，避免喷洒农药时随风漂回身上，造成毒害；喷雾器喷药管无堵塞、无泄漏、无遗撒；

——绿化作业使用割草机时，不得将手、脚等部位伸入正在运行的剪草机底盘下；割草机、割灌机、绿篱机等保养与维修时，应关闭发动机，卸下火花塞高压线；不得在室内加注汽油；

——使用绿化机械设备作业点应有措施防止抛出来的杂物造成人身伤害；宜设立危险警示牌；

——植树挖坑应避开地下管道、电缆等障碍物；用刀(锯)修理树枝时，手不准放在刀(锯)下方，使用高杆剪时要防止碰到架空电线，并防止树枝落下伤人，刮大风时禁止修剪树枝；

——各类花盆要摆放整齐到位，不准放在通道口、屋顶和其他危险部位，防止坠落伤人；

——遇下雨天应及时敷设门厅防滑毯，并放置"当心滑跌"警示标牌，随时拖干地面积水；

——使用电加热茶桶烧开水应经常观察,保持进水阀常开,避免水箱烧干发生事故,并当心烫伤;

——玻璃窗、清灰等高处作业时,应符合本部分4.6.6的要求。

【解读】

本条款所指绿化机械主要指采用内燃机驱动或电动工具用于绿化的专用机械工具,如割草机、手电锯、农药喷雾器等。本条款中包括各类保洁等后勤活动,并包括烧开水等活动;但需重点控制的是相关方外墙清洗等室外保洁,需按规范第1部分相关方安全管理的要求及本部分4.6.6高处作业的要求执行。

2.2.1.14.3 窨井作业

(1)审批和安全交底、监护应符合下列要求:

——需进入地下井内、池、管道等疏通、清除杂物等时,应按有限空间作业规定办理审批手续,保存批准记录;交底和监护等应符合YC/T 384.1中4.15.3的要求;

——窨井作业人员应经过企业专门培训,取得合格证方可任职;当地政府要求培训取证的,应通过培训取得证书。

(2)作业安全应符合GB 8958的要求,其中:

——疏通、清除或检修时,应打开井盖采取强制通风措施,并对地下空间的硫化氢气体浓度和含氧量进行测试,确保氧含量在19%～22%(体积比),并保持记录;如检测结果超标,需用风机进行鼓风置换;作业人员在作业时应每隔半小时用仪器对作业环境进行检测,检查氧气和有害气体是否超标,符合要求方可进入或继续作业;

——下井作业人员应佩戴便携式硫化氢浓度报警仪,每次使用前应该调试并确认;进入硫化氢聚集区作业应该佩戴空气呼吸器;

——下池作业时应将安全带、绳索等放置在作业现场,需从直梯下到井内时和在井内易发生坠落作业场所工作时,应佩戴安全带并系上绳索,并在适当位置可靠地固定,由监护人员负责在地面监护;

——空气呼吸器每年定期检验,并保持记录;定期进行气体检测分析仪器标定、维护,并保持记录。

【解读】

窨井泛指各种地下管网、阀门、通道、相对密闭场所的检查、维护井口,窨井作业属于有限空间作业,由于通风不良,不但缺氧,且同时有硫化氢有毒气体,易发生中毒、窒息等事故。窨井作业应按危险作业审批,具体执行规范第1部分危险作业的要求;现场控制的各项要求,需严格遵守GB 8958—2006《缺氧危险作业安全规程》。

2.2.1.15 办公设施

【解读】

本模块重点对办公车辆、计算机房和档案库房等3个要素提出了规范性要求。

本模块主要依据法规标准:

——GB 7258—2004(2007年3号修改单修改)《机动车运行安全技术条件》;

——GB 9361—88《计算站场地安全要求》。

2.2.1.15.1 办公车辆

(1)车身外观、车辆系统、车辆轮胎、车辆牌照及附件应符合本部分4.5.3的要求。

(2)车辆安全行驶应符合下列要求:

——执行派车制度,不应将车辆交他人驾驶;

——轿车和客车等保养周期按当地交通管理部门或车辆说明书要求执行;

——其他运行安全事项应符合本部分4.5.3的要求。

【解读】

本条款关于车辆的具体要求,执行本部分4.5.3运输车辆的要求;但轿车和客车等保养周期可按当地交通管理部门或车辆说明书要求执行;办公车辆的管理,应同时执行规范第1部分交通安全基础管理的要求,包括应根据实际情况制定相应的办公车辆派车制度等。

2.2.1.15.2 计算机房

(1)环境和设施应符合GB 9361的要求,其中:

——计算机房环境应避开易发生火灾危险程度高的区域;应避开有害气体来源以及存放腐蚀、易燃、易爆物品的地方;应避免设在建筑物的高层或地下室,以及用水设备的下层或隔壁;

——计算机房应设专用可靠的供电线路;计算机系统用的分电盘应设置在计算机机房内,并应采取防触电措施;从分电盘盘到计算机系统的各种设备的电缆应为耐燃铜芯屏蔽的电缆;计算机系统接地应采用专用地线,专用地线的引线应和大楼钢筋网及金属管道绝缘;室内不应使用除机房设备以外的电气设施;

——计算机房应设置防雷装置,具体执行本部分4.9.7的要求。

(2)消防应符合下列要求:

——机房其建筑物的耐火等级应符合二级耐火等级;

——计算机机房装修材料应使用难燃材料和非燃材料,应能防潮、吸音、不起尘、抗静电等,活动地板应是难燃材料或非燃材料,计算机机房应尽量不使用地毯;

——计算机机房使用的磁盘柜、磁带柜、终端点等辅助设备应是难燃材料和非燃材料,应采取防火、防潮、防磁、防静电措施;计算机机房内所使用的纸、磁带和胶卷等易燃物品要放置于金属柜内;

——机房应设置火灾报警装置;在机房内易燃物附近部位应设置烟、温感探测器;在条件许可的情况下,可设置卤代烷自动灭火系统;

——机房除纸介质等易燃物质外,禁止使用水、干粉或泡沫等易产生二次破坏的灭火剂;

——计算机机房应设置应急照明和安全出口的指示灯。

(3)管理和运行应符合下列要求:

——未经管理人员允许,非专业维护人员不应拆装计算机及相关设备;涉及电工作业的维修应由电工进行;

——严禁带电插拔外设及主机;拆装硬件设备时,须按顺序进行,注意安全,预防触电,不可野蛮操作。

【解读】

本条款规范了计算机房的安全控制要求,重点是防止在无人值守情况下电气设备发生打火、漏电、过载高温等故障引发火灾,要求机房设置火灾报警装置;同时也提出了防止触电的要求,包括涉及电工作业的维修应由电工进行等。

企业在执行时,可根据实际情况确定或增加规范要求,如机房设置摄像监控系统;机房设七氟丙烷等气体自动灭火系统时设置标识提醒人员撤离后再启动,防止系统启动后造成人员中毒,并可在现场配置防毒面具,供系统启动后人员进入现场时使用。

2.2.1.15.3 档案室

(1)安全管理应符合下列要求:

——非工作人员未经批准不应入内;

——档案库房内资料柜、办公用品等应定置摆放;较重的资料宜存放在底层;

——档案室应具备防盗、防火、防跌倒等基本保护条件,宜使用防盗门,窗户宜有防盗网;高度超过2 m的资料柜宜设置取物梯台;

——档案库房内不应存放与档案无关的杂物;

——档案室无人时关闭门窗切断电源,并由管理人员负责每天下班前检查门、窗、电的关闭情况。

(2)电气和消防应符合下列要求:

——室内不应使用照明、电脑以外的电气;

——不准使用碘钨灯和超过60 W以上的白炽灯等高温照明灯具;

——悬挂明显的禁烟、禁火等标示;严禁将任何火种带入室内,任何人不准在档案室内吸烟;

——现场电气、消防的通用要求,具体执行本部分4.1.1和4.1.2。

【解读】

本条款所指档案室包括财务档案室、机要档案室、人事档案室等专门设置的有固定措施的档案保存现场。企业在执行时,可根据实际情况确定或增加规范要求,如档案库房宜设置火灾自动报警系统、防盗报警装置,无人值守时应布防布控;档案阅览室与档案库房应采取有效的防火分隔;档案库房内除湿机、空调等养护设备间距应符合安全要求;库房宜选用二氧化碳灭火剂,有效避免档案资料的次生损害。

2.2.1.16 消防设备设施

【解读】

本模块重点对消防设备设施的资料和日常管理、建筑物消防设施、固定消防设施、灭火器材配置、火灾自动报警系统、自动灭火系统、消防控制室管理、专职消防队(站)等8个要素提出了规范性要求;本模块规范的消防设备设施及其日常管理的要求,与规范第1部分消防安全基础管理要求有内在的联系,执行时应相互衔接。

本模块主要依据法规标准:

——GB 13495—92《消防安全标志》;

——GB 50016—2006《建筑设计防火规范》;

——GB 50045—95(2005版)《高层民用建筑设计防火规范》;

——GB 50140—2005《建筑灭火器配置设计规范》;

——GB 50166—2007《火灾自动报警系统施工及验收规范》;

——GB 50222—95《建筑内部装修设计防火规范》;

——GB 50444—2008《建筑灭火器配置验收及检查规范》；

——GA 767—2008《消防控制室通用技术要求》；

——YC/T 9—2005《卷烟厂设计规范》。

2.2.1.16.1 消防设施资料和日常管理

(1)应保存建筑物消防设计、验收资料；消防设计和验收资料应符合建筑物火灾危险性分类的要求，耐火等级与构件耐火极限、装修材料的耐火等级、防火分区和间距、安全疏散、消防车道、建筑构造、消防供水、消火栓、自动灭火系统、防烟和排烟、消防供电及其配电、火灾自动报警系统和消防控制室、消防应急照明和消防疏散指示标志等应当满足 GB 50016—2006、GB 50045、GB 50222 的要求。

(2)消防设施的日常管理应符合下列要求：

——应明确各类消防设施的日常管理责任部门或责任人，包括消防管理人员和所在部门两级管理；

——各项消防设施资料，应登记编号，由专人负责，按档案进行管理；各项消防设施资料应与现场设施情况相符；

——应设置消防标识并进行管理，疏散通道和安全出口处应当设置消防安全疏散标志灯或反光标志；安全出口标志宜设在出口的顶部；疏散走道的指示标志宜设在疏散走道及其转角处距地面 1 m 以下的墙面上，通道疏散指示灯的间距不应大于 20 m；标志不应当被遮挡，且保持完好；生产车间、办公场所等人员密集场所宜在明显位置张贴安全出口和疏散通道示意图；

——疏散通道、安全出口应保持畅通，严禁占用、堵塞、堆放任何物品；严禁在营业、生产、工作等期间将安全出口上锁、遮挡或者将消防安全疏散指示标志遮挡、覆盖；严禁其他影响安全疏散的行为；

——消防控制室应由专人 24 小时值班，每班不少于 2 人；保存监控和检查记录；

——消防泵房、专用消防配电室等场所，应实行巡查，并保存记录。

(3)消防设施和灭火器的日常检查应符合下列要求：

——每月至少对室内外消火栓、灭火器的配置和完好等基本情况进行一次检查，并保存记录；记录应有检查人员签字，宜实行一处一卡的记录方式；人员密集的公共场所、堆场及油罐区、加油站、锅炉房、地下室等场所每半个月检查一次；现场悬挂保存月度检查记录，现场人员不应挪动和破坏记录；

——每季度至少对自动灭火系统、火灾自动报警装置、消防电话、应急广播、应急照明、安全出口、疏散通道、消防供水、消防电源及其配电、消防电梯、防烟和排烟设施、防火门和防火卷帘等进行一次检查，全年应覆盖全部设施；检查应保存记录。

(4)建筑自动消防设施的全面检测应符合下列要求：

——制定自动灭火系统和火灾自动报警装置、消防控制室的检测计划，每年至少进行一次全面检测，确保完好有效；

——自动灭火系统和火灾自动报警装置、消防控制室的全面检测应委托具有资质的单位进行；

——检测记录应当完整准确，存档备查。

【解读】

消防设施资料管理具体可参考公安部 61 号令《机关团体事业单位消防安全管理规定》执

行。本条款中要求的消防设施的检查一般由企业组织进行,但定期检测应由具有资质的单位进行。

企业在执行时,可根据实际情况确定或增加规范要求,如各类对消防设施进行统计编号,明确责任部门和责任人,实行分级管理。

2.2.1.16.2 建筑物消防设施

(1)应确定各生产场所、仓库和民用建筑等建筑物的火灾危险性分类,形成分类资料;其中生产的火灾危险性分类应符合 GB 50016—2006 中表 3.1.1 的要求;储存物品的火灾危险性分类应符合 GB 50016—2006 中表 3.1.3 的要求。

(2)根据其火灾危险等级,厂房、仓库和民用建筑等建筑物的建筑构件耐火等级应符合 GB 50016—2006 中表 3.2.1 的要求。

(3)安全出口设置和数量应符合下列要求:

——厂房的每个防火分区、一个防火分区内的每个楼层安全出口不应少于 2 个;丙类厂房每层建筑面积小于等于 250 m², 且同一时间的生产人数不超过 20 人时,可设置 1 个安全出口;厂房内任一点到最近安全出口的距离应符合 GB 50016—2006 中表 3.7.4 的要求;办公室、休息室等不应设置在甲、乙类厂房内,在丙类厂房内设置的办公室、休息室,应至少设置 1 个独立的安全出口;如隔墙上需开设相互连通的门时,应采用乙级防火门;

——每座仓库的安全出口不应少于 2 个,当一座仓库的占地面积小于等于 300 m² 时,可设置 1 个安全出口;仓库内每个防火分区通向疏散走道、楼梯或室外的出口不宜少于 2 个,当防火分区的建筑面积小于等于 100 m² 时,可设置 1 个;

——民用公共建筑内的每个防火分区的出口不应少于 2 个;

——安全出口应分散布置,每个防火分区、一个防火分区的每个楼层,其相邻 2 个安全出口最近边缘之间的水平距离不应小于 5 m;

——疏散用楼梯间不应设置烧水间、可燃材料储藏室、垃圾道;不应有影响疏散的凸出物或其他障碍物;楼梯间内不应敷设甲、乙、丙类液体管道;应能天然采光和自然通风,并宜靠外墙设置;

——居住建筑的楼梯间内不应敷设可燃气体管道和设置可燃气体计量表;当住宅建筑必须设置时,应采用金属套管和设置切断气源的装置等保护措施;

——室外疏散楼梯栏杆扶手的高度不应小于 1.1 m,楼梯的净宽度不应小于 0.9 m,倾斜角度不应大于 45°;其他要求应符合 GB 50016—2006 中 7.4 的要求;

——疏散通道应设置应急照明,通道内吊顶及装饰材料的防火等级不应低于 A 级。

(4)疏散用门和防火门应符合下列要求:

——民用建筑和厂房的疏散用门应采用平开门,不应采用推拉门、吊门、转门或者侧拉门,不应安装栅栏、卷帘门;

——民用建筑和厂房的疏散用门应向疏散方向开启;除甲、乙类生产房间外,人数不超过 60 人的房间且每樘门的平均疏散人数不超过 30 人时,其门的开启方向不限;

——仓库的疏散用门应为向疏散方向开启的平开门;首层靠墙的外侧可设推拉门或卷帘门,但甲、乙类仓库不应采用推拉门或卷帘门;

——建筑中的封闭楼梯间、防烟楼梯间、消防电梯间前室及合用前室,不应设置卷帘门;疏散走道在防火分区处应设置甲级常开防火门;

——高层厂房(仓库)、人员密集的公共建筑、人员密集的多层丙类厂房设置封闭楼梯间时,通向楼梯间的门应采用乙级防火门,并应向疏散方向开启;其他建筑封闭楼梯间的门可采用双向弹簧门;

——常闭防火门和防火卷帘应经常保持关闭;常开防火门应能在火灾时自行关闭,并应有信号反馈的功能;双扇防火门应具有按顺序关闭的功能;防火门内外两侧应能手动开启(人员密集场所或有门禁的,仅要求从内开);设置在疏散通道上、并设有出入口控制系统的防火门,应能自动和手动解除出入口控制系统;常闭防火门和常开防火门应设置明显标志;闭门器和开门器应保持完好;其他要求应符合 GB 50016—2006 中 7.5.3 的要求。

【解读】
本条款内容全部为 GB 50016—2006《建筑防火设计规范》基本要求,并提出了确定各生产场所、仓库和民用建筑等建筑物的火灾危险性分类,形成分类资料的要求,企业在执行时应对照消防设计资料对现场进行核对后确定。

2.2.1.16.3　固定消防设施

(1)工厂、仓库区的消防车道应符合 GB 50016—2006 中第 6 章的要求,其中:

——占地面积大于 3000 m² 的甲、乙、丙类厂房或占地面积大于 1500 m² 的乙、丙类仓库,应设置环形消防车道,确有困难时,应沿建筑物的两个长边设置消防车道;

——可燃材料露天堆场区,油库等甲、乙、丙类液体储罐区和可燃气体储罐区,应设置消防车道,其中占地面积大于 30000 m² 的可燃材料堆场,应设置与环形消防车道相连的中间消防车道,消防车道的间距不宜大于 150 m;

——消防车道与材料堆场堆垛的最小距离不应小于 5 m;中间消防车道与环形消防车道交接处应满足消防车转弯半径的要求;

——消防车道与高层建筑之间,不应设置妨碍登高消防车操作的树木、架空管线等;穿过高层建筑的消防车道,其净宽和净空高度均不应小于 4 m;高层建筑的登高面应为硬路面,并不得占用;

——供消防车取水的天然水源和消防水池应设置消防车道。

(2)室外消火栓应符合 GB 50016—2006 中 8.2 的要求,其中:

——室外消火栓应沿道路设置;应当便于消防车的停靠和操作,距水泵结合器的位置不小于 15 m,不大于 40 m;

——消火栓距路边不应大于 2 m,距房屋外墙不宜小于 5 m;

——室外消火栓的间距不应大于 120 m;保护半径不应大于 150 m;

——工艺装置区内的消火栓应设置在工艺装置的周围,其间距不宜大于 60 m;当工艺装置区宽度大于 120 m 时,宜在该装置区内的道路边设置消火栓;

——寒冷地区设置的室外消火栓应有防冻措施;寒冷地区设置室外消火栓确有困难的,可设置水鹤等为消防车加水的设施;

——室外消火栓、阀门、消防水泵接合器等设置地点应设置相应的永久性固定标识;

——室外消火栓不应填埋、圈占;2 m 内不应设置影响其正常使用的障碍物;

——主管部门应形成室外消防栓配备示意图,并建立台账,包括配备位置、型号和数量等。

(3)室内消火栓应符合 GB 50016—2006 中 8.3、8.4 的要求,其中:

——建筑占地面积大于 300 m² 的厂房(仓库)、超过 5 层或体积大于 10000 m³ 的办公楼、教学楼、非住宅类居住建筑等其他民用建筑，应设置 DN65 的室内消火栓；除无可燃物的设备层外，建筑物各层均应设置消火栓；

——消火栓阀门中心距地面为 1.1 m，栓口应当朝外，其出水方向宜向下或者与墙面成 90°；

——消火栓水带应选用 Φ10 以上的型号，外观应当完整无损、无腐蚀、无污染现象，与接头应当绑扎牢固；消防水喉接口绑扎组件应当完整、无渗漏现象，与接头绑扎牢固；

——室内消火栓、阀门等设置地点应设置永久性固定标识；不应上锁，周边不应堆放物品；

——应形成各生产性场所和大型库房的室内消防栓配备示意图，并建立台账，包括配备位置、型号和数量等。

(4) 消防供水系统应符合 GB 50016—2006 中 8.6 的要求，其中：

——未设置常高压给水系统并能保证最不利点消火栓和自动喷水灭火系统等的水量和水压的建筑物，或设置干式消防竖管的建筑物，应设置消防水箱；消防水箱应储存 10 min 的消防用水量；

——当生产、生活用水量达到最大时，市政给水管道、进水管或天然水源不能满足室内外消防用水量，或市政给水管道为枝状或只有 1 条进水管，且室内外消防用水量之和大于 25 L/s 时，应设置消防水池；严寒和寒冷地区的消防水池应采取防冻保护设施；

——当消防水泵直接从环状市政给水管网吸水时，消防水泵的扬程应按市政给水管网的最低压力计算，并以市政给水管网的最高水压校核；

——消防水泵房应有不少于两条的出水管直接与消防给水管网连接。当其中一条出水管关闭时，其余的出水管应仍能通过全部用水量；一组消防水泵吸水管不应少于 2 条；当其中一条关闭时，其余吸水管应仍能通过全部用水量；消防水泵应设置备用泵；消防水泵应与动力机械应直接连接，应保证在火警后 30 s 内启动；

——高层建筑施工时，应设置临时消防用水系统。

(5) 消防用电应符合 GB 50016—2006 中 11.1 的要求，其中：

——建筑高度大于 50 m 的乙、丙类厂房和丙类仓库的消防用电应按一级负荷供电，即有两路供电线路或有自备发电机供电；

——室外消防用水量大于 30 L/s 的工厂、仓库、室外消防用水量大于 35 L/s 的可燃材料堆场、可燃气体储罐（区）和甲、乙类液体储罐（区），消防用电应按二级负荷供电；

——一级负荷供电的建筑，当采用自备发电设备作备用电源时，自备发电设备应设置自动和手动启动装置，且自动启动方式应能在 30 s 内供电；

——消防设备配电箱应有区别于其他配电箱的明显标志，不同消防设备的配电箱应有明显区分标识；配电箱上的仪表、指示灯的显示应正常，开关及控制按钮应灵活可靠。

【解读】

本条款内容全部为 GB 50016—2006《建筑防火设计规范》基本要求，企业在执行时应对照消防设计资料对现场进行核对。

2.2.1.16.4　建筑灭火器

(1) 灭火器配置场所火灾种类和危险等级确定应符合下列要求：

——按 GB 50140—2005 的要求，形成灭火器配置场所可能发生的火灾的种类和危险等级清单，其中厂房、仓库和民用建筑配置场所应分别列出；

——各场所火灾种类的识别应符合 GB/T 4968 和 GB 50140—2005 中 3.1.2 的规定,分为 A、B、C、D、E(带电)、F(烹饪物)六类;

——建筑物的危险等级应符合 GB 50140—2005 中 3.2 的规定。

(2)灭火器选择、设置和配置应按 GB 50140—2005 中第 4 章和第 5 章的要求进行,符合下列要求:

——识别各场所的火灾种类和危险等级;在此基础上划分计算单元并标明各单元的保护面积;计算每单元的最小需配灭火级别(A 或 B);

——确定各单元的灭火器设置点的位置和数量;计算和确定每个设置点的最小需配灭火器级别、灭火器的类型、规格和数量;

——确定每具灭火器的设置方式和要求;计算数据应符合单位灭火器最大保护面积(m^2/A)及修正系数的要求;A 类火灾场所的灭火器最大保护距离应符合 GB 50140—2005 中表 5.2.1 的要求;B、C 类火灾场所的灭火器最大保护距离(m)应符合 GB 50140—2005 中表 5.2.2 的规定;D 类火灾场所的灭火器,其最大保护距离应根据具体情况研究确定,E 类火灾场所的灭火器,其最大保护距离不应低于该场所内 A 类或 B 类火灾的规定;

——一个计算单元内配置的灭火器数量不应少于 2 具,每个设置点的灭火器数量不宜多于 5 具;

——烟草制品生产和储存场所应按 A 类火灾场所配置灭火器,其最低配置基准见表 2.9。

表 2.9 A 类火灾场所灭火器的最低配置基准

危险等级	严重危险级	中危险级	轻危险级
单具灭火器最小配置灭火级别	3 A	2 A	1 A
单位灭火器最大保护面积/(m^2/A)	50	75	100

——应形成各生产性场所和大型库房的室内消防栓、灭火器等消防设施和器材配备示意图或清单,包括配备位置、型号和数量等;并在现场张贴或由所在部门保存。

(3)灭火器类型选择应符合 GB 50140—2005 中 4.2 的要求,其中:

——在同一灭火器配置场所,宜选用相同类型和操作方法的灭火器;当同一灭火器配置场所存在不同火灾种类时,应选用通用型灭火器;在同一灭火器配置场所,当选用两种或两种以上类型灭火器时,应采用灭火剂相容的灭火器;

——A 类火灾场所应选择水型灭火器、磷酸铵盐干粉灭火器、泡沫灭火器或卤代烷灭火器;

——B 类火灾场所应选择泡沫灭火器、碳酸氢钠干粉灭火器、磷酸铵盐干粉灭火器、二氧化碳灭火器、灭 B 类火灾的水型灭火器或卤代烷灭火器;

——极性溶剂的 B 类火灾场所应选择灭 B 类火灾的抗溶性灭火器;

——C 类火灾场所应选择磷酸铵盐干粉灭火器、碳酸氢钠干粉灭火器、二氧化碳灭火器或卤代烷灭火器;

——D 类火灾场所应选择扑灭金属火灾的专用灭火器;

——E 类火灾场所应选择磷酸铵盐干粉灭火器、碳酸氢钠干粉灭火器、卤代烷灭火器或二氧化碳灭火器,但不应选用装有金属喇叭喷筒的二氧化碳灭火器;

——必要场所可配置卤代烷灭火器,非必要场所不应配置卤代烷灭火器;

——禁止配置酸碱型、化学泡沫型、倒置使用型、氯溴甲烷、四氯化碳等国家明令淘汰的灭火器；
——禁止配置没有间歇喷射机构的手提式灭火器。

(4)现场灭火器位置、型号、数量等,应与该场所的灭火器选择、设置和配置清单或图表相符,并符合 GB 50444—2008 关于灭火器验收的要求,其中:
——灭火器应设置在位置明显和便于取用的地点,且不应影响安全疏散;灭火器周围无障碍物、遮拦、拴系等影响取用的现象；
——灭火器箱的箱体正面或灭火器设置点附近的墙面上,应设置灭火器标志,并宜选用发光标志；推车式灭火器设置点应设置定置标志；对有视线障碍的灭火器设置点,应设置指示其位置的发光标志；
——灭火器的摆放应稳固,其铭牌应朝外；手提式灭火器宜设置在灭火器箱内或挂钩、托架上,且托架无松动、脱落、断裂和明显变形；灭火器顶部离地面高度不应大于 1.50 m,底部离地面高度不宜小于 0.08 m；灭火器箱不应上锁；
——推车式灭火器不应设置在台阶上,在没有外力的情况下,不应自行滑动；
——每个设置点的灭火器类型、数量符合配置清单的要求,实际位置不变；两个灭火器设置点之间的距离应小于灭火器最大保护距离。

(5)现场灭火器合格有效,符合下列要求:
——灭火器的使用日期、检修或充装日期等有效期标志清晰,且在合格有效期内；灭火器的铅封、销闩等保险装置未损坏或遗失；
——灭火器筒体无明显的损伤、缺陷、锈蚀、泄漏；灭火器喷射软管完好,无明显龟裂、喷嘴不堵塞；灭火器的零部件齐全,并无松动、脱落或损伤现象；
——灭火器的驱动气体压力在工作压力范围内,其中贮压式灭火器压力显示应在绿区内,二氧化碳灭火器和储气瓶式灭火器可用称重法检查；
——灭火器未开启、喷射过。

(6)灭火器定期检查和维修应符合下列要求:
——灭火器的定期检查应由企业相关专业人员承担或委托具有资质的维修单位进行；
——CO_2 灭火器每半年应检查一次重量,用称重法检查。称出的重量与灭火器钢瓶底部打的钢印总重量相比较,如果低于钢印所示量 50 g 的,应送维修单位检修；
——干粉灭火器每半年检查干粉是否结块；
——存在机械损伤、明显锈蚀、灭火剂泄漏、被开启使用过或符合其他维修条件的应及时维修,并保存相关维修记录；
——维修应由具有资质的单位的进行；企业每年制定灭火器维修计划,每次送修的灭火器数量不应超过计算单元配置灭火器总数量的 1/4；超出时,应选择相同类型和操作方法的灭火器替代,替代灭火器的灭火级别不应小于原配置的灭火等级；正常情况下的灭火器维修周期应符合 GB 50444—2008 表 5.3.2 的要求及其说明书的要求。

(7)灭火器报废应符合下列要求:
——灭火器经过维修,仍然不合格的应报废,其中筒体不合格,不得补焊,有锡焊、铜焊或补缀等修补痕迹的应报废；
——筒体严重锈蚀,锈蚀面积大于、等于筒体总面积的 1/3,表面有凹坑,应报废；

——筒体明显变形,机械损失严重的,筒体为平底等结构不合理的,应报废;

——没有生产厂名称和出厂年月,包括铭牌脱落,或虽有铭牌、但已看不清生产厂名称,或出厂年月钢印无法识别的,应报废;

——灭火器出厂时间达到或超过其标识说明的应报废;各类灭火器的报废期限,应符合 GB 50444—2008 表 5.4.3 的要求及其说明书的要求。

【解读】

本条款对灭火器的配备、日常管理等提出了规范要求,并要求形成各生产性场所和大型库房的室内消防栓、灭火器等消防设施和器材配备示意图或清单,包括配备位置、型号和数量等,在现场张贴或由所在部门保存;在执行中,应注意各个区域场所的灭火器配置需测算后按规范进行配置,需保留测算记录,灭火器配置时应充分考虑修正系数,具体要求见 GB 50140 第 7 章。

本条款的主要内容源于 GB 50140—2005《建筑灭火器配置设计规范》和 GB 50444—2008《建筑灭火器配置验收及检查规范》;灭火器的日常管理要求,应同时按 GA 95—2007《灭火器维修与报废规程》执行。

2.2.1.16.5 火灾自动报警系统

(1)设置和管理应符合下列要求:

——形成火灾自动报警系统设置的清单或图表,标明位置、种类和功能、检查检测周期和结果等;

——火灾自动报警系统的设置应符合 GB 50016—2006 中 11.4 的规定;应包括占地面积超过 500 m² 或总建筑面积超过 1000 m² 的烟草制品库房;其中进行磷化氢熏蒸杀虫的库房内,应安装使用抗磷化氢气体腐蚀和灰尘影响的自动火灾监控报警系统;

——火灾自动报警系统应设有自动和手动两种触发装置;各项功能应符合 GB 50166 的要求;

——火灾报警系统手动按钮附近应设置明显标志;

——每年至少进行一次全面检测,确保完好有效,全面检测应委托具有资质的单位进行;检测记录应当完整准确,存档备查。

(2)自动报警系统自行检查应每季度至少进行一次,并保存记录;检查内容应包括:

——火灾探测器类别、型号等标志清晰,表面无腐蚀、破损,无明显划痕、毛刺等机械损伤;探测器安装牢固;探测器上确认灯应当朝向进门时易观察的位置,并正常工作;

——每个防火分区至少设置一只手动火灾报警按钮,从一个防火分区内任何位置到最临近的一个手动火灾报警按钮的距离不应大于 30 m;手动火灾报警按钮应安装在墙上距地面高度 1.3~1.5 m;安装牢固,不应倾斜,且有中文标志;操作启动部件,手动火灾报警按钮应能输出火灾报警信号,其地址码应与报警控制器显示相同;报警按钮应同时有动作显示;

——火灾报警系统的主电源应当采用消防电源,主电源引入线应当直接与消防电源连接,严禁使用电源插头;主电源应当有明显标志;直流备用电源应当设置专用蓄电池;电源转换功能有效,主电切断时,备电应当能自动投入运行;当主电恢复时能从备电自动转入主电状态;电源指示灯功能有效,主、备电源自动转换时,主、备电源指示灯功能应当正常;

——报警功能有效,能直接或者间接地接收来自火灾探测器及其他报警触发器件的火灾报警信号,发出声、光信号;控制器第一次报警时,可手动消除声光报警信号,此时如再有火灾

信号输入时,应当能重新启动;

——当控制器和火灾探测器、控制器和传输火灾报警信号作用的部件发生故障时,应当能在 100 s 内发出与火灾信号有明显区别的声、光故障信号,且应当正确指示出故障部位;

——自检功能有效,控制器应当有本机自检功能,执行自检功能时,应切断受其控制的外接设备;自检期间,如非自检回路有火灾报警信号输入,控制器应当能发出火灾报警声、光信号;

——显示预报警和故障信号时,如有火灾报警信号输入,应当立即显示火灾报警信号;显示故障信号时,如有预报警信号输入,应当显示预报警信号;

——消音、复位功能有效,控制器处于火灾报警状态时,可手动消除声报警信号,并能手动复位;记忆功能有效,能存贮或者打印火灾报警时间和部位;

——楼层显示器应当安装于明显位置,其报警显示应当与火灾探测器、报警控制器相应,声、光报警信号正常;消音、复位功能正常。

【解读】

本条款所指火灾自动报警系统,包括烟感、温感等各类报警装置。本条款要求的每季度一次自行检查,一般由企业组织进行,也可委托由维保相关方进行;但年度全面检测应委托具有资质的单位进行。企业在执行时,可根据实际情况确定或增加规范要求,如自行检查维护时,检查项目及内容宜形成专用检查表,避免缺项和漏项,并有相关专业技术人员参加。

2.2.1.16.6 自动灭火系统

(1)设置和管理应符合下列要求:

——形成自动灭火系统设置清单或图表,标明各设置点的位置、自动灭火系统种类、检查检测周期和结果等;

——自动灭火系统的设置部位、种类等,应符合 GB 50016—2006 中 8.4 的规定;

——自动灭火系统的手动启动器等装置附近应设置明显标志;

——每年至少进行一次全面检测,确保完好有效,全面检测应委托具有资质的单位进行;检测记录应当完整准确,存档备查。

(2)自动喷水灭火系统应每季度至少进行一次自行检查,并保存记录;检查内容应包括:

——报警阀组应有注明系统名称和保护区域的标志牌,压力表显示应符合设定值;启闭标志应明显,采用信号阀时,反馈信号应正确;湿式报警阀上的压力开关应当能直接启动主泵;控制阀应全部开启,并用锁具固定手轮;

——报警阀等组件应灵敏可靠;压力开关动作应向消防控制设备反馈信号;开启试验阀,观察报警阀的启动,开启手动阀门,报警阀动作应当正常;

——预作用报警阀组空气压缩机和气压控制装置状态应正常,压力表显示应符合设定值;电磁阀的启闭及反馈信号应灵敏可靠;

——水力警铃应当安装在公共通道或者值班室附近的外墙上,与报警阀的连接长度不应大于 20 m,鸣响时间应在 90 s 内,且声音正常;

——试水阀门关闭后,湿式报警阀压力开关及水力警铃能及时复位;

——水流指示器应有明显标志;信号阀应全开,并应反馈启闭信号;水流指示器的启动与复位应灵敏可靠,并同时反馈信号;当信号阀关闭时,其反馈信号(报警信号)应正常;

——喷头应确保正常喷水,不应有变形和附着物、悬挂物,无堵塞、变形等影响使用的现象；

——喷淋水泵电源一旦失去，或主泵发生故障，备用电源能自动启动；水泵设备完整，无损坏、无锈蚀；止回阀、放水阀、泄压阀安装符合要求，无渗漏；进水管数量不少于2路；进出水口均安装压力表，且完好；出水压力表应在出口止回阀后；主泵与控制柜的标识应清晰且一一对应；阀门应设明显启闭标识；

——稳压系统常用电源一旦失去，或主泵发生故障，备用电源能自动启动；手动启停泵应正常；当达到设计启动条件时，稳压泵应立即启动；当达到系统设计压力时，稳压泵应自动停止运行；水泵设备完整，无损坏、无锈蚀；止回阀的阀门安装符合要求，无渗漏；压力表应在出口止回阀后，且完好；

——系统联动试验时，开启各区最不利点的末端排水装置，喷淋泵的动作情况应正常；测试各区最不利点及最有利点的动压，数据应符合设计要求；预作用、雨淋、水幕系统受火灾报警器或者转动管控制的自动联动应正常。

(3)气体灭火系统应每季度至少进行一次自行检查，并保存记录；检查内容应包括：

——防护区安全设施完好有效；防护区应有疏散通道、疏散指示标志和应急照明装置；防护区的门应向疏散方向开启，并能自行关闭；防护区内和入口处应设声光报警装置、释放指示标志；无窗或者固定窗扇的地上防护区和地下防护区应设置排气装置；门窗设有密封条的防护区应设置泄压装置；

——储瓶间及系统组件应有专用储瓶间，耐火等级不低于二级，门的耐火等级不应低于乙级；室内温度0~50℃，照明应满足操作要求；储瓶间出口应直通室外或者疏散走道；地下贮瓶间应设机械排风装置；组件应固定牢固，手动操作装置的铅封应完好，压力表的显示应正常；

——储瓶应有耐久性标记、编号，注明灭火剂名称；储瓶外观无机械性损伤；高压软管连接可靠；操作面距墙或者操作面间距不小于1 m；储瓶充装量称重或者查压力表符合要求；

——喷嘴的外观无机械性损伤，表面及孔口无污物；喷嘴安装间距不大于6 m，距墙不小于2 m且不大于4 m；

——选择阀手柄附近应有标明防护区的永久性标牌；

——阀驱动装置电磁驱动的，电气连接线敷设、电磁铁芯动作灵活性应符合要求；气动驱动的，气瓶电磁阀动作灵活性及电气连接敷设、驱动气体的压力值应符合要求；

——手动应当能启动气体灭火装置，自动延时30 s；防护区外声光报警情况正常；释放指示亮灯时间、复位情况正常；相关的联动设备动作情况正常；反馈至大楼中控室的信号情况(火警、放气、故障)正常。

【解读】

本条款所指火灾自动灭火系统，包括各类系统；本条款对各类系统的日常管理、全面检测作了通用要求，并对自动喷水灭火系统、气体灭火系统的具体检查内容作出了规范；由于缺乏相关的标准支撑，本条款未对其他自动灭火系统，如干粉、水雾等新型系统作出具体要求，企业可依据系统技术资料进行检查。

本条款要求的每季度一次自行检查，一般由企业组织进行，也可委托由维保相关方进行；但年度全面检测应委托具有资质的单位进行。

企业在执行时，可根据实际情况确定或增加规范要求，如自行检查维护时，检查项目及内容宜形成专用检查表,避免缺项和漏项,并有相关专业技术人员参加。

2.2.1.16.7 消防控制室

(1)消防控制室的设置应符合下列要求:

——建立消防控制室(含摄像监控装置、消防电话、报警装置、应急广播等)设备设施的清单或图表,标明位置、种类和功能、检查检测周期和结果等;

——不需或无法安装自动灭火和自动报警装置的生产车间、仓库(含露天堆场)和其他消防重点部位,如计算机房、档案室等场所应设监控点,安装摄像监控装置(可与治安监控系统共用),进行24小时监控;

——火灾自动报警系统、自动灭火系统、机械防烟和排烟设施、消防供水等设施的控制、消防电话、报警装置、应急广播等应设在消防控制室内;联网、联动控制、应急程序、信息记录等应符合GA 767的要求。

(2)消防控制室应符合下列要求:

——单独建造的消防控制室,其耐火等级不应低于二级;附设在建筑物内的消防控制室,宜设置在建筑物内首层的靠外墙部位,亦可设置在建筑物的地下一层,但应与其他部位隔开,并应设置直通室外的安全出口;不应设置在电磁场干扰较强及其他可能影响消防控制设备工作的设备用房附近;

——控制室门应向疏散方向开启,且入口处应设置明显的标志;室内严禁与消防控制室无关的电气线路和管路穿过;

——消防控制室的控制和显示功能有效;能控制消防设施的启、停,并应显示其工作状态;对消防水泵、防烟和排烟风机的启、停,除自动控制外,还应能手动直接控制;能显示火灾报警、故障报警部位;能显示保护和监控对象的重点部位、疏散通道及消防设备所在位置的平面图或模拟图等;能显示消防供电电源的工作状态;

——设置火灾报警装置和应急广播的控制装置。

(3)报警装置和应急广播应符合下列要求:

——报警装置应每个防火分区至少设置一个,位置宜设在各楼层走道靠近楼梯出口处;应有中文标志;

——报警装置应在接收火灾报警控制器输出的控制信号后,发出声警报或声、光报;

——应急广播应设置在走道和大厅等公共场所,其数量应保证从一个防火分区内的任何部位到最近一个扬声器的距离不大于25 m,走道内最后一个扬声器至走道末端的距离不大于12.5 m;

——应急广播扬声器外观完好,音质清晰;环境噪声大于60 dB的场所,声警报的声压级应高于背景噪声15 dB。

(4)消防专用电话系统应符合下列要求:

——消防控制室设消防专用电话总机,专用电话系统应为独立的通信系统;

——电话总机应与消防电话分机保持通信畅通,各消防值班室、企业消防队(站)、总调度室、灭火控制系统操作装置处或控制室、消防水泵房、备用发动机房、变配电室、主要通风和空调机房、排烟机房、消防电梯房等与消防联动有关的且经常有人值班的机房、应有分机;

——分机应以直通方式呼叫;消防控制室应能接受插孔电话的呼叫;

——消防控制室及各消防值班室、消防队(站)应设置可直接报警的外线电话或24小时开机的移动通讯设备。

【解读】

消防控制室是火灾报警系统、自动灭火系统及相关消防设施启动的终端控制部位,是企业消防设施的关键点;许多企业摄像监控系统与消防控制室同在一个场所统一管理,监控系统的日常管理和技术要求,可参照本条款执行。消防控制室的各种资料、应急报警处置程序、记录填写、信息传输等,具体可见 GA 767—2008《消防控制室通用技术要求》。

2.2.1.16.8　消防队(站)

(1)专职消防队(站)日常管理应符合下列要求:

——建立专职消防队设备设施台账或清单,登记各类设施设施的型号规格、数量、位置、管理人等,并规定需检测设备的检测周期;

——专职消防队应建立值班、接警等制度,包括建立接警台账、规定接警和与外部公安消防队联系的流程等;

——专职消防队参加灭火战斗后,应总结战斗情况,形成总结报告,对经验和教训进行分析,提出改进或整改意见,并报企业安全主管领导批准。

(2)专职消防队(站)训练应符合下列要求:

——专职消防队应建立日常训练的制度,并确定训练科目及其训练教材或方法;

——专职消防队训练内容重点是现场灭火和救援,应根据各现场的灭火方案进行训练;并保存训练记录;

——专职消防队的训练,每年宜安排数次公安消防队人员现场指导或组织联合训练;

——志愿消防队队员应参加企业火灾专项应急预案的演练,并参加本地区公安消防机构组织的演练;具体执行 YC/T 384 第 1 部分 4.18.3 的要求。

(3)设备设施应符合下列要求:

——专职消防队(站)应配备能与当地消防局消防指挥中心联通的无线通讯设备;每辆执勤消防车宜配备 1 台能同所属的公安消防中队联通的无线通讯设备;

——消防队(站)配备的消防车辆、灭火和抢险救援器材器材、救护器材等配备应符合国家城市消防站建设标准的规定;无车消防队(站)除车辆外,其余要求可参照其规定执行。

——每月对设备设施进行一次保养维护和外观检查,并保存记录;

——每半年对消防车进行一次系统检查,包括需由具有资质单位进行的相关设施检测,并保存记录;

——消防人员救护器材应定置摆放,并设置标志;每月检查一次,并保存记录;应按其使用周期和检查情况,及时更新。

【解读】

本条款所指专职消防队(站)包括有消防车辆和仅有专职消防队员的消防队(站)。专职消防队(站)的器材、装备、基础设施等配置和管理标准,应按公安部消防局组织修订的,由住房和城乡建设部、国家发展和改革委员会建标[2011]118 号文发布的《城市消防站建设标准》执行。

2.2.1.17　作业环境

【解读】

本模块重点对办公场所、厂区作业环境、车间作业环境和员工宿舍等 4 个要素提出了规范性要求。

本模块主要依据法规标准：
——GB 2894—2008《安全标志及其使用导则》；
——GB 50016—2006《建筑设计防火规范》；
——GB 50034—2004《建筑照明设计标准》；
——GBJ 22—87《厂矿道路设计规范》；
——YC/T 9—2005《卷烟厂设计规范》；
——YC/T 38—1996《卷烟厂照明设计标准》。

2.2.1.17.1 办公场所

(1)防火和消防应符合下列要求：
——消防通用要求，执行本部分4.1.1的要求；
——办公场所严禁带入易燃易爆和有毒有害物品，包括汽油、烟花爆竹、打火机加气罐、油漆及稀料等，需施工作业时应办理手续；
——办公场所应划定吸烟区，并放置烟灰缸等用于烟头熄灭的装置；严禁在吸烟区外吸烟，严禁烟头未熄灭人员离开现场；
——办公场所的安全出口设置应符合本部分4.16.2的要求；严禁堵塞或变相用作其他用途；安全疏散标志完好，并有应急照明。

(2)电气设施应符合下列要求：
——电气通用要求，执行本部分4.1.1的要求；
——办公场所严禁乱拉电线；严禁非专业人员拆装电源和电器设备；严禁使用煤气炉、电炉、电暖气等电加热器具；
——办公场所使用的空调器、饮水机、插座板等电器应具有"3C"认证标志；电器插头无松动、电源线无裸露、老化等现象。

【解读】

本条款重点规范了办公场所的电气和消防安全要求；办公场所电气故障是造成火灾的主要原因。办公场所的范围，除办公室外，应包括会议室等；企业在执行时，可根据实际情况确定或增加规范要求，如多功能会议室、大型会议室的灯光系统安全、人员疏散等；办公区域可结合5S管理规范要求进行定置管理；可在醒目位置设置办公室楼层分布平面示意图。

2.2.1.17.2 厂区作业环境

(1)厂区定置管理应符合下列要求：
——厂区有定置图，定置图上应注明各建筑物、物料堆放点、道路及管线等位置，厂区内无杂物，无图、物不符合等状况；
——工业垃圾和生活垃圾分开存放，并实现定点、定位；垃圾存放点有防吹散、防污染措施；
——危险固体废弃物应有专门存放点，存放点有防渗漏措施，且应按照国家规定由具有资质的单位回收；
——出入口不宜少于两个，主要人流入口宜与主要货流入口分开设置。

(2)厂区道路应符合下列要求：
——主干道、单向道及人行道宽度均应符合GBJ 22的相关规定，且主干道为环形，单向道在尽头应设置回车场；

——路基牢固，路面平坦，无台阶、无坑沟；盖板齐全，坡度适当；

——排水管网畅通，路面无积水、积油；

——道路土建施工应有警示牌或护栏，夜间要有红灯警示；

——铁路与道路交叉处的平交道口，应当设置警示灯、警示标志、铁路平交道口路段标线或者安全防护设施；

——跨越道路上空架设管线距离路面的最小净高不应小于 5 m，跨越道路上空的构建筑物距离路面的最小净高，应按行驶车辆的最大高度或车辆装载物料后的最大高度另加 0.5～1 m 的安全间距采用，并不宜小于 5 m；

——利用主干道一边堆放产品或停置车辆的应有划线标志；不应在转弯处或通道两侧堆放物品或停置车辆；各类主干道的通道线内不应存放任何物资、生产生活垃圾、车辆等。

(3) 厂区标志应符合 YC/T 323 的要求；其中：

——厂区门口、危险路段应设置限速标牌和警示标牌；厂区门口、危险路段的最高车速宜规定为 5 km/h；

——交叉路口若有视线盲区则应设反光镜，反光镜无破损，角度和高度应便于观察道路盲区，避免道路盲区和死角；

——厂区道路应有明显的人、车分隔线；

——在厂区设置禁止标志，如禁止吸烟、禁止烟火、禁止跨越、禁止攀登、禁止入内、禁止通行等；

——在厂区的危险部位、施工部位、交通要道等处应设置注意安全、当心触电、当心坠落、当心坑洞、当心滑跌、当心车辆、前方检修绕行等警告标志。

(4) 厂区照明应符合下列要求：

——照明灯布局合理，无照明盲区，厂区主干道和安全通道的照度满足行人和车辆的安全要求；符合 GB 50034 的要求；

——照明灯具完好率达 100%。

【解读】

本条款规范了企业室外厂区的作业环境安全要求，包括定置管理、道路、照明、标识等与安全相关的要求。厂内道路划分为主干道、次干道、支道、车间引道和人行道，主干道、单向道及人行道宽度均应符合 GBJ 22—87《厂矿道路设计规范》第三节厂内道路的要求。

2.2.1.17.3 车间作业环境

(1) 车间定值管理应符合下列要求：

——制定车间定置图，并根据现场变化及时更新；产生相同职业危害因素的作业相对集中，且与其他作业区域分开；员工休息间、会议室等聚集场所与作业区域隔离，疏散通道保持畅通；推车等简易搬运工具应明确规定放置地点；对安全通道和堆放物品的场所要划出明显的界限或架设围栏；堆放物品的场所应悬挂标牌，写明放置物品的名称和要求；

——工位器具、料箱摆放整齐、平稳，高度合适，沿人行通道两边无突出或锐边物品；

——按下列原则确定物品的放置方式：物料堆放整齐，重物在下，轻物在上，易损物品要固定，易倒物品要挤压住；长物要放倒，立体堆放的材料和物品要限制堆放高度，最高不应超过底边长的三倍；滑动物件要有支架或稳固措施，圆筒产品或工件滚动面不应面向安全通道；物料摆放不应超高;在垛底与垛高之比为 1∶2 的前提下,垛高不超过 2 m;泡沫塑料堆垛不超过 3.5 m;堆垛间距合理,便于吊装或保持消防通道畅通。

(2)通道和作业环境应符合下列要求:

——人车分离,车行道和人行道宽度符合标准,且通道线明显清晰;具体通道要求见表 2.10。

表 2.10 车间通道要求

通道要求	宽度/m
行人通道	≥0.8
叉车单向行驶	≥2.0
车行道	≥3.5

——车行道、人行道上方的悬挂物应牢固可靠;当人行道上方有移动物体时,应设置安全防护网;处于危险地段的人行道,应设置防护栏杆,并有警示标识;地面平坦,高低差不超过 5 cm;无绊脚物;坑、壕、池应设置盖板或护栏;排水管网畅通,路面无积油、积水;主干道及人行安全通道无占道物品;

——设备设施操作点脚踏板应齐全完好,牢固可靠,且采取了防滑措施;

——生产作业点、工作台面和安全通道采光照度应满足生产作业的要求,采光系数和天然光临界照度符合 GB 50034 的相关要求;疏散通道应配备应急照明灯;照明灯具应完好,符合设计要求,不应随意更换种类和功率。

(3)设备设施布局应符合下列要求:

——设备间距(以活动机件达到最大的范围计算):大型≥2 m、中型≥1 m、小型≥0.7 m;大小设备同时存在的,均按大型设备计算;其中设备外形最大长度≥12 m 为大型,6~12 m 为中型,<6 m 为小型;

——设备与墙、柱间距(以活动机件最大的范围计算):大型≥0.9 m、中型≥0.8 m、小型≥0.7 m;

——设备与墙柱之间应按照最大距离计算,大型≥1.1 m、中型≥0.8 m、小型≥0.7 m;

——在不影响操作的前提下允许放置工具箱;操作空间(设备间距除外),大型≥1.1 m、中型 0.7 m、小型≥0.6 m;

——各种操作、观察部位布置应便于操作,防止人员伤害、防止接触粉尘、噪声及有毒有害物质;各种操作、观察部位布置应符合人机工程学原则,防止操作者疲劳,防止造成健康伤害。

(4)安全标志应符合下列要求:

——应明确车间需有标志的部位及标志要求;

——各类标志的使用等应符合 YC/T 323 要求。

【解读】

本条款规范了企业车间内的作业环境安全要求,包括定置管理、道路、照明、间距、标识等与安全相关的要求;主要适用于生产性车间,其他车间可参照执行。

2.2.1.17.4 员工宿舍

(1)宿舍管理应符合下列要求:

——宿舍设管理员,负责对住宿人员的姓名、身份证号等进行登记,登记记录保存期至少

1年；

——住宿人员不应使用除宿舍配备的热水壶、电风扇、电视及个人电脑等以外的电气，如有特殊需要，应经过宿舍管理员和安全管理人员批准；不应在宿舍区域内存放易燃易爆物品；

——住宿人员不应私自带其他人员留宿；

——宿舍清洁人员每日清理房间，检查室内是否遗留易燃易爆等物品，烟灰缸内未熄灭的烟蒂不应倒入垃圾袋中。

(2)设备设施应符合下列要求：

——电气线路完好，严禁乱拉电线及电源接线板；使用的电视机、空调器、饮水机、插座板等电器应具有"3C"认证标志；电器插头无松动、电源线无裸露、老化等现象；

——消防器材应当设置在明显和便于取拿的地点，周围不准堆放物品和杂物；每月对消防设施和灭火器进行检查，并填写检查记录，现场人员不应挪动和破坏记录；

——房间内张贴应急疏散指示图或疏散需知；宿舍通道保持畅通，所在楼层应有两个以上安全出口，通道应有安全出口标志；疏散走道、楼梯间等安全疏散必经的部位，应设应急照明灯；

——房间内显著位置配置"禁止卧床吸烟"的标志，并放置烟灰缸；

——室内装修油漆、材料等应符合国家消防防火和健康环保标准，装修后室内空气质量应达标，投入使用后不应有异味；

——宿舍区饮水机宜每月进行1次消毒，保持记录；

——水龙头冷热标识清晰，地面采取有效的防滑措施；

——卫生间应有自然通风管井或独立机械排气装置；使用燃气热水器的，不应安装在浴室内，并有强制排风措施；

——淋浴房玻璃应粘贴防爆膜，以便减少玻璃碎裂伤人；

——浴室内无尖锐物。

(3)住宿人员行为应符合下列要求：

——室内不应存放或使用危险及违禁物品；

——不应躺在床上吸烟，烟灰、烟蒂不应丢弃地上；

——垃圾放入指定的垃圾桶内，不应乱扔、乱放。

【解读】

本条款规范了企业单身职工、外来务工人员等住宿场所的安全要求，包括职工临时或夜班住宿的宿舍，包括在厂区或厂区外的员工宿舍，不包括职工家属房。

企业应严格执行文件和档案管理制度，确保安全规程制度和操作规程编制、使用、评审、修订的效力。

企业应建立主要安全生产过程、事件、活动、检查的安全记录档案，并加强对安全记录的有效管理。

企业应有对安全规章制度和操作规程的编制、使用、评审、修订等环节进行明确要求的管理制度，明确职责，规范流程，保证效力。

企业应编制安全规章制度制定、修订的工作计划。计划的主要内容包括规章制度的名称、编制目的、主要内容、责任部门、进度安排等，确保企业安全规章制度建设和管理的有序、规范进行。

企业应对安全生产规章制度执行时所产生的一些记录和台账的编制、使用、保存进行管理,包括内部和外部的,主要有:安全生产会议记录、安全费用提取使用记录、员工安全教育培训记录、劳动防护用品采购发放记录、危险源等级台账、安全生产检查记录、授权作业指令单、事故调查处理报告、事故隐患整改记录、安全生产奖惩记录、特种作业人员等级记录、特种设备管理记录、外地施工队伍安全管理记录、安全设备设施管理台账(包括安装、运行、维护等)、有关强制性检测检验报告或记录、新改扩建项目"三同时"档案资料等。

企业把所作的安全管理工作按照制度要求记录在规定的载体上(包括各类登记记录本、检查表、报告、指令单、电子化文档等),并进行档案化管理,对所做的工作活动过程可以进行溯源,增强责任意识,提高绩效测量效率和效力,提升安全生产管理标准化工作质量和水平。

2.2.2 烟草工业企业安全技术和现场规范要求

2.2.2.1 制丝

【解读】

本模块适用于烟草工业企业制丝生产,涵盖了制丝车间生产作业现场涉及的作业现场要求、制丝线设备、储叶(丝、梗)柜、香精糖料配料间、设备安全装置保养检修等5个要素,规范了制丝生产线各设备的安全运行要求及设备安全装置的通用要求和保养检修要求。

本模块主要依据法规标准:

——GB 16754—2008《机械安全急停设计原则》;

——GB/T 18831—2002《机械安全带防护装置的连锁装置设计和选择原则》;

——GBZ 1—2010《工业企业设计卫生标准》

——YC/T 9—2005《卷烟厂设计规范》;

——YC/T 38—1996《卷烟厂照明设计标准》。

2.2.2.1.1 作业现场要求

——作业现场电气、消防、设备设施、安全运行、职业危害的通用要求,应符合本部分4.1的要求;

——作业现场的照明采光应满足安全作业要求,具体执行 YC/T 9、YC/T 38 的要求。

【解读】

本条款规范了作业现场的通用安全要求,具体解读见规范第2部分烟草企业通用安全技术和现场规范4.1模块中4.1.1—4.1.5的解读内容。

2.2.2.1.2 制丝线设备

(1)拆箱、开包、选洗梗应符合下列要求:

——人工拆箱、开包、选洗梗及其他粉尘较大场所,应有除尘装置;

——水洗梗使用热水,应有水温控制装置,并完好有效,防止烫伤。

(2)切片机应符合下列要求:

——附带的紧急停机拉绳(救命绳)无磨损,完好,保存更换记录;

——打开检修门时,报警声响提示,同时在程序上设置连锁,禁止启动;关闭检修门后,人工(或自动)在控制程序上进行复位,确认故障消除后才能重新运转;

——换刀时,刀片应移向上限位置,由安全杆固定;安全杆采取相应措施锁定,防止拆卸过

程中刀下落伤手;换刀时佩戴防割手套;

(3)微波松散应符合下列要求:

——设备开关有声音提示,并设置故障报警灯;设备箱内应设置摄像头监视,输出图像应清晰;前后抗流门密封条完好无损;

——如需进入设备内部工作,应关闭电源并上锁,或在电源开关旁设专人监护;同时支好抗流门保险支架后,方可进入;前后抗流门密封条不应粘连烟叶碎片,不应用沾有油污的器具接触密封条;进入谐振腔清扫或维修设备时,不应将任何物件遗留在谐振腔内;操作人员注意观察箱内摄像头图像,防止烟包内金属物接触微波引起升温冒烟;

——微波装置的控制应符合本部分4.1.5的要求。

(4)压梗机顶部和侧部安全防护罩和连锁装置应符合本部分4.1.3的要求。

(5)切丝、切梗机应符合下列要求:

——连锁装置应符合本部分4.1.3的要求;

——打开刀辊制动装置,刀辊停止转动;下切割条(下刀门)安全螺钉有效可靠;

——观察窗完好,透明度清晰,挡灰装置完好,能有效防止粉尘外泄;

——设备运行过程中,操作人员应观察砂轮磨刀产生的火花,集灰盒内保持清洁,防止火花引燃堆积粉尘;

——将机头罩打开,设备停止运转后方可进行砂轮安装;砂轮螺钉紧固,手动检查沙轮固定性;

——在机器停稳以后进行换刀活动,换刀片应佩戴防割手套;换刀时,将刀辊定位,夹刀板卸下放置稳当,装上刀片后,拧紧螺帽,盖好门罩后进行磨刀;机头架和磨刀打开时刀片落出,刀片锋利,操作时应注意防止划伤;

——每班清理除尘箱内的烟沫,防止磨刀火花残存引起烟沫阴燃。

(6)回潮加料类设备和干燥设备应符合下列要求:

——隧道式回潮加料设备上盖门接近开关连锁系统完好,符合本部分4.1.3的要求;

——隧道式烘丝机加热器密封完好;气流式烘丝机安全预警装置、自动喷淋装置等齐全、可靠,温度超过设定值时,自动报警启动;气流式烘丝机火花探测器检测到异常光亮时,自动报警启动;使用天然气、液化气、煤气时,宜安装可燃气体泄漏报警装置或配备便携式检测仪器;烘焙机光电开关接收和发射功能可靠有效,打开防护罩时,设备应自动停机,发出报警;

——烘丝机正常工作时严禁打开烘箱门,防止热气流烫伤;隧道式烘丝机停机快速冷却降温后,才允许打开接灰箱门,以防止自燃;及时清理烘干室内残留烟叶,防止残留烟叶燃烧。

(7)掺配作业应符合下列要求:

——设备筒体门连锁装置完好,有效,符合本部分4.1.3的要求;

——设备运转中不准随意打开或拆卸设备的安全防护装置,当发生物料堵塞时,除关闭电源开关外,还应关闭现场隔离开关,并挂上警示牌。

(8)辅连设备应符合下列要求:

——防护罩或防护盖,应符合本部分4.1.3的要求;

——启动输送设备前,确保设备上无人或异物;严禁踩压电子皮带秤、振槽、振筛、输送带。

(9)坏烟机应符合下列要求:

——翻箱机门连锁装置完好,符合本部分4.1.3的要求;

——上料输送带不畅或出现异常,应停机处理;拉车运送坏烟材料时,按规定路线运输,防止撞人;设备密闭不严,粉尘密度较大的作业环境,操作人员应佩戴防尘口罩。

【解读】

本条款重点描述了制丝线主要设备的安全技术,其中坏烟机,又称残烟处理机。解包、分切等工序使用的机械手、真空回潮使用的压力容器、筒类设备检修等,本条款未再列出要求,具体执行作业现场通用安全要求及特种设备等模块和要素的要求;制丝过程产生的粉尘需要关注,具体执行作业现场通用安全要求中4.1.5的要求。

2.2.2.1.3　储叶(丝、梗)柜

(1)储柜防护装置应符合下列要求:

——储柜尾部应设置观察门,出料口拨料辊应设置防护门,防护门张贴手部不应进入的警示标示;

——储柜开机工作后,宜悬挂正在运行的标志,或有工作灯显示正在工作。

(2)分配、铺料小车安全防护装置应符合下列要求:

——接近限位开关或行程开关完好,正常工作;当小车接近限位开关时,应有报警提示;

——机械防护撞块完好,弹簧无缺损。

(3)箱式储丝柜应符合下列要求:

——辊道输送线外露运动部位防护罩网、急停开关,符合本部分4.1.3的要求;

——储丝柜部件翻转、拆单等运动部位,应有防护栏或网,防止人员肢体进入,并有警示标志;宜有连锁装置;

——喂料机安全防护装置,急停开关符合本部分4.1.3的要求。

(4)安全运行应符合下列要求:

——开机前先启动报警器,确保柜内无人方可开机;

——巡检人员进入储丝柜巷道时,不准随意打开或拆卸运行设备的安全防护装置;

——小车运行时,人员不准进入辊道区;即使要调节接近开关,也应在柜外进行;

——操作人员不应随意进入柜内打扫卫生和处理故障,必须进入时,应先停机,在操作台挂警示牌,两人以上工作,方能进入柜内;

——清洁出料口拨料辊时,不可用手,应使用工具,同时应关闭隔离开关,挂上警示牌;当发生物料堵塞时,关闭隔离开关和电源开关,并挂上警示牌后,才允许疏通;

——清扫布料车上残留的烟叶或烟丝时,应关闭隔离开关,挂上警示牌;处理完毕后,方可复位。

【解读】

本条款规范了储叶(丝、梗)柜的安全要求;重点风险在于翻箱喂料工序,进入柜体内清扫作业需要挂牌警示,轨道布料机各种安全装置完好有效,电气开关、灭火器材等保持清洁,现场无杂物堆放。

2.2.2.1.4　香精糖料配料间

(1)香精存储和配料应符合下列要求:

——环境通风畅通,避免易爆气体浓度超标;

——无关人员不准进入,禁止火种入内,室内不得混放其他类物品;

——现场设置温度计,室内温度不应超过40℃。

(2) 糖料存储和配料应符合下列要求：

——压力容器储罐及附件悬挂定期检验合格标志；压力表应设置上限红线标志，压力控制在红线所示安全工作范围内；

——室内不得混放其他类物品。

(3) 安全运行应符合下列要求：

——搬运香精时，应轻拿轻放；防止倾倒，并拧紧桶盖；运送途中应远离火种，严防跑、冒、滴、漏，确保密闭性；

——溅在地面的汤料，要及时清洗，以免滑倒；

——配料间管道维修前应先进行通风清扫。

【解读】

本条款所指配料间，是仅进行香精香料配制的场所，如该场所同时储存非当班使用的较多酒精、香精时，应同时执行规范第2部分4.2.5危化品库房的要求，包括现场采用防爆型电气设施等。

企业在执行时，可根据实际情况确定或增加规范要求，如采用蒸汽辅助加热的需要保持良好通风、重点做好防止料液泄漏的应急准备工作。

2.2.2.1.5　设备安全装置保养检修

(1) 设备安全装置的通用要求，执行本部分4.1.6的要求。

(2) 核子秤、X光秤等放射源和放射装置应符合本部分4.1.5.3的要求。

(3) 微波松散设备安全连锁门应符合本部分4.1.3的要求。

【解读】

本条款规范了作业现场安全装置保养检修要求，其中安全装置通用要求具体见规范第2部分烟草企业通用安全技术和现场规范4.1模块中4.1.6；对基层部门设备安全装置的管理提出了明确的要求，安全职责要明确和落实到具体岗位和责任人；对设备安全装置的维护保养等应由设备主管部门和专业技术人员进行，安全管理人员或专兼职安全员每季度进行的是监督检查。

本条款还根据制丝生产的特点，强调了放射源、微波松散设备连锁门的保养检修要求；具体执行规范第2部分烟草企业通用安全技术和现场规范4.1模块中4.1.3、4.1.5的要求。

2.2.2.2　膨胀烟丝

【解读】

本模块涵盖了膨胀烟丝生产作业现场涉及的作业现场要求、CO_2法膨丝冷端设备、CO_2法膨丝热端设备、在线膨丝设备、储丝柜、设备安全装置保养检修等6个要素，对膨丝设备的安全管理、安全运行和设备安全装置的维护检修及应急准备等提出了规范性要求；如企业膨胀烟丝是制丝车间的一部分，可与制丝模块同时检查和考评。卷烟制造企业普遍使用的二氧化碳膨胀设备中有较多的压力容器，生产过程中容易导致人员缺氧窒息、冻伤、蒸汽烫伤、噪声较大等危害，本模块重点规范了安全要求；近年来一些企业已经开始使用在线膨丝设备，本模块也作了基本的安全要求。

本模块主要依据法规标准：

——GB/T 18831—2002《机械安全带防护装置的连锁装置设计和选择原则》；

——TSG R0004—2009《固定式压力容器安全技术监察规程》。
2.2.2.2.1 作业现场要求
——作业现场电气、消防、设备设施、安全运行、职业危害的通用要求,应符合本部分4.1的要求;
——作业现场的照明采光应满足安全作业要求,具体执行YC/T 9和YC/T 38的要求。

【解读】
本条款规范了作业现场的通用安全要求,具体解读见规范第2部分烟草企业通用安全技术和现场规范4.1模块中4.1.1—4.1.5的解读内容。

2.2.2.2.2 CO_2法膨丝冷端设备

(1)低压回收罐、高压回收罐、工艺罐、储罐应符合下列要求:
——构成压力容器的罐体和压力表、安全阀应悬挂定期检验合格的标志;压力管道应经常保持密闭;安全阀、调压阀启闭灵活,性能可靠;压力容器和压力管道的具体要求,执行本部分4.10.2、4.10.3的相关要求;
——应规定各种罐的正常和放气后压力值,并形成技术文件或标准;并下发到现场。

(2)浸渍器应符合下列要求:
——打开安全门,报警器应报警,程序自动切入安全模式;关闭安全门,应在程序上进行人工切换方可复位;
——配置超声波液位检测器或放射源液位检测器,避免浸渍器内部液态二氧化碳液位超高;
——浸渍器的橡皮密封圈应完好、可靠。

(3)应急准备和报警装置应符合下列要求:
——车间建立应急器材配置清单,并规定定期检查检测的周期和要求,其中应包括固定式二氧化碳浓度检测探头、手持二氧化碳检测仪、报警装置、自动/人工切换排风系统、空气呼吸器、灭火器材等;二氧化碳检测仪每半年定期校准,急排风系统每半年定期检查,空气呼吸器定期检验,并保存记录;
——制定现场应急处置方案,处置内容应包括二氧化碳泄漏、压力容器爆炸等。

(4)现场警示标志应符合下列要求:
——在储罐和浸渍器区域张贴二氧化碳性质说明标志;
——浸渍器出口处和干冰烟丝储存仓进口处张贴手勿直接接触干冰烟丝、防止冻伤的标志。

(5)安全运行应符合下列要求:
——设定专人负责对压力容器的安全管理;压力容器操作人员、维修人员按特种设备作业人员培训取证,并持证上岗;
——严格按冷端设备的开关顺序进行操作;当各压力容器的正常压力接近上限时,应检查设备并进行人工排气减压,使其压力达到要求;当压力容器压力出现异常波动时,现场应有2人以上进行处置;按工艺要求,定时检查压力容器罐的工作压力、液位等技术参数,并保持记录;非生产时段或节假日,应安排值班人员定时对压力参数进行跟踪,并保持记录。超压后应当及时对压力容器进行泄压;
——对二氧化碳充液供应运输单位、车辆和人员的资质进行审核,槽罐车应取得危险化学品运输证,检验合格证书,并在规定的检验期限内;槽罐车驾驶人员应取得所在地设区的市级

第2章 《烟草企业安全生产标准化规范》核心要素解读

人民政府有关部门考核合格上岗资格证;装卸和充装过程应在企业相关专业人员在现场监护下进行;

——浸渍器关闭上下盖过程中,安全门关闭情况下,任何人员不得进入关闭区域内;

——进入压力容器前,应先放压,并使用压缩空气置换;用手持二氧化碳检测仪检测压力容器内浓度,挂上警示牌方可进入;现场应有监护人;进入低温压力容器前,应先升温至接近常温状态;

——若需直接接触低温干冰烟丝时,应穿戴防冻手套等;进入二氧化碳浓度超标的容器内作业时,应佩戴空气呼吸器。

【解读】

本条款关于二氧化碳储罐的要求中,充装的安全要求,可参照 GB 17265—1998《液化气体气瓶充装站安全技术条件》执行,压力控制的要求企业应根据设备条件具体明确压力控制限值。

本条款不仅对冷端设备提出了明确的要求,同时对作业活动、劳动防护、应急处置也提出了相应的要求,企业执行时应将这些要求写入安全操作规程。

2.2.2.2.3 CO_2 法膨丝热端设备

(1)焚烧炉应符合下列要求:

——煤气、燃气、燃油管道、阀门,液化气瓶软管完好,无泄漏;使用煤气、燃气、液化气的区域张贴危险告知;存储燃油的储罐或油桶按本部分 4.2.6 的要求执行;

——现场应有强制排风装置;如燃烧装置在独立封闭的室内,宜使用防爆排风电机。

(2)干冰烟丝储存出口处张贴手勿直接接触干冰烟丝的标志。

(3)应急准备和报警装置应符合下列要求:

——建立燃气或一氧化碳浓度检测系统和应急器材配置清单;并规定定期检查检测的周期等要求,其中应包括固定式燃气浓度检测探头、手持燃气检测仪、报警装置、自动/人工切换排风系统、空气呼吸器、灭火器材等;气体检测仪每半年定期校准;急排风系统每半年定期检查;空气呼吸器每年定期检验;并保存记录;

——制定现场应急处置方案,处置内容应包括燃气泄漏、油品泄漏等。

(4)安全运行应符合下列要求:

——焚烧炉点火前,保证燃气进气压力,点火压力和压缩空气压力在正常范围内;

——开关蒸汽阀侧身站立,缓慢开启;

——清洁回潮筒、冷却振槽等运动设备时,关闭隔离开关,并用锁锁定,钥匙自带或交监护人;

——如需直接接触低温干冰烟丝时,应穿戴防冻手套、劳动防护鞋等;

——操作热端设备时应正确佩戴防噪音耳罩(塞)。

【解读】

本条款重点针对热端设备存在的高温烫伤、燃气或燃油泄漏等风险,对现场标识、检测和报警装置等提出了具体要求。本条款还对应急处置和故障排除等提出了较高的要求,企业执行时应将这些要求写入安全操作规程。

2.2.2.2.4 在线膨丝设备

(1)燃烧装置应符合下列要求:

——燃气、燃油管道、阀门无泄漏;使用燃气的区域张贴危险告知;存储燃油的储罐或油桶

按本部分4.2.6的要求执行;

——现场应有强制排风装置;如燃烧装置在独立封闭的室内,宜使用防爆排风电机。

(2)烘丝机设备应符合下列要求:

——隧道式烘丝机加热器密封完好;

——气流式烘丝机安全预警装置齐全、可靠,温度超过设定值时,自动报警启动;

——气流式烘丝机火花探测器检测到异常光亮时,自动报警启动;

——使用油料、天然气、液化气、煤气时,设置泄漏检测仪,当超过预置报警浓度,应发出报警;

——烘焙机光电开关接收和发射功能可靠有效,打开防护罩时,设备应自动停机,发出报警。

(3)烘丝机安全运行应符合下列要求:

——正常工作时严禁打开烘箱门,防止热气流烫伤;

——隧道式烘丝机停机快速冷却降温后,才允许打开接灰箱门,以防止自燃;

——及时清理烘干室内残留烟叶,防止残留烟叶燃烧。

【解读】

本条款重点规范了在线烟丝膨化设备、梗丝膨化设备、烘丝设备等在线膨胀设备及其作业的要求。

企业在执行时,可根据实际情况确定或增加规范要求,如使用燃气的现场设置燃气泄漏报警装置;烘丝过程中由于高温气流容易导致烟丝受热不均匀出现碳化、燃烧等情况,可加装火花探测器和温度传感报警器。

2.2.2.2.5 储丝柜

(1)储柜防护装置应符合下列要求:

——出料口拨料辊应设置防护门,防护门张贴手部不应进入的警示标志;

——储柜开机工作后,宜悬挂正在运行的标志,或有工作灯显示正在工作。

(2)分配、铺料小车安全防护装置应符合下列要求:

——接近限位行程开关完好,正常工作;当小车接近限位开关时,状态灯应亮起;

——紧急限位行程开关无位移,灵敏、可靠;

——机械防护撞块完好,弹簧无缺损。

(3)箱式储丝柜应符合下列要求:

——辊道输送线外露运动部位防护罩、网完好有效;急停开关完好有效;

——储丝柜翻转、拆单等运动部位,应有防护栏或网,防止人员肢体进入,并有警示标志;宜有连锁装置;

——喂料机安全防护装置、急停开关,符合本部分4.1.3的要求。

(4)安全运行应符合下列要求:

——开机前先启动报警器,确保柜内无人方可开机;

——巡检人员进入储丝柜巷道时,不准随意打开或拆卸运行设备的安全防护装置;

——小车运行时,人员不准进入辊道区;即使要调节接近开关,也应在柜外进行;

——操作人员不应随意进入柜内打扫卫生和处理故障,必须进入时,应先停机,在操作台挂警示牌,两人以上工作,方能进入柜内;

——清洁出料口拨料辊时,不可用手,应使用工具,同时应关闭隔离开关,挂上警示牌;当发生物料堵塞时,关闭隔离开关和电源开关,并挂上警示牌后,才允许疏通。

【解读】
本条款要求同制丝模块 5.1.3 要求,如制丝和膨胀烟丝同一车间共用储丝柜,不必分别检查和考评。

2.2.2.2.6　设备安全装置保养检修
(1)设备安全装置的通用要求,执行本部分 4.1.6 的要求。
(2)液位探测器放射源、核子秤、X 光秤等放射源和放射装置管理应符合本部分 4.1.5.3 的要求。
(3)煤气、燃气、燃油管道和阀门、液化气瓶软管管理应符合下列要求:
——指定设备管理人员,每月检查一次,确保无泄漏,并保持记录;
——定期更换液化气软管,并保存记录。

【解读】
本条款规范了作业现场安全装置保养检修要求,其中安全装置通用要求具体见规范第 2 部分烟草企业通用安全技术和现场规范 4.1 模块中 4.1.6;对基层部门设备安全装置的管理提出了明确的要求,安全职责要明确和落实到具体岗位和责任人;对设备安全装置的维护保养等应由设备主管部门和专业技术人员进行,安全管理人员或专兼职安全员每季度进行的是监督检查。

本条款还针对膨胀烟丝生产设备特点,规范了放射源、燃气管道、阀门、软管的检查等要求,其中放射源控制具体执行规范第 2 部分烟草企业通用安全技术和现场规范 4.1 模块中 4.1.5.3 的要求。

2.2.2.3　卷接包和滤棒成型

【解读】
本模块涵盖生产作业现场要求、卷接包、滤棒成型、运输和配料、设备安全装置保养检修等 5 个要素;如企业卷接包和滤棒成型分设两个车间,本模块通用要求及相关内容可分别检查和考评。

本模块主要依据法规标准:
——GB 16754—2008《机械安全急停设计原则》;
——GB/T 18831—2002《机械安全带防护装置的连锁装置设计和选择原则》;
——GB/T 20867—2007《工业机器人安全实施规范》;
——YC/T 9—2005《卷烟厂设计规范》。

2.2.2.3.1　作业现场要求
——作业现场电气、消防、设备设施、安全运行、职业危害的通用要求,应符合本部分 4.1 的要求;
——作业现场的照明采光应满足安全作业要求,具体执行 YC/T 9、YC/T 38 的要求。

【解读】
本条款规范了作业现场的通用安全要求,具体解读见规范第 2 部分烟草企业通用安全技术和现场规范 4.1 模块中 4.1.1—4.1.5 的解读内容。

2.2.2.3.2 卷接包

(1)卷接机应符合下列要求：

——电烙铁周围严禁堆放纸屑、抹布、棉纱及其他易燃物品；关机后，电烙铁应能自动抬起或自动脱离；

——盘纸自动换盘机防护门连锁装置完好，人员进入应停机；急停开关符合本部分4.1.3的要求；

——卸盘机和装盘机各防护门连锁装置完好有效，符合本部分4.1.3.1的要求；卸盘机机械手应有旋转的警示标志，并符合本部分4.1.3的要求；装盘机翻转部位门应有连锁装置，并完好有效；

——操作中严禁用手触摸各种刀口；及时清除刀头箱内烟沫和杂物和刀头箱内壁上的油泥，刀头箱内不得有残余火星，防止堆积物起火；

——卷接机磁选部件周边应设置强磁场警告标示。

(2)包装机应符合下列要求：

——电烙铁周围严禁堆放烟丝、纸屑、抹布、棉纱及其他易燃物品；关机后，电烙铁应能自动抬起或自动脱离；

——手工包装时，电烙铁电源线长度不应超过3 m，并不得有接头；插座应安装漏电保护器，烙铁应固定或放置在指定的位置，工作完毕应切断电源；

——包装机热熔胶温度控制装置完好；加热部位有中文防止烫伤的警示标志，并完好无损；加注热熔胶操作时要轻放，防止溅出烫伤人体；

——缓冲器储罐或储箱的门完好，宜有连锁装置，并完好有效。

(3)装封箱机应符合下列要求：

——装封箱机热熔胶，具体要求同本部分5.3.2.2的要求；

——排除条盒输送道故障时，应使用专用登高梯。

(4)喷码间(机)应符合下列要求：

——喷码液等化学品存放室内应有强制通风设施，并使用防爆电气；室内严禁烟火，设置禁止烟火标志，并保存化学品危险特性表(MSDS)；

——喷码液等化学品存放应分类，并防止泄漏；

——清洗或加注喷码剂时，应防止泄漏，并佩戴防护眼镜、胶皮手套。

(5)集中供胶设施应符合下列要求：

——储罐罐体及附件完好，无裂缝、无损坏；构成压力容器的，应悬挂罐体及安全阀、压力表等附件检验合格标志；压力表的刻度盘上应划有最高工作压力红线标志；具体执行本部分4.10.3的要求；

——控制柜故障报警装置应完好有效；急停开关应完好有效；

——预处理、加胶等作业时，应防止溅出。

【解读】

本条款规范了卷接机组、包装机组、装封箱机、喷码设备、集中供胶装置的要求，其中重点是连锁装置、电烙铁、热熔胶等设备设施、喷码液危化品控制、噪声控制等。企业执行时，可根据实际情况确定或增加规范要求，如卷包车间的烟丝储存设备、烟箱(条包)输送设备等，可根据各自具体情况作出规范性要求；采用人工供胶的应考虑有可靠的登高用具。

2.2.2.3.3 滤棒成型

(1)滤棒成型机应符合下列要求:

——手工包装时,电烙铁电源线长度不应超过 3 m,并不得有接头;插座应安装漏电保护器,烙铁应固定或放置在指定的位置,工作完毕应切断电源;

——醋酸纤维密封罩通向的单独除尘间,应有泄爆面,安装防爆灯。

(2)三醋酸甘油酯加料应符合下列要求:

——进料口应采取防静电接地措施;

——储箱浮球阀完好,无破损;管线应使用耐酸管,无破损;

——设备运行时,禁止打开三醋酸甘油酯箱盖,防止液体喷出。

(3)切刀操作应符合下列要求:

——严禁用手触摸各种刀口;

——及时清除刀头箱内粉尘、杂物和刀头箱内壁上的油泥,刀头箱内不得有残余火星,防止堆积物起火。

(4)防尘应符合下列要求:

——滤棒输送管道应密闭,无泄漏;

——醋酸纤维和丙酸纤维使用现场宜安装密封罩,防止粉尘扩散。

(5)滤棒输送机管道孔周边设防护栏,严禁跨越。

【解读】

本条款规范的要求中,滤嘴成型机组通用安全技术要求同卷接设备,滤棒发射机参照通用安全技术要求执行。醋酸纤维和丙酸纤维粉尘对人体有较大危害,因此宜安装密封罩;如无法安装,则该现场应按规范第 1 部分职业危害作业场所识别的要求,列为职业危害场所进行控制,操作人员工作时佩戴防尘口罩。

2.2.2.3.4 运输和配料

(1)运输线路应符合下列要求:

——运输线路下方的通道净空高度应大于 2 m,不足时应该张贴警示标识;

——人员需要跨越输送线的地段应设置通行过桥,通行过桥的平台、踏板应防滑,其结构应符合本部分 4.6.3 的相关规定;

——使用悬挂式宜安装防坠落护网,运行时周边不应高处作业,不应在周边放置可能碰撞的物品;

——皮带、链式输送机在两边应设置防跑偏挡轮,并运转灵活,销轴无窜动,急停开关完好有效;

——链式输送机上坡、下坡处应设置防停车及断链时而导致事故的止退器或捕捉器,并运行可靠。

(2)材料输送系统应符合下列要求:

——系统区域应封闭管理,人员进入时应停机;

——区域及每个材料进出口处,应设置安全连锁装置,且完好、有效,符合本部分 4.1.3 的要求;

——每个材料进出处设置紧急停止拉绳或开关,并完好有效;

——物料小车内不应放置其他任何物品;吸盘下方有防护板,运行时挡住物料防止其坠落;运行时有声光提示;小车运行时周边区域严禁高处作业,并设置警示标志。

(3)垂直提升机应符合下列要求:
——设置上升、下降限位装置及止挡器;
——四周加装防护网,并悬挂警示标牌;
——穿越楼层而出现孔口时应设护栏。

(4)智能小车应符合下列要求:
——小车前、后的光电和机械防碰装置完好、有效,碰撞后小车立即停止;
——小车属具应保持完好,清洁,不应有破损、开裂、松动等现象,不应有杂物、棉纱等缠绕影响属具的正常功能;防止载货架越程的限位装置完好、有效;
——运行时发出声光信号;
——小车运行转弯处,应设置警示标志;
——小车上张贴定期检验合格标志,确保在有效期内使用。

【解读】

本条款对机台物料配送系统、条包/烟箱输送设备提出了通用性的要求;由于各企业使用的设备各异,执行时可根据实际情况确定或增加规范要求,并可编制具体的安全操作规程。

2.2.2.3.5 设备安全装置保养检修

(1)设备安全装置的通用要求,执行合本部分4.1.6的要求。
(2)设备放射源和放射装置管理应符合本部分4.1.5的要求。

【解读】

本条款规范了作业现场安全装置保养检修要求,其中安全装置通用要求具体见规范第2部分烟草企业通用安全技术和现场规范4.1模块中4.1.6;对基层部门设备安全装置的管理提出了明确的要求,安全职责要明确和落实到具体岗位和责任人;对设备安全装置的维护保养等应由设备主管部门和专业技术人员进行,安全管理人员或专兼职安全员每季度进行的是监督检查。

本条款还针对部分企业卷包车间还存在放射源的特点,规范了放射装置的检查等要求,具体解读见规范第2部分烟草企业通用安全技术和现场规范4.1模块中4.1.5的解读内容。

2.2.2.4 薄片生产

【解读】

本模块重点针对造纸法薄片和辊压法薄片生产过程中的设备、操作、管理提出了规范性要求,其中造纸法薄片设备安全除浸取、萃取、喷涂等特有工序以外的其他设备可参照造纸设备安全技术要求进行规范;辊压法薄片生产经常在制丝车间内部,可与制丝模块一起检查和考评。

本模块主要依据法规标准:
——GB 16754—2008《机械安全急停设计原则》;
——GB/T 18831—2002《机械安全带防护装置的连锁装置设计和选择原则》;
——GB/T 20867—2007《工业机器人安全实施规范》;
——YC/T 9—2005《卷烟厂设计规范》。

2.2.2.4.1 作业现场要求

——作业现场电气、消防、设备设施、安全运行、职业危害的通用要求,应符合本部分4.1

的要求；

——作业现场的照明采光应满足安全作业要求,具体执行 YC/T 9 和 YC/T 38 的要求。

【解读】

本模块规范了作业现场的通用安全要求,具体解读见规范第 2 部分烟草企业通用安全技术和现场规范 4.1 模块中 4.1.1—4.1.5 的解读内容。

2.2.2.4.2　造纸法薄片生产线

(1)投料和萃取设备设施和作业应符合下列要求：

——筛选和投料作业的投料口应设有防护网罩,防护网罩有可靠的刚性和强度,网格的大小应保证操作人员的手指不能触及到危险部位,且安装牢固可靠；操作平台防护栏高度、踢脚线；斜梯应完好且符合本部分 4.6.3 的要求；

——输送设备(喂料机、振筛、螺旋输送、螺旋泵、皮带输送器等)外露转动部分的防护装置完好有效,符合本部分 4.1.3.1 的要求；

——挤浆机、挤压疏解机外露转动部位防护装置完好有效,符合本部分 4.1.3 的要求；

——储液罐、预浸罐、浸提罐、热水罐等罐类设备(含带搅拌机和不带搅拌机的)散热孔应设防护网格,并安装牢固,无破损；人孔应有盖,盖子完好无破损；操作平台防护栏高度、踢脚线、斜梯应完好且符合本部分 4.6.2 和 4.6.3 的要求；带搅拌器的罐类设备外露运动部位应有防护装置,且完好有效,符合本部分 4.1.3 的要求；热水罐保温层完好,无泄漏；

——筛选和人工投料操作人员,在操作时应佩戴防尘口罩；

——挤浆机、挤压疏解机等发生堵塞等故障时,排除故障前应切断电源停机,并在电源开关处悬挂禁止合闸的警示标志；输送设备发生堵塞,需疏通时应使用工具,不能用手代替工具。

(2)制浆设备设施和作业应符合下列要求：

——盘磨机、疏解机、水力碎浆系统、精浆机、匀浆机、圆网浓缩等设备外露转动部分的防护装置完好有效,符合本部分 4.1.3 的要求；操作平台防护栏高度、踢脚线、斜梯完好,符合本部分 4.6.2 和 4.6.3 的要求；

——当设备外露运动部位无法全部设置有效防护时,制浆生产设备设施周围应划出安全警示线,除取样、检测、维修、操作等情况外,其他人员不应随意进入警示线内；

——叩后罐、配浆罐、配制罐、损纸池等罐类池类设备散热孔应设防护网格,并安装牢固,无破损；人孔应有盖,盖子完好无破损；操作平台防护栏高度、踢脚线、斜梯应完好,罐内部直梯完好,直梯踏棍应有防滑措施；符合本部分 4.6.2 和 4.6.3 的要求；带搅拌器的罐类设备外露转动部位应有防护装置,且完好有效,符合本部分 4.1.3 的要求；

——气浮槽外露转动部分的防护装置完好有效,符合本部分 4.1.3.1 的要求；操作平台防护栏高度、踢脚线、斜梯完好,槽边设护栏,护栏高度应高于 1.05 m,符合本部分 4.6.2 和 4.6.3 的要求；

——全区域操作人员在操作或巡视时应佩戴防噪声耳塞；配制罐和气浮槽加药时应佩戴防尘口罩；

——设备运行时,不得随意打开或拆卸防护装置,人体和工具不应接触设备运转部件；磨盘安装时应由机修工进行,应有两人操作,其中一人负责现场监护；气浮槽刮板作业时,周边人员不应将手伸入槽内；圆网浓缩机换网时,应有两人操作。

(3)制涂布液设备设施和作业应符合下列要求:
——双效蒸发器管道上的安全阀和压力表等按特种设备进行定期检验,并有检验合格标志;蒸汽管道应保持密闭,无漏水、漏气等现象;压力管道的安全阀、调压阀启闭灵活,性能可靠;蒸汽管道应加上保温、防护层,管道应标出流向,符合本部分4.10.3的要求;压力表应设置上限红线标志,压力控制在红线所示安全工作范围内,符合本部分4.10.2的要求;
——涂布液调配室内应有通风设施,并工作正常,室内空气良好;投料平台防护栏高度、踢脚线、斜梯完好,符合本部分4.6.2和4.6.3的要求;
——罐类设备散热孔应设防护网格,并安装牢固,无破损;人孔应有盖,盖子完好无破损;平台防护栏高度、踢脚线、斜梯完好,符合本部分4.6.2和4.6.3的要求;外露运动部位的防护装置完好有效,符合本部分4.1.3的要求;
——涂布液调配时应佩戴防尘口罩;设备设施清洁保养时,作业人员应穿防护鞋;
——设备运行时,不得随意打开或拆卸防护装置,人体和工具不应接触设备运转部件;
——进入一效和二效蒸发缸蒸汽控制压力应不高于规定的压力;随时观察,发现安全阀失灵等原因造成超压及时采取措施处置,并保存记录;
——一效和二效蒸发缸清洗时,开盖时应用单梁吊起吊缸盖,吊钩应有防脱钩的保险装置;吊索无严重磨损或腐蚀、严重变形、断股或断丝;具体执行本部分4.10.5的要求。

(4)抄造设备设施和作业应符合下列要求:
——抄造生产设备设施周边应划出安全警示线,除引纸、巡检、取样、检修及排除故障等情况外,其他人员不应随意进入警示线内;开动任何转动设备前(压榨、刮刀,等),操作人员应在安全线外,并检查确认安全线内设备周边无人,先打铃警示后开机;
——在生产线的蒸汽管道,烘缸外露部位、涂布机转动部位、万向连轴部位等人员可能接触的设备运动部位,人员可能接触的运转的网、毛毯等部位均应设置防止烫伤、严禁触摸等警示标志;
——流浆箱需打开时,应先停机;停机和重新启动时应由控制室进行操作;流浆箱平台应有防滑措施;平台防护栏高度、踢脚线、斜梯完好,符合本部分4.6.2和4.6.3的要求;
——压榨辊、真空吸移辊周边设置防护网,防护网应有足够的强度和刚度,无明显的锈蚀或损坏,符合本部分4.1.3.1的要求;周边照明灯具完好率达100%;照度符合要求;
——大烘缸和小烘缸属于压力容器,缸及安全阀、压力表等应定期检验,检验合格标志应在现场存放或悬挂;具体执行本部分4.10.2的要求;
——楼层间空洞周边应有防护栏;大烘缸平台防护栏高度、踢脚线、斜梯完好,防护栏高度符合本部分4.6.3的要求;
——引纸部位应确定在两个缸体均向上旋转的部位,并悬挂引纸处标志;无关人员不应进入;
——干燥烘箱应配备刚性支撑杆,烘箱抬起时应即装上,以防止因压缩空气系统或设备失灵造成烘箱盖合闭;刚性支撑杆不应丢失或不使用;烘箱盖与热风进风宜设置连锁且完好有效,打开烘箱盖,停止进热风;烘箱交接处和出纸口处应有防护栏,其高度符合本部分4.6.3的要求;
——全区域操作人员在操作或巡视时应戴防噪声耳塞;流浆箱唇板部件非常锋利,调整时操作人员应戴防割手套;设备设施清洁保养时,作业人员应穿防护鞋;

——引纸作业由经过专门培训的指定人员进行,并在指定的缸体向上旋转部位进行;大烘缸和小烘缸连接处不能作为通道,引纸、维修等作业需进入时应注意安全,采取防护措施;

——设备运行时,不得随意打开或拆卸防护装置,人体和工具不应接触设备运转部件;清洗时需打开或进入流浆箱,应由操作室停止成型网工作后方可打开或进入。

(5)分切打包设备设施和作业应符合下列要求:

——分切机维修走道两端应有禁止入内的警示标志,并设隔离护栏,除检修时停机后及引纸、取样等情况外,平时不应进入;顶部滑盖平台防护栏高度、踢脚线、斜梯完好,符合本部分4.6.2和4.6.3的要求;

——滚筒式薄片烘干机蒸汽管道、热交换器保温层完好,阀门完好,无漏气现象;外露转动部位、突出的旋转部位应有防护罩,并完好有效;

——打包机周边设置防护栏;打包带作业部位应有禁止手进入危险部位、禁止跨越设备的警示标志;设备小车运行区域设人员不应进入的警示标志;

——喂料机、振槽、皮带输送器、冷却网输送器等输送设备和分切机、烘干机清洁保养时,使用气体吹扫的操作人员应佩戴防尘口罩;设备设施清洁保养时,作业人员应穿防护鞋;

——设备运行时,不得随意打开或拆卸防护装置,人体和工具不应接触设备运转部件;输送设备发生堵塞等情况需处置时,应使用工具,不应用手操作;分切机顶盖工作时不应打开,排除故障和检修时需打开时应停机;打开后应悬挂警示标识,防止误操作开机;操作时防止刀片伤手;打包机操作人员手部不应进入打包带部位,排除打包带故障时应防止割伤。

【解读】

造纸法薄片生产涉及的风险较大,本条款规范了主要的控制要求,其中压力容器、压力管道等应同时执行规范第1部分特种设备基础管理和第2部分特种设备安全技术和现场规范的要求。造纸法薄片生产过程中的一些特殊安全要求,企业在执行时,可根据实际情况确定或增加规范要求,如可参考造纸企业安全标准化考评标准中的设备管理考评内容进行规范。

2.2.2.4.3 辊压法薄片设备

(1)安全防护装置应符合下列要求:

——传送蛟龙送料口基面安装防护罩,两侧安装高、宽各1 m的防护栏,地面设有黄色警示围线,防止人员误进入喂料口;

——外露转动部位、突出的旋转部位应有防护罩,并完好有效;

——工作平台防护栏高度、踢脚线、斜梯完好,符合本部分4.6.2和4.6.3的要求。

(2)除尘装置应符合下列要求:

——密封设施或吸尘罩应与独立的除尘系统相连;

——碎料机掺兑配料口等应密封并安装吸尘罩。

(3)烘干机应符合下列要求:

——热辐射电热板外部应加装保温隔热材料且其表面温度不应超过110 ℃;

——温度超过设定值时,自动报警启动。

(4)设备运行和作业应符合下列要求:

——上料输送带不畅或出现异常,应停机处理;

——拉车运送坯烟材料时,按规定路线运输,防止撞人;

——碎料机掺兑配料口操作人员及其他设备密闭不严,粉尘密度较大的作业环境,操作人员应佩戴防尘口罩。

【解读】

本条款规范了辊压法薄片生产的主要安全要求,其他通用要求与制丝设备接近,可参照执行。

2.2.2.4.4 设备安全装置保养检修

(1)设备安全装置的通用要求,执行合本部分4.1.6的要求。

(2)罐体和筒类备连锁装置管理应每季度至少由设备检修人员进行一次维护检修,并保存记录。

【解读】

本条款规范了作业现场安全装置保养检修要求,其中安全装置通用要求具体见规范第2部分烟草企业通用安全技术和现场规范4.1模块中4.1.6;对基层部门设备安全装置的管理提出了明确的要求,安全职责要明确和落实到具体岗位和责任人;对设备安全装置的维护保养等应由设备主管部门和专业技术人员进行,安全管理人员或专兼职安全员每季度进行的是监督检查。

造纸法薄片生产使用罐类和筒类设备较多,应每季度至少由设备检修人员进行一次维护检修,并保存记录。

2.2.3 烟草商业企业安全技术和现场规范要求

2.2.3.1 烟叶工作站

【解读】

本模块所指的烟叶工作站,是指烟草企业在国家下达烟叶收购计划的地区设置的开展烟叶工作的基层单位,主要包括烟叶收购现场、仓储现场等。本模块对站区环境布局、站区管理、分级打包作业、库房储存和装卸作业等4个要素提出了规范要求。

本模块主要依据法规标准:

——YC/T 336—2010《烟叶工作站设计规范》;

——国家烟草专卖局、公安部第1号令《烟草行业消防安全管理规定》;

——公安部令第6号《仓库防火安全管理规则》。

2.2.3.1.1 站区环境布局

(1)站区环境应符合下列要求:

——烟叶工作站周边不应有危险化学品、烟花爆竹及其他易燃易爆品生产和存储单位,包括加油站;烟叶工作站周边和站内不应设置油库及其他危险物品存放点;烟叶工作站应与居民区等有较远距离,宜距离30 m以上;

——站区及周边不应堆放任何易燃物,周围的杂草应及时清除;

——站区应划定办公区、烟农休息区、车辆停放区和装卸、收购区、存储区等区域,并设置区域标志;其中车辆停放和装卸活动应距离存储区至少1.5 m以上,并划定警戒线;

——站区内宿舍应距离存储区有较远距离,宜距离15 m以上,并有区域护栏、围墙隔开;

——站区内变配电设施应独立设置配电房,宜设置独立发电机房和水泵房;

——站区应采用围墙或围栏与外界形成有效隔离;站区围墙与站区内建筑之间的间距不

宜小于 5 m;

——站区应安装使用防盗、防抢、防侵入的监控或报警系统,如视频监控、红外监控等;

——站内不应搭建临时建筑,如确实需要时,应经过审批。

(2)站区道路应符合下列要求:

——主要通道宽度不小于 8 m,一般通道不小于 4 m;

——道路上空的架栈桥等障碍物,其净高不应低于 5 m;

——不应在道路上堆放物品、停放车辆、搭建建筑物;

——消防通道应畅通,消防车可及时调头,无占道堵塞现象。

(3)站区所在建筑物应当安装防雷装置,具体执行本部分 4.9.7 的要求。

【解读】

本条款规范了烟叶收购站的环境、道路、消防、防雷等安全要求,具体内容源于 YC/T 336—2010《烟叶工作站设计规范》,并结合实际规定了具体要求。

2.2.3.1.2 站区管理

(1)站区日常管理应符合下列要求:

——烟叶工作站应列为消防安全重点部位;应在现场张贴消防警示标识、消防控制提示牌或告知牌,设置防盗设施;

——站区设专兼职安全员,应同时承担消防安全工作,或单独配备专兼职消防员;

——站区需要动火,应按规定办理动火审批手册手续;在收购季节不应动火;

——烟叶工作站应制定现场灭火处置方案,并以书面文本下发到现场;宜张贴在便于看到的位置;每半年进行一次现场灭火处置方案演练,并保存记录;

——进入站区的人员,禁止在库区内吸烟,站区应有明显的禁烟标志;应设置吸烟室,室内配置带水的烟灰缸等装置;

——烟农进入烟叶工作站时,不应乘坐在拖拉机等非客车内,站区大门应有明显的警示标志,并有保安人员检查;

——机动车辆应划定停车和行驶通道;机动车辆装卸物品后,不准在库区、库房、货场内停放和修理;

——原烟入库前应当有专人负责检查,确定无火种等隐患后,方准进入存储区;

——站区应设置保安值班人员,实行 24 小时值班巡查,保存巡查记录。

(2)宿舍管理应符合下列要求:

——站区宿舍住宿人员,应建立登记台账,登记其身份证、所在单位等;

——室内设施应符合安全要求,有相关防火标志。

(3)消防给水和供电应符合 YC/T 336—2010 中的要求,其中:

——消防用水应得到保证,可由城市给水管网、天然水源或消防水池供给;利用天然水源时,应设置可靠的取水设施;宜配置移动式消防泵;

——应布置环状给水管网;环状管网的输水干管及向环状管网输水的进水管不应少于两条,当其中一条发生故障时,其余的干管应仍能通过消防用水总量;供水系统的其他要求,具体执行本部分 4.16.3 的要求;

——消防及火灾报警联动系统用电设备应设置备用电源;消防用电的其他要求,具体执行本部分 4.16 的要求。

【解读】

本条款规范了烟叶收购站的现场管理要求,尤其是对烟农车辆和人员安全、烟农休息室消防安全、宿舍安全等提出了具体要求。企业执行时,可根据实际情况确定或增加规范要求,如站区内宜分为办公区和作业区并隔离。

2.2.3.1.3　分级打包作业

(1)作业现场电气、消防、设备设施、安全运行、职业危害的通用要求,应符合本部分4.1的要求。

(2)设备设施和安全标志应符合下列要求:

——设备运动部位应有防护罩、网或设置防护栏,并完好有效;

——设备设施所带的安全标识完好,清晰,不被遮拦;外文的安全标识应翻译后张贴中文标识;

——车间内有相应危险的区域、部位等,宜有防止危险的相应标志。

(3)作业安全应符合下列要求:

——烟叶分级检查时,应防止手接触烟叶内混杂的尖锐物品,宜使用工具、戴防护手套;

——打包作业及缝包时应防止工具误伤肢体;

——使用平板要轻拿轻放,不要使用已损坏的平板;

——烟叶打包后要及时堆放,以免阻塞通道;堆放应平整,固定牢固,防止掉下砸伤人;

——人工推车的液压、机械、紧固、转向等装置完好有效。

【解读】

本条款规范了分级打包作业的安全要求;分级打包属劳动密集型作业,重点是人员的个体防护、设备的安全防护和现场的安全规范,其中作业现场安全通用要求,具体解读见规范第2部分烟草企业通用安全技术和现场规范4.1模块中4.1.1—4.1.5的解读内容。

企业在执行时,可根据实际情况确定或增加规范要求,如分级打包作业人员需佩戴防护口罩。

2.2.3.1.4　库房、储存和装卸作业

(1)库房、储存和装卸应符合要求,具体执行本部分4.2及下列要求:

——农药、化肥应根据其化学类型确定存储位置,不应混合存储;

——各类农药、化肥存储现场应有其产品标识,并注明其化学性质;

——农药、化肥存储的其他要求,参照本部分4.2.5的要求执行;

——其他烟用物资存储的其他要求,参照本部分4.2.2的要求执行。

(2)装卸现场应有人员负责调度管理,向现场装卸人员和驾驶人员交代安全注意事项,并监督检查;

【解读】

本条款规范了烟草工作站相关的周转库房、烟用农资库房,烟叶库房等仓储、装卸的现场管理要求,其设施、作业等通用要求,应按规范第2部分4.2模块的相关要素执行。

2.2.3.2　卷烟分拣和配送

【解读】

本模块对商业企业的分拣配送中心作业现场、配送车辆运输、货款结算等3个要素提出了

规范性要求;配送中心的成品卷烟仓库按规范第 2 部分 4.2 模块中 4.2.2 烟草制品仓库要求进行规范。

本模块主要依据法规标准:
——GB 16754—2008《机械安全急停设计原则》;
——GB/T 18831—2002《机械安全带防护装置的连锁装置设计和选择原则》。

2.2.3.2.1　作业现场要求

作业现场电气、消防、设备设施、安全运行、职业危害的通用要求,应符合本部分 4.1 的要求。

【解读】

本条款规范了作业现场的通用安全要求,具体解读见规范第 2 部分烟草企业通用安全技术和现场规范 4.1 模块中 4.1.1—4.1.5 的解读内容。

2.2.3.2.2　分拣输送系统

(1)自动开箱和分拣机
——自动开箱机应使用有机玻璃罩等隔离,有机玻璃罩无破损,透明度良好;
——设置安全警示标识,如"刀具危险"等。
(2)设备安全装置保养检修应符合本部分 4.1.6 的要求。

【解读】

本条款规范了分拣现场的设备安全要求,重点是安全防护装置控制,其中安全装置通用要求具体见规范第 2 部分烟草企业通用安全技术和现场规范 4.1 模块中 4.1.6;对基层部门设备安全装置的管理提出了明确的要求,安全职责要明确和落实到具体岗位和责任人;对设备安全装置的维护保养等应由设备主管部门和专业技术人员进行,安全管理人员或专兼职安全员每季度进行的是监督检查。

企业在执行时,可根据实际情况确定或增加规范要求,如分拣系统作业现场的定置管理,分拣后标识要清晰、醒目,分区存放。

2.2.3.2.3　配送运输

(1)车辆装置和管理应符合下列要求:
——建立配送车辆专用台账或清单,登记车辆的驾驶人员、押运人员、运输路线等;
——车辆应配备防盗、防抢设施;包括固定于车辆上的车载保险箱、窗口防护栏、电警棍等;
——车辆宜安装 GPS 系统,对车辆运输进行全程监控;
——车辆的通用要求,具体执行本部分 4.5.3 的要求。
(2)配送运输应符合下列要求:
——建立天气预警制度,向驾驶人员通报每日配送区域天气状况,发现异常气象条件,应采取措施或停止运输;
——每辆配送车辆应配备押运人员;上、下车后应关闭门窗;货款及时装入车载保险箱;
——驾驶人员和押运人员应随时携带通讯工具,并携带配送路线相关派出所报警电话号码;
——配送车辆不准捎带无关人员。

【解读】

本条款规范了配送运输的安全要求,其中提出了建立天气预警制度的要求,对于路况比较复杂、地质灾害频发以及极端恶劣天气较频繁的地区尤为重要,预警发布后应及时调整作业计划。

企业在执行时,可根据实际情况确定或增加规范要求,如配送车辆工作结束后统一存放到指定地点。

2.2.3.2.4 货款结算安全要求

(1)制定货款结算制度时,应包括以下安全要求:

——在相关制度或培训中,对结算人员的人身安全、资金安全等作出有效的控制措施;

——明确结算人员的相关职责;

——对结算人员进行防抢、防盗知识培训,宜有防抢、防盗应急处置方案。

(2)现金结算应符合下列要求:

——设置现金保险箱,保险箱所在的车辆、房间应安装防盗门,窗户应有防盗网;

——对现金存放数量应作出规定,宜不超过当日收取的总额;

——确定可携带现金的人员,携带现金外出时应有两人同行;

——到较远处缴款应派车,数额较大时,宜派保安人员同行。

(3)电子结算应符合下列要求:

——对电子结算的密码应规定可知晓的人员;不应将密码记录在公开的记录本、电脑内;

——在银行结算柜台或设备上从事电子结算时,应防止周边人员盗取密码;

——电子结算的单据不应随意丢失,应妥善保存或销毁。

【解读】

本条款规范了结算环节的安全要求,重点在于结算环节的防抢防盗。

2.2.3.3 烟草营销场所

【解读】

本模块所指烟草营销场所,是指烟草商业企业自建的卷烟直营店,不包括烟草公司批准的社会营销店。本模块对环境和设施、安全管理和运行2个要素进行了规范;重点内容在于防火和防盗抢,确保货物和资金安全;其中物品存放区域可参照库房管理要求执行。

本模块主要依据法规标准:

——GB/T 13869—2008《用电安全导则》;

——国家烟草专卖局、公安部第1号令《烟草行业消防安全管理规定》;

——公安部令第6号《仓库防火安全管理规则》。

2.2.3.3.1 环境和设施

(1)建筑物和环境应符合下列要求:

——门店建筑物及其装饰物符合安全和防火要求,无漏雨、开裂、坍塌、异味等现象;

——店堂内地面平整,无积水和突出物;柜台及物品放置有序,通道畅通;

——外部的店牌、广告牌、空调室外机、室外照明灯具、霓虹灯等安全牢固。支架无严重锈蚀和变形现象,固定螺栓无松动现象;沿街悬挂物和电线高度应大于2.5 m;可能对行人造成影响的应有警示标志或采取防范措施;电线无破损、不松弛;灯具和灯管不松动、无脱落现象;

——门店的玻璃门、墙安装牢固。支架无严重锈蚀和变形现象,固定螺栓无松动现象;玻璃无破损,衔接口无脱胶现象;营业区域内落地式玻璃门、玻璃墙,应当设置安全警示标志,安

全标志应当明显并保持完好,便于公众识别;

——下雨时,门店进口处应放置防滑标志牌,宜设有放置雨伞的装置;保持营业场所地面整洁、干燥;

——门店内保持整洁、卫生,通风良好。

(2)电气应符合下列要求:

——现场电气符合本部分 4.1.1 的要求;使用的空调器、饮水机、插座板等电器应具有"3C"认证标志;电器插头无松动、电源线无裸露、老化等现象;

——严禁使用煤气炉、电炉、电暖气等电加热器具;经过企业相关部门批准方可使用电水壶、微波炉、电磁灶、电饭煲、空调、冰箱等用电设备,并保存批准记录;

——灯箱、广告牌、室外霓虹灯的电源及照明灯具接线应符合规范,店内安装的密闭式灯箱、广告牌的箱体应留有散热孔。

(3)消防安全应符合下列要求:

——现场消防符合本部分 4.1.2 的要求;场所内严禁存放非经营的易燃易爆和有毒有害物品,包括汽油、打火机加气罐、油漆及稀料等,需施工作业时应办理审批手续;

——场所内应划定吸烟区,并放置烟灰缸等用于烟头熄灭的装置;严禁在吸烟区外吸烟,严禁烟头未熄灭人员离开现场。

【解读】

本条款规范了营销场所现场环境要求,除规范了电气、消防设施等要求外,还特别规范了室外的店牌、广告牌、空调室外机、室外照明灯具、霓虹灯等悬挂物品的安全要求,防止坠落或漏电对行人造成伤害。

2.2.3.3.2　安全管理和运行要求

(1)银箱和防盗应符合下列要求:

——现金存放应配置保险箱、密码柜等银箱;宜固定在地面或建筑物上;银箱应有专人管理;

——安装防盗报警器;宜设置与公安机构 110 联网的报警监视装置;

——店门应采用防盗门、卷帘门等;宜采用双人双锁;

——珍贵烟、酒应登记,整件或整箱的应集中存放并加锁;

——制定现场遭遇抢劫的现场处置方案;在确保人身安全的前提下及时报警;

——当日营业款由员工自行前往银行解款时,应执行专人及两人以上护送的制度。

(2)值班和检查应符合下列要求:

——建立现场值班制度,规定节假日、夜间等值班的规定;规模较大的营销场所宜安排每日非营业时间值班或巡查;

——现场设兼职安全员或由负责人在下班检查电源、气源、水源、门窗的关闭和烟蒂的清理。

【解读】

本条款规范了日常的安全管理和运行要求,其中重点是防抢防盗和值班检查要求。企业在执行时,可根据实际情况确定或增加规范要求,如安装防盗报警装置应相对隐蔽,无人值守时应布防布控。

2.3 考核评价准则和方法

"考核评价准则和方法"（YC/T 384.3）综述

前言

YC/T 384《烟草企业安全生产标准化规范》分为三个部分：
——第1部分：基础管理规范；
——第2部分：安全技术和现场规范；
——第3部分：考核评价准则和方法。

本部分为 YC/T 384 的第3部分。

本部分按照 GB/T 1.1—2009 给出的规则起草。

请注意本文件的某些内容可能涉及专利。本文件的发布机构不承担识别这些专利的责任。本部分由国家烟草专卖局提出。本部分由全国烟草标准化委员会企业分技术委员会（SAC/TC144/SC4）归口。

本部分起草单位：国家烟草专卖局经济运行司、上海烟草集团有限责任公司、云南中烟工业有限责任公司、福建中烟工业公司、川渝中烟工业公司、河北中烟工业公司、中国烟草总公司吉林省公司、中国烟草总公司云南省公司、北京寰发启迪认证咨询中心。

本部分主要起草人：谢亦三、张一峰、孙胤、唐春宝、徐建宁、蔡汉力、陈薇、韦博元、王鹏飞、徐本钊、褚娴娟、牛进坤、杨达辉、李世冲、卢俊权、赵亮、赵小骞、张博为。

引言

YC/T 384《烟草企业安全生产标准化规范》以 AQ/T 9006—2010《企业安全生产标准化基本规范》为编制依据，并结合烟草企业的特点而编制；本标准以上海烟草集团有限责任公司安全标准化系列标准为基础重新编制。

YC/T 384《烟草企业安全生产标准化规范》的编制目的是为规范烟草企业安全生产标准化提供依据；为职业健康安全管理体系的有效运行提供操作层面的技术支撑，保证安全基础管理、生产经营设备设施、作业环境和作业人员行为处于安全受控状态，促进企业职业健康安全管理绩效的提升。

考核评价是安全生产标准化的重要环节，用以验证烟草企业，含下属生产经营单位的安全生产标准化和职业健康安全管理体系运行绩效，为安全工作持续改进提供科学、客观的依据。

YC/T 384.2 中 4.1"作业现场通用安全要求"不单独作为考评要素，其考评要求已经纳入了相关现场的考核评价表内。

本部分编制了各模块及其要素的考核评价表，在考核评价时可依据其编制更加具体的考评检查表。

1 范围

本部分规定了烟草企业安全生产标准化的考核评价的准则和方法。本部分适用于烟草工业企业和商业企业，含烟叶复烤、卷烟制造、薄片制造、烟草收购、分拣配送、烟草营销等企业及下属的生产经营单位，不含烟草相关和投资的其他企业，如醋酸纤维、烟草印刷等企业；烟草相关和投资的其他企业可参照执行。

2 规范性引用文件

下列文件对于本文件的应用是必不可少的。凡是注日期的引用文件,仅注日期的版本适用于本文件。凡是不注日期的引用文件,其最新版本(包括所有的修改单)适用于本文件。

AQ/T 9006—2010　企业安全生产标准化基本规范

YC/T 384.1—2011　烟草企业安全生产标准化规范 第1部分:基础管理规范

YC/T 384.2—2011　烟草企业安全生产标准化规范 第2部分:安全技术和现场规范

3 术语和定义

AQ/T 9006界定的以及下列术语和定义适用于本文件。(为了便于使用,以下重复列出了AQ/T 9006中的某些术语和定义。)

3.1　安全绩效 safety performance

根据安全生产目标,在安全生产工作方面取得的可测量结果。

[AQ/T 9006—2010,术语和定义3.2]

3.2　安全生产标准化考核评价 work safety standardization evaluation

对安全生产标准化建设的考核和评价,包括企业自评、复评、达标评级;自评是以生产经营单位为主体,根据安全生产标准化规范进行的内部自评;复评指在自评基础上组织的安全生产标准化复评,当年不复评的进行抽样复核;达标评级指按规定的评级周期对生产经营单位进行的达标评级,分为一、二、三级达标单位,一级为最高。

3.3　安全生产标准化考评 evaluation personnel of work safety standardization

经过培训后确定的、熟悉安全生产标准化规范和考核评价准则、方法相关内容、具备进行安全生产标准化自评和复评所需的相应能力的人员。

【解读】

(1)考核评价是安全生产标准化的重要环节,用以验证烟草企业,含下属生产经营单位的安全生产标准化运行绩效,为持续改进提供科学、客观的依据;本部分仅规范了安全生产标准化考核评价准则和方法,重点规范了企业的自我评价流程和要求,明确了自我评价以生产经营单位为主体。

(2)本部分规范要求编制的依据主要是AQ/T 9006—2010《企业安全生产标准化基本规范》;AQ/T 9006—2010《企业安全生产标准化基本规范》要求,企业安全生产标准化工作实行企业自主评定、外部评审的方式;企业应当根据本标准和有关评分细则,对本企业开展安全生产标准化工作情况进行评定;自主评定后申请外部评审定级;安全生产标准化评审分为一级、二级、三级,一级为最高;安全生产监督管理部门对评审定级进行监督管理。

(3)本部分附录包括了各模块和要素的考核评价表,其中YC/T 384.2中4.1"作业现场通用安全要求"不单独作为考评要素,其考评要求已经纳入了第二部分相关现场的考核评价表内,在复烤生产线、制丝、膨胀烟丝、卷接包和滤棒成型、薄片生产、卷烟分拣和配送等考评要素中均包括了作业现场通用安全要求的考评内容和考评分值。

2.3.1 安全生产标准化日常检查

2.3.1.1 安全生产标准化检查的组织和实施

企业及其下属生产经营单位的安全生产标准化日常检查是考核评价的基础;应依据

YC/T 384.1和YC/T 384.2的要求进行,检查的频次和要求具体执行YC/T 384.1中4.19的要求。

2.3.1.2 安全生产标准化日常检查要求

(1)检查内容及记录宜使用应本部分附录的考核评价表,也可结合实际编制各要素的检查表,但检查要求不应低于本部分附录同类考核评价表的内容要求。

(2)安全生产标准化的日常检查应保存记录。

【解读】

(1)本节规范了企业安全生产标准化检查的要求,强调应依据规范第1部分、第2部分的要求进行日常安全检查,避免日常管理与安全生产标准化出现"两张皮"现象,也为企业安全生产标准化自我评价奠定基础。

(2)4.1.2.1条款提出了企业编制各要素检查表的建议,对企业而言是非常适用的方法。

2.3.2 安全生产标准化自评要求

2.3.2.1 自评的程序和方法

(1)自评应符合AQ/T 9006关于自我评价的要求。以生产经营单位为主体,每年进行一次完整的安全生产标准化自评;自评组织方式可结合单位实际确定,包括采取集中检查打分或依据日常安全检查、内审的结果计算打分等方法,但应覆盖应考核的全部规范要求,并符合抽样比例的要求。

(2)自评应在单位主要负责人、安全主管领导的领导下进行;应组成自评组,安全管理部门及相关职能部门、工会或员工代表、注册安全工程师等参加;自评组可下设各专业自评小组;组长及各专业组长应由取得烟草企业安全生产标准化考评员资质的人员担任。

(3)自评应编制自评计划,明确分组情况和日程安排,并下发各接受检查的部门,提前做好自评的各项准备。

(4)自评的准备、实施和记录,应符合下列要求:

——本部分附录考核评价表所列考核评价项目中,如果企业及其下属生产经营单位无安全技术和现场规范的某些模块或要素,可删减;基础管理部分的模块不得删减,如模块中无某些要素,视同得分;

——依据《安全生产标准化考核评价要素及分值一览表》(附录A),删减本单位无关模块或要素后,确定考评要素和应得分值,并统计每一要素考评涉及的人员、文件资料、设备设施、现场等数量,填入《安全生产标准化自/复评汇总表》(参见附录B);

——自评依据应本部分附录的考核评价表(附录C、附录D、附录E、附录F)进行;通过现场抽查、查阅资料和记录、询问、对日常检查记录进行统计分析等方式,对各考评要素进行打分并填入各考核评价表;自评得分计算方法同达标评级;

——自评时,对人员、文件资料、设备设施、现场等抽查数量,应符合附录G《安全生产标准化考评抽样方法》的要求;

——自评完成后,由自评组汇总考核评价分值填入《安全生产标准化自/复评汇总表》(参见附录B);经自评组成员签字、安全管理部门审核和安全主管领导批准后,报上级公司和复评单位。

2.3.2.2 自评后的整改

自评完成后,应根据自评发现的不符合组织整改;整改情况应跟踪验证,保存记录,并形成《安全生产标准化自/复评整改情况汇总表》(附录 H),报上级公司和复评单位。

【解读】

(1)4.2.1.1 规定了以生产经营单位为主体,每年进行一次完整的安全生产标准化自评;可结合日常安全检查、内审等,进行每季度或月度的局部评价,但每年应涵盖全部范围,并符合抽样比例的要求;省级公司的相关部门,尤其是技术中心、车队、仓库等部门也可参照此要求进行自评,具体可由省级公司组织。

(2)4.2.1.2、4.2.1.3 规定了自我评价组的组成、自评计划等流程性要求,特别强调组长及各专业组长应由取得烟草企业安全生产标准化考评员资质的人员担任。

(3)企业在组织自我评价前,应先确认评价范围;需依据《安全生产标准化考核评价要素及分值一览表》(本部分附录 A),删减规范第 2 部分本单位无关模块或要素后,确定考评要素和应得分值,并统计每一要素考评涉及的人员、文件资料、设备设施、现场等数量,填写《安全生产标准化自/复评汇总表》;规范第 1 部分的内容不得删减。

(4)评价对象的数量统计及自我评价的抽样方法,应注意:

——不应有遗漏,尤其是长期或经常在企业工作的相关方现场和设备设施、作业活动,也应纳入评价范围;

——基础管理部分的评价对象数量,如部门危险源辨识表数量、需制定部门目标的部门数量、车间班组数量、特种设备数量、特种作业人员和特种设备作业人员数量、重点相关方数量、职业危害作业点及接触人员数量等能够统计数量的应进行统计,以便于抽查;其他无法统计的可不进行统计;自我评价时对资料、记录、人员等进行抽样检查、询问,根据不同要素的内容,抽样方法可包括按资料数量抽样、按设备总数抽样、按班组总数抽样、按职业危害点和人员数量抽样等;抽样数量不少于总数的 10%,但最少不能少于 5 个,实际数量低于 5 个时全部检查;当资料、记录等无法统计总数时,至少抽 5 个,实际数量低于 5 个时全部检查;当考评对象不能计数时,按定性要求进行检查;

——安全技术和现场规范部分,考评对象数量均应进行准确统计,统计可依据相关要素要求建立的清单或台账进行,如没有清单或台账要求,可根据现场数量统计;自我评价时抽样按设备设施或物品、作业现场、现场资料、现场记录等的拥有量(H)比例抽样:$H \leqslant 10$,抽 100%;$10 < H \leqslant 50$,抽 10 项;$H > 50$,抽 20%;企业进行初次自我评价时,建议对所有考评对象进行检查,以便发现问题及时整改。

2.3.3 安全生产标准化复评和达标评价概述

2.3.3.1 复评的程序和方法

(1)复评应符合 AQ/T 9006 关于指导、监督,独立评审的要求。安全生产标准化复评每三年进行一次;当年不进行复评的应由上级公司进行安全检查,对自评情况进行抽样复核。

(2)复评由取得烟草企业安全生产标准化考评员资质的人员组成复评组进行,可下设各专业复评小组。

(3)复评组应根据各考评单位考评要素、自评及整改结果,确定复评组内部分工和复评计划,并在现场考评五天前将计划下发考评单位,做好各项准备。

(4)复评的准备、实施和记录,应符合下列要求:

——复评依据本部分附录的考核评价表(附录C、附录D、附录E、附录F)进行;通过现场抽查、查阅资料和记录、询问、对日常检查记录进行统计分析等方式,对各考评要素进行打分并填入各考核评价表;

——复评时,对人员、文件资料、设备设施、现场等抽查数量,应符合《安全生产标准化考评抽样方法》(附录G)的要求;

——复评完成后,由复评组汇总考核评价分值后形成《安全生产标准化自/复评汇总表》(附录B);经复评组成员签字,复评单位审核、批准后,向考评单位公示。

2.3.3.2 复评分值

复评得分可对照自评结果和整改情况进行调整,可调整的分值为:

——自评已经发现的不符合,复评时已完成整改的,不再扣分;

——自评已经发现的不符合,复评时已制定了整改计划还未完成的,按原扣分标准的一半扣分。

2.3.3.3 复评后的整改

复评完成后,应根据复评发现的不符合组织整改,整改情况应跟踪验证,保存记录,并形成《安全生产标准化自/复评整改情况汇总表》(附录H),经安全主管领导批准后上报上级公司和复评单位。

2.3.3.4 达标评级方法

(1)安全生产标准化达标评级每三年进行一次,以复评的结果为依据。

(2)达标评级以复评得分为基础,当年未完成省级公司下达的事故控制指标,下降一个等级;当年发生重大安全事故(含生产安全、消防、道路交通和职业危害事故)不得评为达标单位。

(3)达标评级结果在行业内公示。达标等级称号有效期为三年,每年对达标单位进行抽样复核,发现考评分值未达标,应要求限期整改,未按规定完成整改,取消原等级;当年未完成省级公司下达的事故控制指标,下降一个等级;当年发生重大安全事故(含生产安全、消防、道路交通和职业危害事故),撤销达标单位称号。

2.3.3.5 达标评级标准

(1)达标评级得分的计算方法

达标评级以复评分值为依据,满分为1000分,其中安全技术和现场规范按设备设施和作业情况进行删减后确定考评应得分值;考评单位的达标评级实得分计算方法为:

$$K = A + B \times \frac{650}{C} \tag{2.1}$$

式中:

K——达标评级实得分;

A——基础管理规范的复评实得分;

B——安全技术和现场规范删减后的复评实得分;

C——考评单位安全技术和现场规范删减后的应得分。

(2)达标企业等级

——烟草企业安全生产标准化一级达标单位：达标评级实得分不少于900分；

——烟草企业安全生产标准化二级达标单位：达标评级实得分不少于800分；

——烟草企业安全生产标准化三级达标单位：达标评级实得分不少于700分。

【解读】

(1)4.3.1.1规定了省级公司的复核要求：当年不进行复评的应由上级公司进行安全检查，对自评情况进行抽样复核；省级公司的复核也可作为省级公司的自我评价，在对各单位的评价情况进行确认的同时，确认省级公司申报评价的等级。

(2)达标评价分值的计算，也适用于企业自评分值计算；如某企业自评时，基础管理部分考评实得分为307分；安全技术和现场规范部分删减部分要素后应得分为580分，考评实得分为508分；其自评级实得分为：307+508×(650÷580)＝307+508×1.12＝307+569.96＝875.96。

(3)本部分规范了复评的周期为每三年进行一次；根据安委[2011]4号《国务院安委会关于深入开展企业安全生产标准化建设的指导意见》和安委办[2011]18号《国务院安委会办公室关于深入开展全国冶金等工贸企业安全生产标准化建设的实施意见》，烟草企业的安全生产标准化考核评价由评审组织单位对申请进行初步审查、评审单位进行现场评审并形成评审报告、安全监管部门进行审核和公告、安全监管部门或其确定的评审组织单位颁发证书和牌匾；规范本部分内容的具体实施方法，将按国家安全生产监督管理总局相关规定执行。

2.3.4　烟草企业安全生产标准化考评员

2.3.4.1　考评员选聘和要求

(1)考评员选聘

为确保安全生产标准化考核评价工作的科学性、公正性、客观性，应选聘烟草企业安全生产标准化考评员。

(2)考评员任职条件

安全生产标准化考评员的任职条件是经过培训熟悉安全生产标准化规范相关内容、具备进行安全生产标准化相关考评所需的相应能力。

2.3.4.2　培训和取证

(1)考评员培训取证

省级公司在下属生产经营单位推荐的基础上，选择考评员人选，并组织培训；培训内容应依据基本教材，并学习相关法规、国家和行业标准、考评方法和技巧等；培训后进行书面考试，考试合格后颁发烟草企业安全生产标准化考评员资格证书。

(2)继续教育

烟草企业安全生产标准化考评员每三年进行一次继续教育，重新颁发考评员资格证书；企业场所、工艺、设备等有较大变动时，应及时进行继续教育，重新颁发证书。

【解读】

(1)本部分内容规范了烟草企业安全生产标准化考评员的选择和培训、取证要求；其中规定由省级公司组织培训并发证，主要适用于企业自我评价的人员；外部评审单位评审员的培训和取证将由各级安全生产监督管理部门组织进行。

(2)本部分内容仅对考评员的培训取证作了原则性要求,各省级公司在组织考评员培训时,可探索如何提升考评员的综合素质及如何分专业进行培训,以便于在企业自我评价和省级公司复核时能准确把握评价标准。

2.3.5 各模块安全生产标准化考核评价表

【解读】

本部分附录列出了基础管理规范和安全技术和现场规范中各模块的考核评价表,企业在自我评价时应加以应用,并注意以下相关事项。

(1)基础管理规范的各模块考核评价表中,相关要素项下带*项为重点项目;如该项目无任何资料,即未开展该项工作,企业及下属部门资料全部为空白,则扣除该要素全部分值,而不是扣除本模块全部分值;带*项下的资料或内容不全、运行的不符合,一处仍然仅扣1分,如有5处发现不符合,扣5分,最多扣除本要素全部分值。

(2)安全技术和现场规范的各模块考核评价表中,相关要素项下带*项为否决项目;如该项目发现不符合,则扣除本要素全部分值,而不是扣除本模块全部分值;这是非常严格的扣分方法,是基于烟草企业安全设施良好的基础及严格要求确定的;其他项下的不符合,一处仍然仅扣1分,如有2处发现不符合,扣2分,最多扣除本要素全部分值。

(3)基础管理规范、安全技术和现场规范的各要素之间,设定有重复扣分的项目;当基础管理某考核项目发现不符合,可能会涉及现场规范某项目扣分,反之现场的扣分可能会造成基础管理某项目扣分,因为基础管理水平在某种程度上决定了现场规范的执行情况,而现场规范的绩效又往往是基础管理水平的体现。

(4)尽管规范的考核评价表力求便于考评人员现场打分,但企业自评中,如何打分仍然需要考评人员公正、合理和严谨,且保持各组、各人评分的统一、规范性。

附录

附录1 安委[2011]4号《国务院安委会关于深入开展企业安全生产标准化建设的指导意见》

附录2 安委办[2011]18号《国务院安委会办公室关于深入开展全国冶金等工贸企业安全生产标准化建设的实施意见》

附录3 国烟办综[2011]261号《进一步加强烟草企业安全生产标准化建设工作的通知》

复习思考题:
1. 试描述基础管理部分的考核要素及相关要求。
2. 理解安全技术与现场规范的考核内容。
3. 了解烟草企业安全生产标准化的考核相关要求。

第3章 企业安全生产标准化建设

本章主要内容：
- ◆ 介绍了企业安全生产标准化建设的流程；
- ◆ 分析了企业安全管理制度完善要求和方法；
- ◆ 介绍了设备设施的隐患排查和现场操作的安全标准化。

学习要求：
- ◆ 熟悉企业安全生产标准化建设流程；
- ◆ 掌握企业安全管理制度完善技巧；
- ◆ 掌握企业隐患排查治理的重点和方法。

3.1 企业安全生产标准化建设概述

3.1.1 企业安全生产标准化建立、保持、评审、监督

3.1.1.1 建立、保持

企业安全生产标准化工作采用"策划、实施、检查、改进"动态循环的模式，依据标准的要求，结合自身特点，建立并保持安全生产标准化系统；通过自我检查、自我纠正和自我完善，建立安全绩效持续改进的安全生产长效机制。

创建安全生产标准化企业需要企业全体人员的共同参与和支持。因此，首先需要成立创建领导机构，全面部署创建工作；依据《基本规范》的规定，结合企业实际，做好职能分解；组织全面分层次进行培训，理解和掌握《基本规范》及配套考评细则的要求和内容，使全体人员能够接受安全生产标准化创建的核心思想，理解创建安全生产标准化企业对企业和个人的重要意义。

安全生产标准化工作是按照我国法律法规、规章制度等要求，结合我国企业安全管理工作情况和国际先进的"策划、实施、检查、改进"的动态循环的安全管理思想而形成的，所涉及的元素并不是完全与"策划、实施、检查、改进"的顺序一一对应，但在总体结构设计上体现了动态循环和持续改进的思想。

策划，是依据法律法规、标准规范等要求，分析企业生产工艺、业务流程、组织机构、人员素质、设备设施状况等基本信息，对企业安全管理现状进行初步评估，发现存在的问题，从而建章立制的阶段。根据评估结果，提出安全生产目标，确定创建安全生产标准化的目标好方案，包括工作过程、进度、资源配置、分工等。根据有关规定和企业实际需求，配备相应的组织机构，

并对职责提出要求；识别和获取适用的安全生产法律法规、标准及其他要求，将相关要求，融入安全生产规章制度、安全操作规程中去；建立安全投入保障制度，确保安全投入到位。

实施，是将策划中所制定的目标、组织机构、职责、制度等实施过程。根据制度规定，做好全员的安全教育培训工作，保证从业人员具备必要的安全生产知识，保障各项安全生产规章制度和操作规程顺利实施；通过生产设施设备管理、作业现场安全管理等，将各项制度落实到位，实现安全生产标准化工作有效实施，实现安全生产的目标；通过应急救援、事故报告、调查和处理，对实施过程中可能发生的事故，一旦发生，能及时采取有效措施，将损失降低到最低。

检查和改进，是衡量策划的实施效果，对发现的问题进行及时处理。通过治理隐患、重大危险源监控等方式，将实施的效果与预定目标进行对比，对发现的问题，采取相应措施及时进行整改；同时做好职业健康管理工作，这是从人员健康角度检查各项安全法律法规、制度规程等是否落实到位的方法和手段。企业要每年至少一次对本单位安全生产标准化的实施情况进行检查和评价，发现问题，找出差距，并据安全生产标准化的评定结果、预测预警技术所反映的问题等情况，提出完善措施，对安全生产目标、指标、规章制度、操作规程等进行修改完善，进行新一轮的循环改进。通过这种自我检查、自我纠正和自我完善的方式，实现持续改进的目标，不断提高安全生产水平和安全绩效。

3.1.1.2 评审、监督

企业安全生产标准化工作实行企业自评、外部评审的方式。

企业应当根据本标准和有关评分细则，对本企业开展安全生产标准化工作情况进行评定；自评后申请外部评审定级。

安全生产标准化评审分为一级、二级、三级，一级为最高。

安全生产监督管理部门对评审定级进行监督管理。

自评是企业根据本单位的安全生产工作实际情况，全面、系统地与本规范要求的标准逐条、逐项进行判断、对比，用量化值表示符合或存在差异的程度，综合分析，得出量化的、反映整体安全生产工作状况结论的过程。自评的目的是总结安全生产工作现状，查找需要改进的问题，明确下一步的工作方向。自评可以是企业依靠自身的资源组织进行，也可以聘请外部有能力的咨询服务机构、人员参与进行。

外部评审是由确定的第三方对企业自评的情况进行审核，验证和确认企业评定结论的过程。外部评审一是企业需要，并自主提出的；而是评审方是经过相关方面确认的、公正的、非商业目的的机构；三是评审应有确定的结论，如根据量化结果得出企业安全生产标准化的等级。评审结果确定分为三级，一级为标准化的最高级别。

安全生产监督管理部门根据安全生产标准化评定的相关管理办法，对企业开展安全标准化工作提出明确的要求，对评审定级工作进行监督管理，监督评审机构公正、客观地开展评审工作，保证企业开展安全生产标准化的工作质量，促进提高企业的安全生产管理整体水平。

3.1.2 企业安全生产标准化具体操作步骤

企业安全生产标准化建设流程包括策划准备及制定目标、教育培训、现状摸底、管理文件制修订、实施运行及完善整改、企业自评和问题整改、评审申请、外部评审等八个阶段，见图3.1。

策划准备及制定目标 → 教育培训 → 现状摸底 → 管理文件制修订 → 实施运行及完善 → 企业自评及问题整改 → 评审申请 → 外部评审

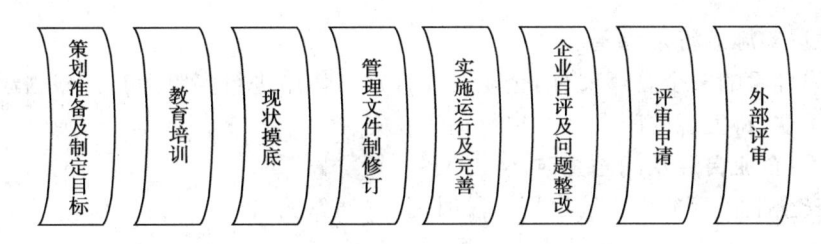

图 3.1　企业安全生产标准化建设流程图

第一阶段：策划准备及制定目标。

策划准备阶段首先要成立领导小组，由企业主要负责人担任领导小组组长，所有相关的职能部门的主要负责人作为成员，确保安全生产标准化建设所需的资源充分；成立执行小组，由各部门负责人、工作人员共同组成，负责安全生产标准化建设过程中的具体问题。

制定安全生产标准化建设目标，并根据目标来制定推进方案，分解落实达标建设责任，明确在安全生产标准化建设过程中确保各部门按照任务分工，顺利完成阶段性工作目标。大型企业集团要全面推进安全生产标准化企业建设工作，发动成员企业建设的积极性，要根据成员企业基本情况，合理制定安全生产标准化建设目标和推进计划。要充分利用产业链传导优势，通过上游企业在安全生产标准化建设的积极影响，促进中下游企业、供应商和合作伙伴安全管理水平的整体提升。

第二阶段：教育培训。

安全生产标准化建设需要全员参与。教育培训首先要解决企业领导层对安全生产建设工作重要性的认识，加强其对安全生产标准化工作的理解，从而使企业领导层重视该项工作，加大推动力度，监督检查执行进度；其次要解决执行部门、人员操作的问题，培训评定标准的具体条款要求是什么，本部门、本岗位、相关人员应该做哪些工作，如何将安全生产标准化建设和企业以往安全管理工作相结合，尤其是与已建立的职业安全健康管理体系相结合的问题，避免出现"两张皮"的现象。

加大安全生产标准化工作的宣传力度，充分利用企业内部资源广泛宣传安全生产标准化的相关文件和知识，加强全员参与度，解决安全生产标准化建设的思想认识和关键问题。

第三阶段：现状摸底。

对照相应专业评定标准（或评分细则），对企业各职能部门及下属各单位安全管理情况、现场设备设施状况进行现状摸底，摸清各单位存在的问题和缺陷；对于发现的问题，定责任部门、定措施、定时间、定资金，及时进行整改并验证整改效果。现状摸底的结果作为企业安全生产标准化建设各阶段进度任务的针对性依据。

企业要根据自身经营规模、行业地位、工艺特点及现状摸底结果等因素及时调整达标目标，不可盲目一味追求达到高等级的结果，而忽视达标过程。

第四阶段：管理文件制修订。

对照评定标准，对各单位主要安全、健康管理文件进行梳理，结合现状摸底所发现的问题，准确判断管理文件亟待加强和改进的薄弱环节，提出有关文件的制修订计划；以各部门为主，自行对相关文件进行修订，由标准化执行小组对管理文件进行把关。

值得提醒和注意的是，安全生产标准化对安全管理制度、操作规程的要求，核心在其内容的符合性和有效性，而不是徒有其名称和格式。

第五阶段：实施运行及完善。

根据制修订后的安全管理文件,企业要在日常工作中进行实际运行。根据运行情况,对照评定标准的条款,将发现的问题及时进行整改及完善。

第六阶段：企业自评及问题整改。

企业在安全生产标准化系统运行一段时间后(通常为 3~6 个月),依据评定标准,由标准化执行部门组织相关人员,对申请企业开展自主评定工作。

企业对自主评定中发现的问题进行整改,整改完毕后,着手准备安全生产标准化评审申请材料。

第七阶段：评审申请。

企业在自评材料中,应尽可能将每项考评内容的得分及扣分原因进行详细描述,应能通过申请材料反映企业工艺及安全管理情况;根据自评结果确定拟申请的等级,按相关规定到属地或上级安监部门办理外部评审推荐手续后,正式向相应评审组织单位递交评审申请。企业要通过《冶金等工贸企业安全生产标准化达标信息管理系统》完成申请评审工作。

第八阶段：外部评审。

接受外部评审单位的正式评审,在现场评审过程中,积极主动配合。并对外部评审发现的问题,形成整改计划,及时进行整改,并配合上报有关材料。

3.1.3 企业安全生产标准化建设中应注意的问题

(1)加强领导,提高各级领导的安全文化素质

领导者好比种子,通过他们把安全价值观言传身教播种到每一个员工心里,进而通过细致的工作和努力的实践不断进行教育,就能最有效地加快安全标准化建设速度,从而形成良好的安全文化氛围。很多企业主要负责人思想上并不重视安全生产,主要表现：一是部分企业负责人存在"要自己的钱,不要别人的命"的思想,违法生产经营或者知法犯法；二是一些企业生产适应市场的需要,效益较好,再加上多年没有发生大的事故,对安全存有侥幸心理,认为安全无关紧要；三是一些地方政府监管不到位。一些地方政府和部门对安全生产不重视,一把手工作不到位,不过问、不了解辖区内安全生产工作,分管领导和安委会成员单位对企业违章违规操作熟视无睹,疏于监管,组织的安全大检查,走马观花,流于形式,往往容易给企业负责人造成一种错觉,认为安全管理非常简单,不用创新与投入,就能避免安全生产事故。由此可以看出,企业负责人往往只要经济效益和"票子"而忽视安全生产,他们没有意识到它所产生的法律后果。开展安全生产标准化建设工作,涉及全员、全过程和全方位,因此,只有企业领导高度重视,才能确定创建安全生产标准化企业的目标,才能在人、物、财方面给予支持和投入,以保证目标的实现。

(2)责任落实

安全生产标准化创建工作是一项复杂的系统工程,涉及部门众多,且《安全生产标准化考评标准》覆盖了与安全生产相关的所有内容,因此,落实各级安全生产责任制,构建安全生产管理网络尤为重要。

安全生产责任制是企业最基本的安全管理制度,是企业各级、各类人员在安全生产方面应负的责任。安全生产规章制度是企业搞好安全生产,保证其正常运转的重要手段。很多企业存在一种错误观点,认为安全责任制是安全部门的事,是安全管理人员的事,与其他部门和人

员没有多大关系;有的企业对安全工作"严不起来,落实不下去",存在"说起来重要,干起来次要,忙起来不要,出了事故再要"的现象,不出事故,安全部门提出的安全问题也被忙碌的生产所冲淡,引不起企业负责人的足够重视。特别是在少数联营、民营等非公有制多种经济成分企业中,安全生产组织不健全、安全生产规章制度不完善、安全生产管理网络覆盖面不足等问题比较突出。

(3)落实安全生产管理机构和加强教育培训

安全教育培训是保证企业生产安全的基础,可以不断提高职工的安全观念和安全意识,可以唤起职工对安全生产的责任心和自觉性,营造良好的安全生产氛围。职工岗位上的安全生产是整个企业安全生产的基础。良好的安全意识是进行安全生产的首要前提,我们企业的职工在生产过程中要求进行正确的安全作业,要达到这一目的,只靠自身的技术水平是不可能完全实现的,如果不具有安全生产的意识和责任感,缺乏必要的安全生产知识和安全操作技能也难免会发生事故,那么企业的生产就时刻存在着不确定性,事故随时都可能发生。只有通过抓好每个岗位职工的安全生产教育培训工作,使之具备必要的安全生产知识,熟悉有关安全规章制度和安全操作规程,增强事故预防和应急处理能力,并教育他们不断更新知识,提高技能,才能做到安全生产。

首先,安全生产管理机构和安全生产管理人员的作用是落实国家有关安全生产的法律法规,负责日常安全管理工作,它是企业安全生产的重要组织保证。但是,很多企业并未按照规定设立安全生产管理机构,配备安全生产管理人员及对有关管理人员未按照规定进行培训。我们都知道,安全工作既是一项管理工作,同时又是一项技术性很强的工作,它所涉及的内容和领域非常广泛。然而很多企业在配置安全管理人员时,往往都由生产一线的职工兼任,他们从事安全工作凭的就是经验和对生产现象的粗浅了解,可以想象这样的一个安全管理群体会取得怎么样的安全成果。这样的安全管理队伍怎么能适应现代经济发展的要求?就是不出现安全事故,安全管理工作也只能在低水平徘徊,这将非常不利于我国安全事业的发展。

其次,由于企业负责人对安全认识上存在问题,导致他们不能正确对待安全教育培训工作,他们中的大部分不是缺少必需的安全认证、安全培训,就是应付差事走形式,甚至花钱买证的现象也在一定范围内存在。这种态度和现状导致企业安全人员和特种作业人员的技术水平含金量也大打折扣。特别是乡镇企业,喜欢聘用文化水平低、安全技能差的农民工,他们的优点是体力好、劳动积极,但这部分人往往是安全工作的薄弱环节,他们的习惯性违章现象极为普遍,同时也是各种伤亡事故的直接受害者。加强对这部分劳动者的安全教育培训和个体防护是安全工作的重点之一。据统计,在企业安全生产伤亡的人群中,超过半数的伤残人员是这一类劳动者。

另外,企业机构合并、人员裁减,安全生产管理部门和人员首当其冲,导致安技人员流失严重。安全工作出现空白或者由缺乏安全知识、不能深入生产开展安全工作的人员担任安全管理工作,这种不尊重安全工作科学性的做法显然违背了安全工作的客观规律。

(4)加强隐患排查、综合治理

安全第一,重在预防,但是综合治理是关键。事故源于隐患,防范事故的有效办法就是主动排查,综合治理各类隐患,把事故消灭在萌芽状态。事故发生后,要组织开展好抢险救灾,调查事故发生原因,依法追究当事人的法律责任,深刻汲取教训,但是作为生命个体来说,伤亡一旦发生,就不再有改变的可能,所以就要切实做好安全生产工作,贯彻好安全生产方针,坚持安全生产标本兼治,重在治本——综合治理。

①抓实工作过程的安全隐患排查。就是对全体人员从班前会、到作业现场,直至交接、班后会进行全过程的安全管理,加强统一指挥,杜绝个别员工工作过程的随意性和盲目性,对工作程序的全过程中发现的安全隐患和人的不安全行为及时进行排查。不断完善相关规章制度的同时,对隐患进行动态辨识,通过制定相关预防措施,做到各项规章制度有效可行、各类隐患动态可控。

②抓实生产工艺过程中的安全隐患排查。就是严格生产全过程各环节、各工艺管理,规范操作过程中的每一道工序、工艺,控制盲干、蛮干行为。我们在操作规程基础上,制定了详细的操作标准,要求每位员工严格按照操作规程进行标准操作,上标准岗、干标准活,同时制定了整套监督考核办法,从操作环节控制了违章指挥、违章作业等行为隐患的产生。

③实施重大安全隐患挂牌督办制度,建立了行政人员包片管理,安全员、群监员和青安岗员经常性检查巡视,班组长监督检查三级重大安全隐患监控网络体系,实行分级监控,挂牌督办。明确各级监控责任人及其职责,制定了监控程序和监控办法,要求各级监控人员详细掌握重大安全隐患的特征和存在状态,对其危害程度和导致事故的可能性进行分析,对治理方案和措施加以评价,对治理过程进行监督检查、动态管理、跟踪落实。

④安全隐患排查治理责任追究机制。我们发现,为什么有些安全隐患治而又生、重复不断?其主要原因在于隐患排查治理的责任不落实,责任追究的力度小。所以我们制定了安全隐患排查治理责任追究办法和《本质安全管理考核办法》,成立以班组长以上管理人员为主要成员的考核小组,以班组为单位,每天进行隐患排查跟踪统计,将隐患整改落实到个人,对整改不作为的领导、专职人员、班组长进行问责。从而加强安全隐患排查治理过程控制,打破安全隐患"产生—治理—再产生—再治理"的不良循环。

⑤充分发挥群监员和青安岗员的检查监督作用,要求群监员经常深入生产现场查隐患,每月提两条合理化建议和两条隐患整改意见,有力增强了职工的安全意识。

⑥设立"三违"曝光台,要求管理人员以身作则,亲临作业现场抓"三违"、查隐患,积极营造安全生产氛围。充分发挥管理人员跟班带班作用,要求管理人员、班组长、安全员做到现场指挥、跟班作业、跟踪监督,使工作中的危险源始终处于有效控制之中,确保生产现场管控到位。

⑦将"创先争优"活动融入到隐患排查整治当中。坚持深入开展"党员身边无'三违'、党员身边无事故"活动,要求每名党员坚持做到"四个到位"和发挥"五个模范作用",真正起到"一个党员一面旗帜"的模范带头作用,继而充分发挥党组织在安全生产中的保证、监督作用,促进单位安全生产的健康稳定发展。

(5)紧紧围绕企业实际,推进安全标准化建设

在安全标准化建设过程中,各单位要注重与本单位实际相结合。可以按照"先简单后复杂、先启动后完善、先见效后提高"的要求,统一规划,分布实施,切实抓好企业安全标准化建设工作。

(6)利用一切手段,加大对安全文化的传播

要把对安全文化的宣传摆在与生产管理同等重要、甚至比其更重要的位置来宣传。抓好安全文化建设,有助于改变人的精神风貌,有助于改进和加强企业的安全管理。文化的积淀不是一朝一夕,但一旦形成,则具有改变人、陶冶人的功能。

企业安全文化是企业在长期的生产实践中所创造的一切物质财富和精神财富的总和。它

主要包括：为全面提高员工在生产经营活动中身心安全与健康的物质条件、作业环境、管理制度，也包括员工的安全意识、价值观念、伦理道德、行为规范等精神因素，贯穿于安全生产的全过程，渗透于企业员工工作和生活的方方面面。

企业安全文化体现在每一个员工身上，渗透在每一个人心中，丰富多彩的企业安全文化，形式多样的安全演讲、知识竞赛、文艺宣传、"三违"帮教、青年先锋岗、党员责任区等，这些各具特色的安全文化，是企业安全工作的源泉和动力。

安全文化是一种新型的管理形式，是安全管理发展的高级阶段，加强安全文化建设，会进一步提高员工的自身修养，树立企业新形象，增强企业的核心竞争力。因此，大力加强企业安全文化建设，是企业实现安全发展、长久发展的必由之路。

(7) 不断加大投入，发挥硬件的保证作用

企业要预防事故，除了抓好安全文化建设外，还需要不断加大投入，依靠科技进步和技术改造，依靠不断采用新技术、新产品、新装备来不断提高安全化的程度，即保证生产过程的本质安全(主要指对生产、质量等方面的控制)，保证设备控制过程的本质安全(加强对生产设备、安全防护设施的管理)，保证整体环境的本质安全(主要是为企业环境创造安全、良好的条件)。生产场所中都有不同程度的风险，应将其控制在规定的标准规范之内，使人、机、环境处于良好的状态。

安全事故的发生是由于人的不安全行为和物的不安全状态导致能量的意外释放。其中物的不安全状态是发生事故的主要原因之一。由于当前我国劳动力资源丰富，激烈的竞争致使劳动力价值较低。一些生产单位在巨额的安全措施费用投入与低廉的劳动力价值之间做出了错误的选择和决策。

目前，部分企业建设项目执行"三同时"审批制度，未进行安全评价和安全论证，留下了事故隐患；没有按规定配备必要的劳动防护用品，有的企业采用比价采购的办法，降低成本，导致采购的劳保用品质量低劣；没有参加工伤社会保险，从业人员遭受事故伤害或患职业病无法获得医疗救治、职业康复和经济补偿，有的企业出了工伤事故不进行工伤鉴定，不享受工伤待遇，更严重的是造成工伤或疑似职业病就解除劳动合同。很多企业在生产作业车间缺乏必要的安全警示标志，一些特种设备从设计制造到安装使用、维修改造不符合国家标准或者行业标准；使用的是落后工艺、落后设备，安全条件极差，粉尘、噪音超标严重，通风不符合要求，照明很差或不足，从业人员在这样没有安全生产保障的条件下作业，导致了伤亡事故和职业病发生率居高不下。这些企业在安全生产检查中，表面上重视安全，事实上却采用不惜牺牲劳动者健康甚至生命的不人道做法来换取经济效益。这种现象在矿山企业、手工业制造企业及化学工作企业中较为普遍，近年来发生的群死群伤类重特大安全事故多数来源于这样的企业。

(8) 建立企业安全管理的激励机制和长效机制

目前多数企业在安全管理方面缺乏激励机制，突出表现是安全奖吃大锅饭，或有罚无奖。安全管理最重要的是预防，而不是事后处理。有罚无奖，常常使受罚人只认倒霉不认错，其他人袖手旁观，觉得事不关己。因此，安全管理的激励机制应当克服上述两项缺点，重奖预防事故的有功人员，通过精神鼓励和物质奖励，使有功者成为企业英雄，成为广大职工学习的榜样。安全生产有突出贡献的集体和个人要给予奖励，对违反安全生产制度和操作规程造成事故的责任者，要给予严肃处理，触及刑律的，交由司法机关处理。要采取一切可能的措施，全面加强安全管理、安全技术和安全教育工作，防止安全事故的发生。尤其在企业每年的各项先进评比

活动中,要实行安全生产一票否决,突出安全生产奖励优先,奖励额度也应体现优先,促使员工自觉养成安全行为的习惯。

　　建立企业安全管理长效机制,是当前企业安全管理的一件大事。一是要创新安全理念。必须树立安全生产人人、事事、时时、处处第一的理念。安全生产需要全员参与,齐抓共管,恒久坚持。二是要加强安全技术创新。安全技术创新就是在现有应用技术的基础上,始终不断地在现代技术领域增大智力和资金投入,通过开发新技术、投入新设备以及运用先进科学的管控手段,实现最为安全、经济、快捷的生产过程,保证人、设备、系统始终处于安全状态。三是要创新监管手段。要通过组织安全监管人员学习培训,强化源头管理;要充分发挥安全生产领导小组的桥梁和纽带作用,综合调动一切可以利用的资源,使企业党政工青都来关注、参与和监督安全生产过程。四是要创新监督方式。积极探索新形势下安全监督工作的新思路、新做法,强化对安全生产工作的监督。要以安全保障体系和安全监督体系为基础,建立职责明确、相互协调、高度统一的科学体系。要大力推广应用先进的方法和手段,建立持续改进与创新的机制。

3.2　企业安全管理制度档案记录完善

3.2.1　企业安全管理文件现状

3.2.1.1　企业安全生产管理制度存在的问题

　　(1)安全生产管理制度缺乏科学性和完整性。现代企业制度要求企业管理科学,而有些企业安全生产责任制度内容十分简单,局限在控制事故指标方面。有的部分条款不符合国家现有法律、法规、标准。有的企业按厂级、科处级、车间负责人、班组长从上到下,按大类制订了内容相同的责任制,如领导干部责任制、中层干部责任制等。殊不知由于职能不同,作业条件及作业对象不同,在安全生产方面所承担的责任也是不同的。责任同职能不能对应,不能充分调动和发挥企业各职能部门在安全生产方面的主观能动作用,责任不能到位,使企业人、机、环境及生产经营过程部分失控。在安全管理中,纵横接口处的责任有的重叠,有的遗漏,造成了遇事不是相互推诿,就是无人管。在制订各级安全生产责任制时,必须明确规定各类人员在安全生产中干什么,怎样干,干到什么程度,什么时间干,谁干,才能真正做到责任明确、工作有序。

　　(2)安全生产管理制度与企业现行组织机构不相对应,影响执行效果。有的企业在制订责任制度时,为了走捷径,将兄弟企业的安全生产责任制不加修改照搬过来,换个企业名称,反正"天下秀才是一家,你抄我来我抄他",造成责任制与企业实际组织机构及职能不相对应。如有的企业本来没有铁路,却有《道叉工责任制》,闹了很多笑话。有的企业在改组、联合、兼并、租赁、承包经营、股份制改造等过程中,企业机构、产业结构、干部职务设置发生了很大变化,厂变成了集团、公司,厂长变成了董事长、经理,而原有安全生产责任制度没有作相应调整,已自然失效,形成无法可依的局面。安全生产责任制必须充分体现"分级管理、分线负责"的原则,有岗位、有负责人就有与之对应的安全生产责任制,安全生产责任制也必须与企业现行组织机构及职能相对应。在分级、分线的基础上进行分权分责。有的企业由于责、权、利的关系不协调,造成有权者不一定负责,负责者不一定有权,担风险者不一定获利,获利者不一定担风险。

企业应当尽量做到责、权、利相当。有利于调动各级责任人的积极性,真正做到各负其责,各司其职。

(3)企业现行的安全生产管理制度及其他管理制度与安全生产责任制不配套,在实施中无工作程序,落实十分困难。如企业安技部门要对危险作业进行审批(履行这项责任),那么就应有相应的危险作业管理制度相配套。工艺部门不得允许不合格的工装流入生产岗位以免造成事故,那么就应有相应的工装设计、评定、验证、复制、修理、报废、保管、领用等一整套完整的管理制度。往往一项安全工作要经历一个过程,或涉及多部门、多层次共同协作才能完成,那么就必须遵循一定的程序去各司其职,才能做到有条不紊。如三级安全教育、涉及横向有劳资、教育、安技、生产等部门,纵向涉及厂级(公司)、车间(分厂、分公司)、班组等层次。所涉及的单位在三级教育中,干什么,怎样干,干到什么程度,什么时间干,谁干,根据程序和责任一一落实三级教育才有实效。有的企业新工人进厂,劳资部门未通知安技部门就分配到工作岗位,安技部门发现后才重新安排教育。劳资部门在三级教育方面干什么(通知安技部门),怎样干(向安技介绍新工人基本情况),干到什么程度(只干到知道进行教育的程度),什么时间干(新工人进厂即通知安技部门),谁干(谁负责这项工作,谁通知安技部门),都存在着问题,其三级安全教育程序也乱了套。因此,落实安全生产责任制必须有一套完整的劳动卫生制度和程序文件作支撑。

(4)安全生产管理制度未按合法程序制定,影响权威性。新的安全管理体制规定企业自己负责安全管理,很多企业因此设置了相应的职能部门。但是有些企业不少职能部门不知道企业安全管理制度中自己的安全生产职责,在别人告诉后却回答:"那是别人订的我们无法执行"。形成这种现象的原因,一是各职能部门的安全生产责任制文本不是职能部门自己起草的;二是由安技部门起草后,未通过各有关部门,成为"一家之言";三是"拿来主义",照抄兄弟单位的东西。由于责任制本身不具权威,企业安技部门实施监督检查时根本没有说服力。一旦企业出现异常事件去查找那些责任制文本资料来追查责任时,那些不伦不类的条款,使责任者或受害者都哭笑不得。这种被动式的落实责任制而不是用责任制充分调动各职能部门主观能动作用的办法,绝对是搞不好安全生产的。制定安全法规,要弄清楚立法与司法的关系,立法有权威,司法才有力度。安全生产责任制是企业安全生产最基本、最核心的制度,不论是由那个职能部门起草制订,都必须由职代会讨论通过,厂长(经理)发布,这是企业由人治走向法治的必由之路,这样才能使各级领导在安全生产方面所肩负的责任落到实处。由职代会讨论通过,才能使安全生产责任制具有较高的权威性;厂长(经理)发布是对各级领导在安全生产方面定责授权的具体表现。有了较高权威性的制度和行动准则,有关部门实施监督、检查、考核,才能做到执法必严。

(5)安全管理脱离生产业务,造成制定出来的安全制度不正确且无法执行。所谓安全管理脱离业务,指的就是上文当中提到的,安全管理部门把工作的重点放在了安全管理体系的建设上,关注自身的安全管理工作如何开展,而没有将工作重心放在对生产运行业务的了解和分析上。这种工作方式可能造成安全管理部门制定出大量与实际生产业务不相匹配的安全要求,影响生产业务的顺利开展,容易引起安全管理部门与生产业务部门的对立。

(6)没有与生产业务切实融合,造成制定出来的安全制度无法有效地执行。另外一种情况,是安全管理部门制定出了合适的安全制度和安全管理要求,本来可以很好地执行。但是,安全管理部门将这些制度和要求按照安全管理的分类和视角编辑成册,变成一本专门的安全管理手册,而并没有真正融入到相关业务的各个环节当中去,生产人员不能够方便快捷地识别自己工作中的重点安全环节,还需要翻看厚重的安全管理手册,理解安全条例,再结合自己的经验考虑工作重要注意些什么。造成了大量的管理指令转换成本。这样的做法无形中加大了这些安全制度和要求融入到生产现场的难度。那么,面对这样的情况,安全管理工作应当如何开展?流程管理能够促进安全与生产工作的融合么?从流程管理的视角对安全管理与生产运营进行分析,在促进安全管理与生产业务融合方面,流程管理如何产生作用?

3.2.1.2　企业安全管理制度与安全生产标准化所需管理制度的差距

(1)安全标准化对安全制度的要求比较全面,覆盖了企业安全运行的各个步骤,从领导层到普通员工,从新员工到资深员工,从产品的生产阶段到运输等阶段等等方面,安全标准化都做了具体的要求。与安全标准化相比,企业目前安全制度不健全,缺少项比较多。例如《安全生产例会制度》、《安全费用制度》等;

(2)许多企业的安全管理制度的制定只是注重形式,甚至是为了应付上级的检查等,所以在编制时,没有结合企业自身的实际情况,在实际运行中无法执行;

(3)由于多数企业往往只重视生产,而忽略了安全,致使企业许多安全管理制度没有具体执行;

(4)按照有关规定企业安全管理制度每年修订一次,但是多数企业的安全管理制度从没有修订过。

3.2.2　完善修订安全管理制度

企业安全生产管理制度应根据企业现状和国家的法律法规适时进行完善和修订,完善和修订时应符合以下要求:

(1)合法性

管理制度应贯彻国家有关政策、法令和规范,遵守企业基本法,与同级有关制度相协调,下级制度不得与上级制度相抵触。

(2)完整性

管理制度在其范围所规定的界限内按需要力求完整。

(3)准确性

管理制度的文字表达应准确、简明、易懂、逻辑严谨,避免产生不易理解或不同理解的可能性。管理制度的图样、表格、数值和其他内容应正确无误。

(4)统一性

管理制度中的术语、符号、代号应统一,并与其他相关管理制度一致,已有国家标准的应采用国家标准,已有集团标准的应采取集团标准。同一概念与同一术语之间应保持唯一对应关系,类似部分应采用相同表达方式和措辞。

(5)适用性

管理制度应尽可能结合企业的实际编写,同时应符合企业战略规划和企业基本法,力求具有合理性、先进性和可操作性。

3.2.2.1　成立制度制订工作组

(1)成立制度制订工作组。工作组可为常设或临设机构;人员包括分管领导、注册安全工程师、安全评价师、职能管理人员、基层人员等；人员为专职或兼职，要求其精干高效，具备较高的综合素质。

(2)实行分工协作制。按专业特长、职责范围等因素划分为若干小组，分工包干相关制度的制定工作，小组内成员之间也可分工包干制度的部分内容；企业主要负责人应亲自组织、督促，分管领导应亲自指导、协调、保障，其他领导应配合、支持。这样可提高工作效率。

(3)实行奖励和调整制。对兼职人员、超额完成工作任务人员、成绩突出人员等，进行月度奖励，以提高其工作积极性；对不能及时完成工作任务、完成任务质量较差、因故无法参与工作的人员，应及时调整出工作组。

(4)实行定期会议制。定期召开工作组会议，研究解决制度建设中的重点和难点问题。如制订制度的总体思路和框架结构，讨论明确制度中的量化标准和执行程序。

(5)实行意见沟通制。工作组成员之间通过网络、电话、面谈等形式，及时沟通制度制订中出现的问题。工作组通过联席会议、职工座谈会等形式，与企业有关部门和人员及时交换意见，充分听取各方面的建议。

3.2.2.2 分析企业安全现状

分析企业安全管理现状，设计安全管理体系，划分制度层级，绘制制度系统图；分析企业安全态势，划分各制度的侧重点和主要内容，制订制度纲要；分析实际工作流程，设计制度的落实程序和关键环节的职责，其中要充分考虑跨部门的衔接与配合。

3.2.2.3 检索制订制度的相关资料

检索国家相关的法律、法规、标准等，查找制订制度的依据，明确企业必须遵守和参照执行的规定；检索上级相关的制度、规范、文件等，明确各类职责权限和认定标准；检索同行业相关的制度、案例等，借鉴其科学先进的管理经验；检索本企业以往的制度、规范等，分析不足和差距，查找死角和漏洞，确定制订制度的重点和方向；检索本企业职工提出的合理化建议、相关会议决定等，总结吸收本企业经实践检验行之有效的管理方法。

企业应常态化地建立信息收集组织，确定渠道、方式、时机，及时识别和获取适用的安全生产法律、法规、标准及其他要求；建立技术评价组织，适时研究量化标准、认定标准、风险评价方法及风险防范措施；建立事故分析组织，组织职工对事故案例进行深入分析，剖析原因，查找不足，征求职工对提升安全管理水平的意见和建议。

3.2.2.4 制度起草的原则

(1)分级管理原则。企业各管理层级的职责不同，应根据不同的管理层级，逐层建立管理制度。以安全检查管理制度为例，厂级、职能部室级、车间级、班组级等，逐步对组织、形式、次数等主要内容等进行细化量化，使每个岗位职工明确检查的关键部位、重点装置、危险源、量化参数、方式方法、认定标准、时间次数、所需防护用品和工具等。

(2)系统化原则。制度总体要涵盖到安全生产的各方面，成龙配套，形成体系，不出现死角和漏洞。各方之间相互衔接、渗透，相互补充、相互一致，避免出现程序杂乱、标准不一、细则抵触、语言矛盾。

(3)程序化原则。明确具体的责任人、责任部室，明确具体工作的执行流程，明确管理层与执行层之间、各管理部门之间的分工界面与安全职责，不能以"有关""相关""原则"等空泛规定取而代之,使制度真正成为企业所有成员各司其职、各负其责的依据。

(4)考核奖罚原则。建立车间、班组、个人三级安全考核模式,统一安全奖罚体系,将各项奖罚措施同归于该体系中的三级考核细则,从而统一奖罚尺度,明确奖罚职责。

3.2.2.5 制度编写应注意的问题

(1)制度的写法

制度中切忌空话、原则性的话,所有的制度内容都应当与"做"相关:谁做,做什么,如何做,达到什么标准或程度。

在"目的"部分,写明本文件的具体目的,不要写整个安全生产管理的目的。

在"适用范围"部分,写明本文件涉及的行政范围或作业活动范围。

关于定义:文件中用到的定义可以集中放在一处(例如置于管理手册中或文件合订本的前面),而不需要在每个程序文件中重复那些常用的定义。只有那些仅在个别制度中用到的术语要在相应的制度中定义。

在"职责"部分,说明谁管什么事,即什么部门或单位负责什么工作。要把相关的职责说全,不要遗漏。注意不要把"怎么做"的内容写在这里。

文件中不要出现"按有关规定(制度或办法)执行"这类语句,应指明按什么规定(制度或办法)执行,给出文件名、文件中的条款号。

尽量避免使用"应"字,而使用"要"或"必须";尽量避免使用"定期",代之以具体如何定期的规定;尽量避免使用"严格"、"认真"这样的词汇,代之以具体做法。

引用的文件,可以是安全生产法规或行业安全规范、其他制度,也可以是"借用的"其他质量管理体系文件,但不能是企业的其他安全生产有关的文件,即不允许在文件系统之外,还存在与安全生产有关的文件,避免"两张皮"现象。

涉及文件引用时,如果某个文件的全部内容或绝大多数内容都适用,可以直接引用该文件;如果只有少数或个别条款适用,则不要直接引用该文件,而把相关内容体现在制度中。

关于几个栏目的关系,要做到"五对应":

"职责"与"要求"对应:前者说到谁管什么,后者要说怎么管;反之亦然;

"相关文件"与"工作要求"对应:前者列出的文件,后者必须说明何时或何种情况下执行;反之亦然,后者引用的文件,前者必须列出;

"相关记录"与"工作要求"对应:前者引用的记录,后者必须说明何时或何种情况下使用;反之亦然,后者引用的记录,前者必须列出;

"目的"与"工作要求"对应:前者的概括,不能漏掉后者的要点、不能跑题;

"适用范围"与"工作要求"对应:前者为后者划定空间和时间区域,后者的内容在前者规定范围内。

(2)内容的安排

一般情况下,同样的内容的不应出现在不同的文件中,即不要在不同的文件中重复同样的内容。把某内容安排在最适合的文件中,其他文件可以引用该文件。

一般情况下,在同一文件中,不应出现重复的话。把该句话安排在最适合的栏目下。

(3)最小化

在文件结构设计时,在满足要求的情况下,追求文件数量的最小化。

在文件编写时,在满足要求的情况下,追求文件栏目数量的最小化。

在文字陈述上既要具体、细致又要简明扼要,追求句、词、字数量的最小化。

(4)少发红头文件

安全生产标准化文件是企业标准,在制定并完善之后,有关的职能部门要改变工作方法,按其规定进行安全生产管理,而不能动辄发出与文件内容相同、相近或相悖的红头文件。

3.2.2.6 制度讨论审核

(1)实行制度讨论制。以一定的形式,在一定范围听取员工对制度的意见和想法,征求员工的建议,集中民智,对提出合理化建议的员工给予奖励。经过反复讨论修订,最终形成制度正式文本。

(2)实行制度审核制。制度的审核签发由相关部门负责人、相关领导会签,并对会签内容负责,对出现重大失误的制度会签人,要给予处罚。

3.2.2.7 制度实施要点

(1)领导率先示范。领导班子成员特别是主要领导要带头学习制度、遵守制度、执行制度,做落实制度的表率,形成"用制度管人,按制度办事"的良好习惯。

(2)加强制度学习。定期组织职工学习相关法律法规、规章制度,熟悉制度条文,领会制度的精神实质,掌握执行制度的各种要求、标准和尺度,并通过考试等形式检验和巩固学习成果。

(3)抓好制度宣传。对制度建设的典型做法、典型事例和典型单位要及时进行宣传报道,营造严格按制度办事的舆论氛围。

(4)强化主管部门监督。各相关职能部门在带头落实本部门制度的同时,认真履行主管职责,严格把好业务监督关,及时发现和纠正各种违规行为。

(5)落实群众监督。要充分保障群众对制度建设和落实情况的知情权、参与权、表达权和监督权。

(6)引入"第三方"监督。邀请有关专家和社会咨询评估机构,对制度建设和执行情况进行定性定量评估,并公布结果。

(7)兑现奖惩措施。加强制度执行和落实情况考核,兑现各项奖励处罚规定,做到奖罚分明。

(8)建立文化体系。开展各类安全文化活动,提高全员的安全意识、安全技能,进而让人人都"懂安全、要安全、会安全、能安全",确保安全。

(9)实行反馈机制。追踪制度的执行效果,认真收集制度执行过程中发现的问题以及管理和服务对象的意见和建议。

3.2.2.8 制度修订

要按照制度执行过程中出现的问题和公司内外部环境变化情况,对原有制度中无法适应和满足安全工作要求的条款及时进行修订完善,使制度建设实现闭环管理。

3.2.2.9 企业应建立的安全管理制度目录

(1)必要的制度

• 《安全生产责任制》;

- 《安全生产教育和培训制度》;
- 《安全生产检查制度》;
- 《生产安全事故隐患排查治理制度》;
- 《具有较大危险因素生产经营场所、设备设施的安全管理制度》;
- 《危险作业管理制度》;
- 《特种作业人员管理制度》;
- 《劳动防护用品配备和管理制度》;
- 《安全生产奖励和惩罚制度》;
- 《职业健康管理制度》;
- 《安全操作规程》。
- 《文件和档案的管理制度》
- 《安全生产费用提取、使用管理制度》

(2) 一般制度
- 《危险化学品安全管理制度》;
- 《消防安全制度》;
- 《特种设备安全管理制度》;
- 《安全生产例会制度》;
- 《"三同时"安全管理制度》;
- 《相关方安全管理制度》;
- 《临时性审批制度》;
- 《安全防护装置、防尘防毒设施安全管理制度》;
- 《女工保护制度》;
- 《厂内交通安全管理制度》。
- 《设备设施的验收、变更、报废管理制度》
- 《施工和检维修安全管理制度》
- 《作业安全管理制度》

3.2.3　企业安全管理制度范例

《安全生产费用提取、使用管理制度》

1. 目的

为加强公司安全生产费用管理,建立公司安全生产投入长效机制,确保企业对安全生产管理、事故隐患整改和安全技术措施所需费用的提取和使用,确保安全资金投入能及时到位,根据国家相关规定,结合公司的实际,特制定本管理制度。

2. 适用范围

本制度适用于公司的安全生产费用的提取和使用。

3. 引用法规及相关文件

3.1 《中华人民共和国安全生产法》

3.2 《中华人民共和国职业病防治法》

3.3 《国务院关于进一步加强安全生产工作的决定》

3.4 关于转发财政部、国家安全生产监督管理总局《关于印发〈高危行业企业安全生产费用财务管理暂行办法〉的通知(安监总局78号文)》的通知(中国化工发财[2007]43号)

4. 术语

安全生产费用:是指企业按照规定标准提取,在成本中列支,专门用于完善和改进企业安全生产条件的资金。

5. 实施程序

5.1 公司安全生产费用管理按照"公司安排、安委监管、确保需要、规范使用"的原则进行。

5.2 公司财务部根据安全生产费用的规定使用范围、公司安全生产情况、相关安全项目投资计划及年度安全生产费用预算计划,按照各部门的业务实际,在费用发生时据实列支到"安全生产费用"费用栏目中,以支代提,超出年度预算金额部分仍按正常的安全生产费用列支。

5.3 据实列支安全生产费用。

5.4 公司安全管理部将年度安全生产项目及费用投入计划报送主管副总经理、总经理审批。

5.5 公司财务部按照国家有关规定及公司计划,根据年度主营业务收入预算额的0.3%安排安全生产资金,纳入年度财务预决算,实行专款专用。

5.6 安全生产费用的使用,公司各相关部门应填写安全生产费用月度使用预算表,由公司安全管理部审核批准,并加盖"安全生产费用专用章",安全管理部建立安全项目及资金使用台账,归档相关各种资料。

5.7 公司各部门发生属于安全生产范围项目内的用款时,依公司借款和报销相关规定办理财务手续后,到公司安全管理部办理签批确认,财务部才能纳入安全生产费用核算,无安全管理部签字的,财务部不予按安全生产费用核算、统计和管理。

5.8 公司财务部在各成本费用科目单独设立"安全生产费用"核算栏目,归集全部的安全生产费用支出。

5.9 安全生产费用应按照以下规定范围使用:

(1)车间、库房等作业场所监控、检测、通风、防晒、调温、防火、灭火、防爆、泄压、防毒、消毒、中和、防潮、防雷、防腐、防渗漏或者隔离操作等安全防护设备、设施的完善、维修和改善支出。

(2)配备必要的应急救援器材、设备和现场作业人员安全防护物品支出。

(3)安全生产检查与评价支出。

(4)重大危险源、重大事故隐患的评估、整改、监控支出。

(5)安全技能培训及进行应急救援演练支出。

(6)其他与安全生产直接相关的支出。

5.10 公司在本制度规定的使用范围内,应将安全生产费用优先用于满足安全生产监督管理部门对企业安全生产提出的整改措施或达到安全生产标准所需支出。

5.11 安全生产费用形成的固定资产,按国家财政部下发的财企[2006]478号文件的有关规定,纳入固定资产进行管理,按资产原值一次性计提折旧,以全额折旧的形式列支到安全生产费用中。

5.12 公司为职工提供的职业病防治、工伤保险、医疗保险所需费用,不在安全生产费用中列支。

6. 记录

6.1 AQBZH023—01 XX公司_____年度安全生产资金投入计划表

6.2 AQBZH023—02 XX公司_____年安全投入项目台账

XX公司_____年度安全生产资金投入计划表

责任部门	投入项目	预算金额
	总计	

编制:　　　　审核:　　　　批准:　　　　日期:

XX 公司_____年安全投入项目台账

编号	部门	安全经费类别	项目名称	项目内容	投入金额	完成日期	备注

编制：　　　　　审核：　　　　　批准：　　　　　日期：

《职业健康管理制度》

1. 目的

1.1 为贯彻落实《中华人民共和国职业病防治法》，使员工依法享有职业卫生健康保护的权利，加强有毒、有害作业场所的职业病防治管理，预防、控制，消除职业危害，保护员工身体健康，制定本制度。

2. 适用范围

2.1 公司员工在职业活动中，因接触粉尘和其他有毒、有害物质等因素引起并列入国家公布的职业病范围的疾病。

2.2 对职业活动的公司员工可能导致职业病的各种危害。

2.3 公司员工从事特定职业、接触特定职业病危害因素，在从事作业过程中诱发可能导致对他人生命健康构成危险的疾病，及个人特殊生理和病理状态。

2.4 在生产环境和过程中存在的可能影响身体健康的因素（包括物理因素、化学因素、生物因素等）。

3. 责任部门

3.1 综合职能部负责公司职业病预防、统计管理工作。建立、健全职业卫生管理制度，职业卫生健康档案，制定职业病防治计划和实施方案，职业病危害事故应急救援预案。负责职业危害因素的辨识、评价，开展职业病防治的宣传、教育，定期每年与疾病防治控制中心取得联系，对各生产部门的噪声等职业危害的作业场所进行检测，对现场存在的不合格检测项目，及时通知相关单位落实整改。

3.2 综合职能部负责与员工签订劳动合同，同时应当将工作过程中可能产生的职业病危害及其后果、工资待遇如实告知员工，并在劳动合同中写明。不得安排有职业禁忌症患者入厂，不得安排未经职业健康检查的劳动者入厂；对在职业健康体检中发现的职业病患者，应当及时调离原工作岗位，并妥善安置；对未进行离岗前职业健康检查的职工，不得解除或终止与其订立的劳动合同。

3.3 各生产部门负责落实职业病防治工作，对职业病防治设备进行定期检查、维护、保养和检测，保持正常运转，并按规定发给员工个人卫生防护用品；不得安排有职业禁忌症的员工，从事职业病危害的作业，建立、健全员工职业卫生健康管理档案。

3.4 公司所有员工在生产劳动过程中，应严格遵守职业病防治管理制度和职业安全卫生操作规程，并享有职业病预防、治疗和康复的权利。

4. 管理工作要求

4.1 有毒有害作业的管理要求

4.1.1 综合职能部及各生产车间应对员工进行岗前职业病防治的宣传教育，每年要定期开展多种形式的职业卫生和职业病防治的培训工作。对从事有害作业的员工每年进行一次的职业健康检查，并及时将检查结果告知员工本人。

4.1.2 各车间应在可能发生急性职业中毒和职业病的有害作业场所，配备医疗急救药品和急救设施。

4.1.3 各相关部门要严格管理危险化学品以及其他对人体有害的物品，并在醒目位置设置安全标志。

4.1.4 各相关部门应当主动采取综合防治的措施，采用先进技术、先进工艺、先进设备和无毒材料,控制、消除职业危害的发生,降低生产成本。

4.2 职业病报告程序

4.2.1 凡发现职业病患者或疑似职业病患者时,应当及时向综合职能部报告,当确诊为职业病的,由综合职能部及时向公司领导汇报,同时向所在地劳动保障部门报告。

4.2.2 职业病的诊断鉴定,由北京市疾病防控中心诊断。

4.2.3 急性职业中毒和其他急性职业病诊治终结,疑有后遗症或者慢性职业病的,应当由北京市级职业病诊断鉴定组织予以确认。

4.2.4 当综合职能部接到北京市职业病诊断鉴定组织的结论定为职业病后,填写职业病登记表,按国家有关规定进行职业病报告,建立员工职业病健康档案。

4.2.5 各相关部门应当及时通知本单位的疑似职业患者进行诊断;在疑似职业患者诊断或医学观察期间的费用,由公司承担。

5. 相关记录

5.1 AQBZH013—01 工作场所空气中粉尘浓度分析记录表

5.2 AQBZH013—02 工作场所空气中毒物浓度分析记录表

5.3 AQBZH013—03 工作场所噪声个体测量记录表

5.4 AQBZH013—04 工作场所高温测量记录表

5.5 AQBZH013—05 职业病危害因素检测结果公告栏

5.6 AQBZH013—06 职业危害作业点登记台账

5.7 AQBZH013—07 有毒有害作业工人健康检查记录

5.8 AQBZH013—08 职业危害告知卡

5.9 AQBZH013—09 职业病危害因素告知书

5.10 AQBZH013—10 职业病危害因素告知表

职业危害作业点登记台账

职业危害所在单位、地点			
危害名称	有/无	采取方法	效果
粉尘			
噪声与振动			
有毒有害气体			
高温与低温			
辐射			
潮湿			
照度不良			
其他			
备注			

编制：　　　　年　月　日　　　　审核：　　　　年　月　日

职业危害因素告知表

甲方：

乙方：　　　　　　　　　乙方工作部门：　　　　　　　　乙方工作岗位：

一、依据《中华人民共和国职业病防治法》和有关法律、法规，根据公司《职业病危害因素告知书》中的相关规定，甲方将乙方工作环境中的职业病危害因素告知如下：

1. _____；
2. _____；
3. _____；
4. _____。

二、乙方在工作岗位上需采取的防护措施及使用的防护设备及装置如下：

1. 防尘、防毒用品

□防毒面具　　　　□其他防尘、防毒用品

2. 防酸用品

□防护面罩　　　□耐酸手套　　　□耐酸靴　　　□防护皮裙　　　□其他防酸用品

3. 防噪声用品

□耳塞　　　　□口罩　　　　□其他防噪声用品

4. 加工防护用品

□护目镜　　　□头盔　　　□防砸鞋　　　□耐高温手套　　　□其他加工防护用品

5. 绝缘防护用品

□绝缘手套　　　□绝缘鞋　　　□其他绝缘防护用品

6. 其他相关防护装置及用品：_____

_____

三、乙方在甲方工作期间，如遇到生产安全事故，按照公司相关生产安全管理规定及应急救援预案的要求执行。

甲方法定代表人

委托代理人签字(或盖章)：　　　　　　　　　　　乙方(职工)签字：

　　　　年　　月　　日　　　　　　　　　　　　　　　年　　月　　日

《危险作业管理制度》

1. 目的

1.1 对本公司紧急特殊需要的生产任务,不适用于执行一般性的安全操作规程,安全可靠性差,容易发生人身伤亡或设备损坏,事故后果严重,需要采取特别控制措施的特殊危险作业,必须采取特殊审批和保护措施,确保安全生产。

2. 危险作业管理范围

2.1 高空作业(高度在2m以上,并有可能发生坠落的作业);

2.2 在易燃易爆部位的动火作业;

2.3 爆炸或有爆炸危险的作业;

2.4 起吊安装大重型设备的作业;

2.5 带电作业;

2.6 有急性中毒或窒息危险的作业;

2.7 处理化学毒品、易燃易爆物品、放射性物质的作业;

2.8 在轻质屋面(石棉瓦、玻璃瓦、木屑板等)上的作业;

2.9 其他危险作业。

3. 责任部门

3.1 生产管理部负责公司内各项危险作业安全管理的监督执行。

3.2 各职能部门、车间协助生产管理监督各项危险作业中的安全工作。认真贯彻执行本制度,保障各项危险作业的安全实施。

3.3 动火点所在部门负责交代清楚检修设备存在的安全危害,指定监火人;并负责二级动火作业的审批。

3.4 动火作业执行单位负责办理《动火作业申请》并严格按规定进行动火作业。

3.5 生产管理部负责一级动火的审批;负责公司动火作业安全技术检查。

3.6 公司主管副总负责公司特殊危险动火作业的审批。

3.7 公司值班经理负责公司夜间特殊危险动火作业的审批。

3.8 生产管理部是临时用电安全的归口管理部门。负责审核施工单位申办临时用电相关手续。

3.9 各车间负责各自责任区域内施工临时用电的现场安全管理。

4. 安全管理工作要求

4.1 危险作业审批

4.1.1 凡属于上述8种范围,在生产中不常见,又急需解决的危险作业,在进行危险作业前,应由下达任务部门和具体执行部门(包括承包部门、个人)共同填写"危险作业申请单",报企业生产管理部批准,特别危险作业需报主管副总经理审批同意后,方可开始作业。

4.1.2 如情况特别紧急来不及办理审批手续时,实施单位必须经主管副总经理同意方可施工。主管副总经理应召集有关部门在现场共同审定安全防范措施和落实实施单位的现场指挥人。但事后必须补办审批手续。

4.1.3 危险作业的单位应制定危险作业安全技术措施,报请生产管理部审批;特别危险作业须经安全技术论证报请主管副总经理批准。

4.1.4 作业人员由危险作业单位领导指定,有作业禁忌症人员、生理缺陷、劳动纪律差、喝酒及有不良心理状态等人员,不准直接从事危险作业。

4.2 危险作业的实施

4.2.1 危险作业申请批准后,必须由执行单位领导下达危险作业指令。操作者有权拒绝没有正式作业指令的危险作业。

4.2.2 作业前,单位领导或危险作业负责人应根据作业内容和可能发生的事故,有针对性地对全体危险作业人员进行安全教育,落实安全措施。

4.2.3 危险作业使用的设备、设施必须符合国家安全标准和规定,危险作业所使用的工具、原材料和劳动保护用品必须符合国家安全标准和规定。做到配备齐全、使用合理、安全可靠。

4.2.4 危险作业现场必须符合安全生产现场管理要求。作业现场内应整洁,道路畅通,应有明显的警示标志。

4.2.5 危险作业过程中实施单位负责人应指定一名工作认真负责、责任心强,有安全意识和丰富实践经验的人作为安全负责人,负责现场的安全监督检查。

4.2.6 危险作业单位领导和作业负责人应对现场进行监督检查。

4.2.7 对违章指挥,作业人员有权拒绝作业。作业人员违章作业时安全员或安全负责人有权停止作业。

4.2.8 危险作业完工后,应对现场进行清理。

5. 相关记录

5.1　AQBZH004—01危险作业申请单

动火作业安全许可证

申请动火时间					申请人		
施工作业单位							
动火装置、设施部位							
作业内容							
动火人		特种作业类别			证件号		
动火人		特种作业类别			证件号		
动火人		特种作业类别			证件号		
动火监护人		工种		相关单位动火监护人		工种	
动火时间	年 月 日 时 分 至 年 月 日 时 分						
动火分析结果	采样检测时间	采样点	可燃气体含量%		有毒气体含量		分析工签名

序号	动火主要安全措施	选项	确认人
1	动火设备内部构件清理干净,蒸汽吹扫或水洗合格,达到动火条件。		
2	断开与动火设备相连的所有管线,加好符合要求的盲板(　)块。		
3	动火点周围(最小半径15米)的下水井、地漏、地沟、电缆沟等已清除易燃物,并已采取覆盖、铺砂、水封等手段进行隔离。		
4	罐区内动火点同一围堰内和防火间距以内的油罐不得进行脱水作业。		
5	清除动火点周围易燃物、可燃物(应注意清理距用火点30米内的可燃粉尘、硫黄粉、铝粉、镁粉、锌粉等能导致粉尘爆炸的粉尘,防止粉尘飞扬和聚集)。		
6	距动火点30米内严禁排放各类可燃气体,15米内严禁排放各类可燃液体。动火点10米范围内及动火点下部区域严禁同时进行可燃溶剂清洗和喷漆等作业。		
7	高处作业应采取防火花飞溅措施。		
8	电焊回路线应接在焊接件上,把线不得穿过下水井或其他设备搭接。		
9	乙炔瓶应直立放置,氧气瓶与乙炔气瓶间距不应小于5米,二者与动火点、明火或其他热源间距不应小于10米,并不得在烈日下曝晒。		
10	现场配备蒸汽带(　)根,灭火器(　)个,铁锹(　)把,石棉布(　)块。		
11	在受限空间内进行动火作业、临时用电作业时,不得同时进行刷漆、喷漆作业或使用可燃溶剂清洗等其他可能散发易燃气体、易燃液体的作业。		
12	危害识别及其他补充措施:		

动火车间意见: 签名:	相关单位意见: 签名:	生产部门意见: 签名:
设备部门意见: 签名:	安全管理部门意见: 签名:	厂领导审批意见: 签名:
完工验收	验收时间	年 月 日 时 分	作业单位 签名:	动火单位 签名:

进入受限空间作业票

编号：

装置/单元名称			设备名称		
原有介质			主要危险因素		
作业单位			监护人		
作业内容					
作业人员					
作业时间		年 月 日 时 分至 年 月 日 时 分			
采样分析数据	采样时间	氧含量 %	可燃气体含量 %	有毒气体含量	分析工签名

序号	主要安全措施	选项	确认人
1	所有与受限空间有联系的阀门、管线加符合规定要求的盲板隔离,列出盲板清单,并落实拆装盲板责任人。		
2	设备经过置换、吹扫、蒸煮。		
3	设备打开通风孔进行自然通风,温度适宜人员作业;必要时采取强制通风或佩戴空气呼吸器,但设备内缺氧时,严禁用通氧气的方法补氧。		
4	相关设备进行处理,带搅拌机的设备应切断电源,挂"禁止合闸"标志牌,设专人监护。		
5	盛装过可燃有毒液体、气体的受限空间,应分析可燃、有毒有害气体含量。		
6	检查受限空间内部,具备作业条件,受限空间作业期间,严禁同时进行各类与该设备有关的试车、试压或试验工作。在同一受限空间内不应进行交叉作业,如必要时,必须采取避免相互影响、伤害安全的措施。		
7	作业人员清楚受限空间内存在的其他危害因素,如内部附件、集渣坑等。		
8	检查受限空间进出口通道,不得有阻碍人员进出的障碍物。		
9	使用的所有电气设备必须安装漏电保护器,漏电起跳电流不大于30 mA,并做到"一机一闸一保护"。		
10	金属容器和潮湿、工作场地狭窄的受限空间作业照明电压不大于12 V;严禁将接线箱(板)带入容器内使用,在潮湿容器中,作业人员应站在绝缘板上,同时保证金属容器接地可靠。		
11	原盛装过可燃液体、气体等介质,有挥发可能性的,应使用防爆电筒或电压不大于12 V的自备直流电源的安全行灯;作业人员应穿戴防静电服装,使用防爆工具。严禁携带手机等非防爆通讯工具和其他非防爆器材。		
12	作业监护措施:消防器材(　　)、救生绳(　　)、气防设备(　　)、安全三角架(　　)		
13	发生有人中毒、窒息的紧急情况,抢救人员必须佩戴隔离式防护面具进行设备抢救,并至少有一人在外部做好联络、监护工作。		

危害识别及其他补充安全措施:			
施工作业单位意见: 签名:	车间(工段)意见: 签名:	安全管理部门意见: 签名:	厂领导审批意见: 签名:
完工验收	验收时间	年 月 日 时 分	作业单位 签名:　　　生产单位 签名:

《安全生产检查制度》

1. 目的

1.1 为贯彻落实国家有关安全技术标准和规程,认真检查并及时发现和消除设备设施、作业环境、人员操作等方面的隐患,从而避免工伤事故的发生,保护职工的健康、安全,特制定本制度。

1.2 本制度规定了安全生产检查的项目、内容、时间、方法、隐患整改、责任分工及要求。

2. 适用范围

2.1 本制度适用于公司内各部门。

3. 责任部门

3.1 公司综合职能部是组织实施安全检查的主管部门。

3.2 公司及各职能部门对车间、班组检查工作时,必须将安全生产列入重点检查范围。

3.3 公司安全生产委员会负责组织对公司的各综合、专项、例行检查等。

3.4 各车间及相关部门,负责对本单位安全隐患的日常检查并组织群众性的安全自查活动。

4. 管理要素

4.1 管理总则

4.1.1 安全生产检查依据"分级管理、分线负责"的原则进行实施。

4.1.2 安全生产检查的方式一般按检查的目的、要求、阶段、对象不同,分为日常检查、专项检查、例行检查和综合检查四种。

4.1.3 日常检查是指安全员和车间、班组管理者、员工对安全生产的日查、周查和月查。主要包括:巡逻检查、岗位检查、相互检查和重点检查。

4.1.4 专项检查是根据企业特点,综合职能部组织有关专业技术人员和管理人员,有计划、有重点地对某项专业范围的设备、操作、管理进行检查。

4.1.5 例行检查是指节假日由公司或综合职能部组织的各项安全检查。

4.1.6 综合检查是指公司或综合职能部组织的,按规定日程和规定的周期进行的全面安全检查。主要包括:安全生产大检查、行业检查、企业内定期检查。

4.2 日常性安全检查要求

4.2.1 检查范围

※设备设施、工艺装备、厂房建筑、作业环境,以及违章指挥、违章作业情况。

※危险源:按照危险源识别和评价划定"重要"和"一般"两级危险源。

4.2.2 管理要求

※操作者每天上班前和工作结束后应对本岗位的设备设施、工艺装备和作业环境进行检查。

※班组长或班组安全员每天对本班组内的设备设施、工艺装备和作业环境进行日常检查,填写日常检查记录。还应利用班前会、班后会及安全活动日等多种形式,发动群众进行互相检查。发现违章、隐患应及时予以制止或消除,解决不了要向上级报告。

※工段长或车间安全员每天对本车间内设备设施、工艺装备和作业环境进行日常检查,填写日常检查记录。发现违章、隐患应及时予以制止或消除,解决不了时要向上级报告。

※危险源检查:班组每周一次,车间每月一次,生产管理部每季一次。各级均要认真填写

危险源检查表。

4.3 专项检查要求

4.3.1 检查时间

※专项检查分为考评自查和专项检查,考评自查是以车间为单位,按照《北京市××区安全生产标准化考核评级标准》进行自查;专项检查由综合职能部组织,针对企业状况,对全厂设备设施、作业环境进行专门检查。

※考评自查每季度进行一次,一、二、三季度由各车间组织,自查结束后,填写自查报告报综合职能部。综合职能部对各单位、各部门的检查情况进行监督检查,主要是"三查",即:查自评资料、查整改现场、查设备状况。四季度由综合职能部组织,相关职能部门参加,按《考评办法》中规定的程序执行。

※专项检查每季度开展一次,突出一项专业或一项综合工作。专项检查的内容按照年度安全生产检查计划执行,特殊情况报主管生产安全的副经理审批后执行。

※考评自查的时间为每季度末的最后一周内进行;专项检查的时间为2、5、8、10月的最后一周内进行;

4.3.2 管理要求

※专项检查应由综合职能部组织编制《安全检查表》,按照表列项目进行检查,检查前,要组织检查人员学习检查表内容。

※专项检查中发现违章、隐患应及时予以制止或消除,不能立即整改的由检查组下达整改通知单。

检查结束后,由综合职能部收集检查中的各种资料,编写检查报告,报主管生产安全的常务副总经理,同时通报企业所有单位,按规定实施考核。

4.4 例行检查要求

4.4.1 检查时间

※各部门应于每年"元旦"、"五一"、"十一"前一周结束自查。

※综合职能部在上述单位自查结束后对各单位进行复查或抽查。

4.4.2 检查内容

※查思想:查各级领导、群众对安全生产的认识是否正确,安全责任心是不是很强,有无忽视安全的思想和行为。即查全体员工的安全意识和安全生产素质。

※查制度:检查企业安全生产规章制度是否在生产活动中是否得到了贯彻执行,有无违章作业和违章指挥现象。

※查纪律:查劳动纪律的执行情况,查安全生产责任制的落实情况。

※查领导:检查企业安全生产管理情况。

※查隐患:设备设施、工艺装备、厂房建筑、作业环境等的隐患和整改措施的落实情况。

4.4.3 检查方法及要求

※各部门要充分发动群众,认真开展车间和班组群众性自查和整改,并将检查情况逐级上报。

※各部门要在群众自查的基础上,组织相关部门的人员,按分管项目认真进行重点检查,并组织落实整改。

※各部门自查及整改结果,于自查后一周内上报安全管理部。

※各职能部门应对各部门自查、整改情况进行复查,并落实查出隐患的整改。
※安委会对各部门的检查、整改情况进行监督、检查,对重大隐患及时协调整改。

4.5 综合检查要求

4.5.1 检查时间

※综合检查的内容按照年度安全生产检查计划执行。
※综合检查由安全委员会或综合职能部组织,相关职能部门参加。

4.5.2 检查内容

※贯彻落实安全生产责任及安全管理制度的情况。
※危险源、危险场所安全监控措施执行情况。
※生产场所各类安全防护设施的完好情况。如:防尘、防毒、防噪声等职业卫生防护设施;平台的护栏等安全防护设施。
※机器设备的防护装置、定时维护、保养情况。
※现场的文明生产情况和环境条件。如生产现场的清洁,工具和器具的定置摆放,通风、照明、安全通道、安全出口等。
※对特种作业人员的安全检查。包括持证上岗、遵守操作规程情况。
※特种设备的安全检查。包括:锅炉、压力容器(包括气瓶)、压力管道、电梯、起重机械、客运索道、大型娱乐设施等。
※安全防护设施的运行情况。
※各单位组织机构、安全例会、责任制考核情况。
※消防、基建、用电、仓库等专项检查情况。
※隐患整改情况。
※员工执行安全技术操作规程情况。
※劳动防护用品的发放和使用情况。
※其他有关安全生产的工作。

4.6 隐患整改要求

4.6.1 对查出的隐患,各车间、各职能部门应下达整改指令,限期整改,并建立台账。

4.6.2 各单位对各种安全检查查出的隐患,原则上必须立即安排整改,按"三定四不推"(定整改措施、定完成时间、定整改负责人;个人不推到班组、班组不推到车间、车间不推到公司、公司不推到上级主管部门)原则整改到位;对一些较大和整改有难度的隐患要及时列入计划整改项目,明确责任单位、责任人和整改时间进度,并及时对口上报有关责任部门,以便指导、帮助、协调解决,确保设备设施安全。

4.6.3 综合职能部对于因物质技术条件的限制,暂时无力解决的隐患,除采取可靠的临时措施外,应列入安排计划进行解决。

4.6.4 隐患整改完成后,由隐患整改通知单的下发单位(人员)进行验证,签署意见后归档。

4.7 安全检查表的编制

4.7.1 编制安全检查表的依据

4.7.2 有关规程、规范、规定、标准与手册;

4.7.3 本单位的经验。

4.7.4 编制安全检查表的程序与方法

※系统的功能分解：按系统工程观点将系统进行功能分解，建立功能结构图，通过各构成要素的不安全状态的有机组合求得总系统的检查表。

※人、机、物、管理和环境因素分析：以检查目的为研究对象，从安全观点出发，从"人—机—物—管理—环境"系统出发，编写检查要点。

4.7.5 编制安全检查表应注意的问题

※编制"安全检查表"的过程，实质是理论知识、实践经验系统化的过程，为此，应组织技术人员、管理人员、操作人员和安技人员深入现场共同编制。

※按隐患要求列出的检查项目应齐全、具体、明确，突出重点，抓住要害。

※避免重复，尽可能将同类性质的问题列在一起，系统地列出问题或状态。另外应规定检查方法，并有合格标准。

※各类检查表都有其适用对象，各有侧重，是不宜通用的。如专业检查表与日常检查表要加以区分，专业检查表应详细，而日常检查表则应简明扼要，突出重点。

※危险性部位应详细检查，确保一切隐患在可能发生事故之前就被发现。

※编制"安全检查表"应将安全系统工程中的事故性分析、事件性分析、危险性预先分析和可操作性研究等方法结合进行，把一些基本事件列入检查项目中。

5. 相关记录

5.1　AQBZH002—01 安全检查记录

安全检查记录

受检查单位			检查时间	
检查人员				

序号	检查部位或项目	检查结果	处理意见

受检查单位负责人签字		记录人	

3.3 设备设施的隐患排查治理

设备设施的隐患排查治理是安全生产标准化的重要组成部分。事故隐患存在于企业的生产制造、物流运输、设备维修等各个环节，用安全系统的认识观点，事故隐患可归结为物的不安全状态、人的不安全行为和安全管理上的缺陷等三个方面。

设备设施、工具、原辅材料等物的状态是否安全是直接影响生产安全的重要前提和物质基础。设备设施的不安全状态构成生产中的客观事故隐患和风险。例如，机械设计不合理、未满足安全人机工程要求、计算错误、安全系数不够、对使用条件估计不足等；制造时工艺方法错误、安全装置缺损、缺乏必要的安全防护措施、运输中的野蛮作业、超过安全极限的作业条件或超过卫生标准的不良作业环境等，均会成为事故隐患的源头，导致系统安全功能降低甚至失效。

3.3.1 设备设施隐患排查治理的重点

3.3.1.1 工艺设备、装置的危险、有害因素识别

(1)设备本身是否能满足工艺的要求：标准设备是否由具有生产资质的专业工厂所生产、制造；特种设备的设计、生产、安装、使用是否具有相应的资质或许可证。

(2)是否具备相应的安全附件或安全防护装置，如安全阀、压力表、温度计、液压计、阻火器、防爆阀等。

(3)是否具备指示性安全技术措施，如超限报警、故障报警、状态异常报警等。

(4)是否具备紧急停车的装置。

(5)是否具备检修时不能自动投入，不能自动反向运转的安全装置。

3.3.1.2 专业设备的危险、有害因素识别

(1)化工设备的危险、有害因素识别

①有足够的强度；

②密封安全可靠；

③安全保护装置必须配套；

④适用性强。

(2)机械加工设备的危险、有害因素识别，可以根据以下的标准、规程进行查对：

①《机械加工设备一般安全要求》

②《磨削机械安全规程》

③《剪切机械安全规程》

④《起重机械安全规程》

⑤《电机外壳防护等级》

⑥《蒸汽锅炉安全技术监察规程》

⑦《热水锅炉安全技术监察规定》

⑧《特种设备质量监督与安全监察规定》

3.3.1.3 电气设备的危险、有害因素识别

电气设备的危险、有害因素识别应紧密结合工艺的要求和生产环境的状况来进行，一般可考虑从以下几方面进行识别：

(1)电气设备的工作环境是否属于爆炸和火灾危险环境，是否属于粉尘、潮湿或腐蚀环境。在这些环境中工作时，对电气设备的相应要求是否满足。

(2)电气设备是否具有国家指定机构的安全认证标志，特别是防爆电器的防爆等级。

(3)电气设备是否为国家颁布的淘汰产品。

(4)用电负荷等级对电力装置的要求。

(5)电气火花引燃源。

(6)触电保护、漏电保护、短路保护、过载保护、绝缘、电气隔离、屏护、电气安全距离等是否可靠。

(7)是否根据作业环境和条件选择安全电压，安全电压值和设施是否符合规定。

(8)防静电、防雷击等电气连接措施是否可靠。

(9)管理制度方面的完善程度。

(10)事故状态下的照明、消防、疏散用电及应急措施用电的可靠性。

(11)自动控制系统的可靠性，如不间断电源、冗余装置等。

3.3.1.4 特种机械的危险、有害因素识别

(1)起重机械

有关机械设备的基本安全原理对于起重机械都适用，这些基本原理有：设备本身的制造质量应该良好，材料坚固，具有足够的强度而且没有明显的缺陷。所有的设备都必须经过测试，而且进行例行检查，以保证其完整性。应使用正确设备。其主要的危险、有害因素有：

①翻倒：由于基础不牢、超机械工作能力范围运行和运行时碰到障碍物等原因造成；

②超载：超过工作载荷、超过运行半径等；

③碰撞：与建筑物、电缆线或其他起重机相撞；

④基础损坏：设备置放在坑或下水道的上方，支撑架未能伸展，未能支撑于牢固的地面；

⑤操作失误：由于视界限制、技能培训不足等造成；

⑥负载失落：负载从吊轨或吊索上脱落。

(2)厂内机动车辆

厂内机动车辆应该制造良好、没有缺陷，载重量、容量及类型应与用途相适应。车辆所使用的动力的类型应当是经过检查的，因为作业区域的性质可能决定了应当使用某一特定类型的车辆。在不通风的封闭空间内不宜使用内燃发动机的动力车辆，因为要排出有害气体。车辆应加强维护，以免重要部件(如刹车、方向盘及提升部件)发生故障。任何损坏均需报告并及时修复。操作员的头顶上方应有安全防护措施。应按制造者的要求来使用厂内机动车辆及其附属设备。其主要的危险、有害因素有：

①翻倒：提升重物动作太快，超速驾驶，突然刹车，碰撞障碍物，在已有重物时使用前铲，在车辆前部有重载时下斜坡，横穿斜坡或在斜坡上转弯、卸载，在不一适的路面或支撑条件下运行等，都有可能发生翻车。

②超载：超过车辆的最大载荷。

③碰撞：与建筑物、管道、堆积物及其他车辆之间的碰撞。

④楼板缺陷：楼板不牢固或承载能力不够。在使用车辆时，应查明楼板的承重能力（地面层除外）。

⑤载物失落：如果设备不合适，会造成载荷从叉车上滑落的现象。

⑥爆炸及燃烧：电缆线短路、油管破裂、粉尘堆积或电池充电时产生氢气等情况下，都有可能导致爆炸及燃烧。运载车辆在运送可燃气体时，本身也有可能成为火源。

⑦乘员：在没有乘椅及相应设施时，不应载有乘员。

(3) 传送设备

最常用的传送设备有胶带输送机、滚轴和齿轮传送装置，其主要的危险、有害因素有：

①夹钳：肢体被夹入运动的装置中；

②擦伤：肢体与运动部件接触而被擦伤；

③卷入伤害：肢体绊卷到机器轮子、带子之中；

④撞击伤害：不正确的操作或者物料高空坠落造成的伤害。

3.3.1.5 锅炉及压力容器的危险、有害因素识别

锅炉压力容器是广泛用于工业生产、公用事业和人民生活的承压设备，包括：锅炉、压力容器、有机载热体炉和压力管道。我国政府将锅炉、压力容器、有机载热体炉和压力管道等定为特种设备，即在安全上有特殊要求的设备。为了确保特种设备的使用安全，国家对其设计、制造、安装和使用等各环节，实行国家劳动安全监察。

(1) 锅炉及有机载热体炉

锅炉和有机载热体炉都是一种能量转换设备，其功能是用燃料燃烧（或其他方式）释放的热能加热给水或有机载热体，以获得规定参数和品质的蒸汽、热水或热油等。锅炉的分类方法较多，按用途可分为工业锅炉、电站锅炉、船舶锅炉、机车锅炉等；按出口工作压力的大小可分为低压锅炉、中压锅炉、高压锅炉、超高压锅炉、亚临界压力锅炉和超临界压力锅炉。

(2) 压力容器

广义上的压力容器就是承受压力的密闭容器，因此广义上的压力容器包括压力锅、各类储罐、压缩机、航天器、核反应罐、锅炉和有机载热体炉等。但为了安全管理上的便利，往往对压力容器的范围加以界定。在《特种设备安全监察条例》(国务院令 373 号)中规定，最高工作压力大于或等于 0.1 MPa，容积大于或等于 25L，且最高工作压力与容积的乘积不小于 20 L·MPa 的容器为压力容器。因此，狭义的压力容器不仅不包括压力很小、容积很小的容器，也不包括锅炉、有机载热体炉、核工业的一些特殊容器和军事上的一些特殊容器。压力容器的分类方法也很多，按设计压力的大小分为常压容器、低压容器、中压容器、高压容器和超高压容器；根据安全监察的需要分为第一类压力容器、第二类压力容器和第三类压力容器。

(3) 压力管道

压力管道是在生产、生活中使用，用于输送介质，可能引起燃烧、爆炸或中毒等危险性较大的管道。压力管道的分类方法也较多，按设计压力的大小分为真空管道、低压管道、中压管道和高压管道，从安全监察的需要分为工业管道、公用管道和长输管道。

锅炉与压力容器的主要的危险、有害因素有：锅炉压力容器内具有一定温度的带压工作介质、承压元件的失效、安全保护装置失效等三类(种)。由于安全防护装置失效或(和)承压元件

的失效,使锅炉压力容器内的工作介质失控,从而导致事故的发生。

常见的锅炉压力容器失效有泄漏和破裂爆炸。所谓泄漏是指工作介质从承压元件内向外漏出或其他物质由外部进入承压元件内部的现象。如果漏出的物质是易燃、易爆、有毒物质,不仅可以造成热(冷)伤害,还可能引发火灾、爆炸、中毒、腐蚀或环境污染。所谓破裂爆炸是承压元件出现裂缝、开裂或破碎现象。承压元件最常见的破裂形式有韧性破裂、脆性破裂、疲劳破裂、腐蚀破裂和蠕变破裂等。

3.3.1.6 登高装置的危险、有害因素识别

主要的登高装置有:梯子、活梯、活动架,脚手架(通用的或塔式的),吊笼、吊椅,升降工作平台,动力工作平台。其主要的危险、有害因素有:

①登高装置自身结构方面的设计缺陷;
②支撑基础下沉或毁坏;
③不恰当地选择了不够安全的作业方法;
④悬挂系统结构失效;
⑤因承载超重而使结构损坏;
⑥因安装、检查、维护不当而造成结构失效;
⑦因为不平衡造成的结构失效;
⑧所选设施的高度及臂长不能满足要求而超限使用;
⑨由于使用错误或者理解错误而造成的不稳;
⑩负载爬高;
⑪攀登方式不对或脚上穿着物不合适、不清洁造成跌落;
⑫未经批准使用或更改作业设备;
⑬与障碍物或建筑物碰撞;
⑭电动、液压系统失效;
⑮运动部件卡住。

下面选择几种装置说明危险、有害因素识别,其他有关装置的危险、有害因素识别可查阅相关的标准规定。

(1) 梯子

①考虑有没有更加稳定的其他代用方法,应考虑:工作的性质及持续的时间,作业高度,如何才能达到这一高度,在作业高度上需要何种装备及材料,作业的角度及立脚的空间以及梯子的类型及结构;
②用肉眼检查梯子是否完好而且不滑;
③在高度不及 5 m 且需要用登高设备时,由一个人检查梯子顶部的防滑保障设施,由另一人检查梯子底部或腿的防滑措施;
④要保证由梯子登上作业平台时或者到达作业点时,其踏脚板与作业点的高度相同,而梯子应至少高过这一点 1 m,除非有另外的扶手;
⑤在每间隔 9 m 时,应设有一个可供休息的立足点;
⑥梯子正确的立足角,大致是 75°(相当于水平及垂直长度的比例为 1∶4);
⑦梯子竖框应当平衡,其上、下两方的支持应当合适;

⑧梯子应定期检查,除了在标志处外,不应喷漆;
⑨不能修复在使用的梯子应当销毁;
⑩金属的(或木头已湿的)梯子导电,不应当置于或者拿到靠近动力线的地方。
(2)通用脚手架

常用的脚手架有3种主要类型,其结构是由钢管或其他型材做成,这3种类型是:①独立扎起的脚手架,它是一个临时性的结构,与它所靠近的结构之间是独立的,如系于另一个结构也仅是为了增加其稳定性;②要依靠建筑物(通常是正在施工的建筑物)来提供结构支撑的脚手架;③鸟笼状的脚手架,它是一个独立的结构,空间较大,有一个单独的工作平台,通常是用于内部工作的。

安装及使用时主要的危险、有害因素有:
①设计的机构要能保证其承载能力;
②基础要能保证承担所加的载荷;
③脚手架结构元件的质量及保养情况良好;
④脚手架的安装是由有资格的人或者是在其主持下完成的,其安装与设计相一致、设计与要求的负载相一致,符合有关标准;
⑤所有的工作平台应铺设完整的地板,在平台的边缘应有扶手、防护网或者其他防止坠落的保护措施,防止人员或物料从平台上落下;
⑥提供合适的、安全的方法,使人员、物料等到达工作平台;
⑦所有置于工作平台上的物料应安全堆放,且不能超载;
⑧对于已完成的结构,未经允许不应改动;
⑨对结构要有检查,首次是在建好之后,然后是在适当的时间间隔内,通常是周检,检查的详情应有记录并予以保存。
(3)升降工作平台

一般来讲,此类设施由3部分组成:
①柱或塔:用来支持平台或箱体;
②平台:用来载人或设备;
③底盘:用来支持塔或者柱。

升降工作平台在安装及使用时主要的危险、有害因素有:
①未经培训的人员不得安装、使用或拆卸设备;
②要按照制造商的说明书来检查、维护及保养设备;
③要有水平的、坚实的基础面,在有外支架时,在测试及使用前,外支架要伸开;
④只有经过认证的人员才能从事维修及调试工作;
⑤设备的安全工作载荷要清楚标明在操作人员容易看见的地方,不允许超载;
⑥仅当有足够空间时,才能启动升降索;
⑦作业平台四周应有防护栏,并提供适当的进出装置;
⑧只能因紧急情况而不是工作目的来使用应急系统;
⑨使用地面围栏,禁止未经批准人员进入作业区;
⑩要防止接触过顶动力线,为此要事先检查,并与其保持规定的距离。

另外,企业应根据企业实际情况,对于容易形成重大事故隐患部位,进行重点隐患排查治理。

(1) 仓储及辅助生产部位

①贮存液化石油气贮罐区、天然气配气罐区、丙烷贮罐区、汽油、柴油贮罐区及氢、煤气贮罐区等地方。

②贮存爆炸性物质(民爆器材)、易燃物质(甲醇、乙醇、轻质油)、活性化学物质(如过氧化合物)、有毒物质(如氰化物、苯、二甲苯、甲酚)等库区;存放盛装压缩气体、液化气体、溶解气体等工业气瓶50瓶以上的中间库区、周转库区。

(2) 制气系统

①空气压缩系统:空气压缩机、贮罐及压力管道等。

②制煤气系统:煤气生产区域(发生炉)的净化设备、加热设备、压缩输送设备、贮存罐区。

③制氧系统:电解设备或空分设备(生产区域)及贮存设备(区域)。

④制氢系统:电解设备或低级烷烃水蒸气合成装置(生产区域)及贮存设施等。

⑤制乙炔气系统:乙炔发生装置(生产区域)和贮存装置。

⑥上述气体一次25瓶以上充装和使用中的汇流设施(场所)。

(3) 生产、办公及公共用建构筑物:正在使用的已鉴定和未鉴定的(直观经验判定的)危险建筑物。

(4) 木型制作及其他木材制品区域,木材、塑料、化纤堆放场所可能导致重大火灾的。

(5) 铸造工序的熔炼及手工、半自动化浇注过程中大量灼热的金属溶液由于跑炉、穿包、溢漫、倾翻所导致重大事故的生产区域。

(6) 喷涂、热处理、焊接作业场所

①喷涂作业系统:除易发生中毒窒息、触电事故的部位,还有可以引发爆炸和重大火灾的部位。

②热处理作业:热处理用油池。

③焊割作业:特定的易燃易爆作业场所或作业环境中进行焊割作业的区域。

(7) 锅炉:蒸汽锅炉和热水锅炉。

(8) 压力容器及压力管道:独立存在Ⅰ、Ⅱ、Ⅲ类运行中的压力容器;直径较大、管中介质的腐蚀性较强、使用年限较久的压力管道。

(9) 试验系统:有人值班的电力系统高低压配电站及高压电器产品试验站;各种防毒、防辐射设施完好情况。

(10) 起重机械:200 t及其以上的起重机械。

3.3.2 隐患排查的方法

从人、物和管理等方面控制事故隐患,应采取现代化和传统的安全管理相结合的方法,以危险性控制即危险预测预控为中心,以系统辨识、系统评价为主要手段,对安全管理信息全面收集、综合处理和及时反馈,迅速反映生产现场的不安全状况,及时采取相对应的措施进行干预,使生产现场始终保持安全的工作状态。

3.3.2.1 "群查"与"点查"相结合

"群查"是指调动员工预防事故的积极性和能动性,同心协力查找生产工作中的事故隐患,它包括车间、班组内的自查互查、基层工会的监督检查等形式。"群查"的优点是把排查事故隐患的视线从身边逐步向远处延伸,既要做好自身岗位设备设施以及周边作业环境中事故隐患的排查,又要以此为基本依据,撒开"大网",把平时那些司空见惯、习以为常的问题都"网"在其中,逐一排查,防止出现漏洞。

"点查"是采取抽样的方式、不定期的"突袭排查",也可以针对容易形成重大事故隐患的重要部位组织专人进行排查。"点查"能够发现一些平时不容易暴露或预先检查中被"掩饰"的事故隐患,掌握其真实情况,有利于纠偏和事故隐患的治理;也可以突出重点,强化对重要部位的控制和防范。

"群查"与"点查"相结合的事故隐患排查方法,既可以扩大排查的面,又能突出排查中的重点。无论是"群查"还是"点查",都应针对生产工艺和作业方式的实际,编制事故隐患排查标准,其基本内容为:排查时间、排查内容、执行人、信息交流和反馈的方式和程序等。

3.3.2.2 "循章排查"与"类比复查"相结合

"循章排查"是遵循法律、法规、标准、条例和操作规程等规定,排查生产过程中的事故隐患,凡不符合法规、标准规定的,都是事故隐患,都有可能出现事故或导致伤亡,必须立即制止,坚决纠正。"循章排查"能提高企业遵纪守法的自觉性,使排查内容"合规合法"。企业在实施过程时可参照《考评标准》中的考评条款进行排查,因为考评条款的设置依据了适用于机械制造企业的近二百部法律、法规和标准。

"类比复查"是借鉴事故案例,复查本单位有没有类似情况,确定事故隐患。企业应善于吸取其他单位的事故案例,将导致事故的原因"对号入座",排查本单位是否存在这类情况,是否构成了事故隐患。同时,企业要"借题发挥",要及时将事故案例当做一面镜子,衍射到安全生产的方方面面,反复进行排查。

"循章排查"和"类比复查"相结合的事故隐患排查方法,可以提高排查的科技含量和排查的合规性及针对性。

保持设备、设施的完好状态,是实现安全生产的前提。因此,要加强对设备运行时的监视、检查、定期维修保养等管理工作。经常进行安全分析,对发生过的事故或未遂事件、故障、异常工艺条件和操作失误等,应作详细记录和原因分析并找出改进措施。还应经常收集、分析国内外的有关案例,类比本企业建设项目的具体情况,加强教育,积极采取安全技术、管理等方面的有效措施,防止类似事故的发生。经常对主要设备故障处理方案进行修订,使之不断完善,对设备隐患主动排查,综合治理各类隐患,把事故消灭在萌芽状态。对设备设施隐患排查一般按以下途径进行:

(1)按设备寿命周期法排查

设备寿命,即设备实体存在的时间,指设备制造完成,经使用维修直至报废为止的时间。例如:辅机设备的轴承均有设计使用寿命,达到设计使用寿命就应更换,在轴承达到使用寿命前就应加强对设备的检查。在检修状态情况下,如果设备没有异常,可以延长设备部件的使用时间。例如:延长轴承的使用时间、润滑油的使用时间、滤芯的使用次数等,这虽节约了生产费用,但设备会存在潜在隐患,此时就应该将此设备列为隐患排查的重点对象。

(2)按设备一般缺陷统计分析法排查

设备缺陷记录了曾经构成设备故障的原因,对以往的缺陷记录进行统计分析,可查找出存在的设备隐患。首先编制设备一般缺陷统计分析表(见表3.1)。

表3.1　设备一般缺陷统计分析表

装置名称	设备名称	规格型号	缺陷内容	缺陷描述	原因分析	存在隐患	整改措施	发生时间

①对于仅发生过1次的缺陷,应分析其是否存在事故隐患,此类事故隐患分析需要工作人员有丰富的检修工作经验,面对首次发生的设备缺陷,知道应该进行哪些检查项目。

②发生过多次的缺陷,肯定存在事故隐患,对此,要分析临时采取的整改措施能否确保设备安全,是否需采取更加可靠的整改措施。例如:某厂投入运行后1年时间里2台引风机轴承先后损坏更换,半年后新更换的轴承再次发生损坏,通过缺陷统计分析认为该风机轴承选型较小,更换轴承类型后4年时间没有再发生引风机轴承损坏。

③往年某一时段发生的缺陷,今年的同一时段是否还发生,夏季的高温缺陷、冬季的设备上冻缺陷等,整改措施是否到位,例如:某厂的循环水泵每到夏季轴承温度都易超温,该厂制订了增加通风道的整改措施,一举消除了这一设备隐患。

④发生过多次的缺陷,已采取整改措施,但仍然多次发生,说明设备仍然存在隐患,应继续提出新的整改措施。如某厂燃煤灰分远大于设计燃煤灰分,导致锅炉气力输灰系统灰斗高料位及电除尘故障,经过一些整改后,输灰出力有所提高,但仍不能满足生产需要,随后,经过3年的持续整改,终于使输灰出力可以满足高灰分的燃煤。

⑤对发生过的设备缺陷,要举一反三。在同类型设备中采取整改措施。例如:某厂送风机进口挡板因疲劳断裂,导致风机振动损坏。在更换该风机进口挡板后,紧接着对其他各台送风机的进口挡板进行检查和更换,彻底消除了这一设备隐患。

3.3.2.3　设备设计安装隐患排查

新建机组总会或多或少存在安装隐患,如设备选型欠妥、材料材质差错、质检合格缺项、膨胀和收缩受阻等。此类隐患如不能及时发现并消除,就会造成相应的运行故障,并且在机组投运几年后还会发生,因此,要坚持在设备检查中,特别是设备大小修中进行此类隐患排查。

3.3.2.4　运行巡视中排查

巡视检查的一般方法有:眼看、耳听、鼻嗅、手摸、仪器检测等,检查设备的温度、声音、振动、泄漏、参数变化,可以及时发现设备运行中出现的异常情况。

3.3.2.5　维护中排查

在设备检修中,通过对设备的全面或部分解体可发现设备部件的异常变化,进而分析异常产生的原因。如某厂送风机轴承异音,解体检查发现轴承滚子有脱落掉块现象,润滑油底部沉积大量灰分铜屑,分析原因为灰分从轴承箱轴封处进入。含有灰分的空气被吸入送风机,送风机风箱轴封不严,轴承箱的轴封毛毡也长期没有更换,灰分进入轴承箱,污染润滑油造成轴承损坏。检修中采取相应措施消除了这一设备隐患,各台送风机的轴承再也没有因为润滑油进灰而损坏。

3.3.2.6 大小修中排查

利用设备的大小修机会进行隐患排查,主要是对重大设备进行隐患排查,如锅炉四管的检查,因为这类隐患一旦发生就会造成机组的停运。这类排查要专业组织,专人负责,分工明确,检查项目清晰详细,避免流于形式。表 3.2 为某厂锅炉四管隐患排查问题及整改计划表。

表 3.2 某厂锅炉四管隐患排查问题及整改计划

序号	项目	防范措施或整改计划	检查结果	整改措施
1	因磨损造成四管泄漏:低温再热器泄漏,旁路省煤器泄漏	对易磨损部分(烟气中灰分含量高部位)喷涂防磨层,检修时加强检查		
2	因设计安装造成泄漏:喷燃器处水冷壁泄漏,再热器烟气挡板处旁路省煤器属于受热面管子膨胀与相连部件膨胀不一致造成撕裂泄漏	停炉小修,大修时对该部位认真检查		
3	因烟气走廊造成局部磨损。隔墙省煤器管,低温再热器处后包覆弯管孔处等的局部磨损	该类隐患要求对烟气走廊部位加强检查,对磨损部位进行防磨处理		
4	因管子碰上造成的四管泄漏	加强冷会斗区域水冷壁管检查		
5	经常超温造成的管子泄漏	测量受热面管道胀粗		

该厂在未进行锅炉四管隐患排查活动前,每年多次因锅炉四管泄漏而被迫停炉,最多时 1 年时间里锅炉四管泄漏 7 次。进行锅炉四管隐患排查活动后,四管泄漏次数迅速下降,2009 年全年为 0 次。

3.3.2.7 设备点检中排查

设备点检是一种科学的设备隐患排查方法,点检中排查相比于运行值班人员的检查更为专业。点检由设备负责人和专业技术人员负责,同样是利用人的五感(视、听、嗅、味、触)和简单的工具仪器,但因检查是按照预先设定的方法、标准,定点、定周期进行的,所以能掌握故障的初期信息,便于及时采取对策将故障消灭于萌芽状态。

3.3.2.8 安全大检查中排查

许多单位每年都进行 1 次或多次安全大检查,组织专业的技术人员重点对企业管理制度、软件设施、工作程序、设备和装置进行全面排查。另外,也可以发动全体员工开展对不同系统设备的隐患排查,从专业的角度发现设备存在的事故隐患。

3.3.3 隐患治理的程序

企业应严格按照规章制度规定和排查方案,组织隐患的排查。
(1)各专业依据设备隐患排查的途径制定具体的执行方案。
(2)各专业按系统、设备将责任落实到人,所发现的设备隐患及采取的安全措施都要有详细记录,特种设备的隐患排查由专人负责。
(3)各专业对重大隐患,或一时难以解决的隐患,要及时采取必要的临时安全措施,并立即上报主管部门,所采取的临时安全措施一定要经过技术论证,确保在一定时间内安全可靠,在采取临时措施后应加强设备检查,以及时发现新出现的问题并采取新的临时措施,直至隐患彻底整改。

排查后应建立档案,并下达事故隐患整改通知单,组织整改。对于排查后所列的事故隐患应评定级别,进行分级管理。机械制造企业事故隐患级别评定可借鉴风险评价的原则,依据事故隐患导致事故的可能性、人员暴露其中的频繁程度以及发生事故后果的严重度,划分为四个等级:

①一级:轻微级:极少发生事故或事故后果较轻的;
②二级:临界级:容易发生事故或处于形成事故的边缘状态,暂时还不会造成系统损坏,但应予以治理和控制;
③三级:危险级:会造成人员伤亡和系统损坏,应限期治理和采取措施进行控制;
④四级:破坏级:会造成灾难性事故和较大面积的人员伤亡,必须立即停产治理。

上述事故隐患中,一、二级为一般事故隐患,三、四级为重大事故隐患。

企业按照职责分工组织相关部门进行事故隐患的治理,然后,由排查的组织单位或人员进行验证和效果评定。

执行过程中应注意以下几点:一是治理事故隐患要采取"综合治理"的方法,应从规范管理、标准操作、增加安全设施、通过设备技术改造提高本质安全性等方法,追求"办实事、求实效";二是做好责任落实、资金落实、时间节点落实等工作,使消除和控制事故隐患落在实处;三是实施事故隐患整改的过程中应依靠科技进步与创新,提高企业生产、储存、运输等设备、设施、条件的科技含量和保安能力。

3.4 改进作业环境与现场作业

在安全系统中,主要因素是人,因为一切事故的根源几乎都可以追溯到人。人的失误包括能预见而未采取措施的失误或还未认识而造成的失误。人的失误主要有两种原因:一是员工在认识过程中感知不深、能力不足、思维错误和粗心大意等问题产生的无意违章;二是员工个性因素造成的心急、固执、侥幸心理和长期习以为常的有意违章。

针对"人"的不安全行为方面的事故隐患,要从加强员工思想保证、能力保证和制度保证等方面着手开展工作。一是牢固树立"安全第一、预防为主、综合治理"的思想,正确处理安全与进度、安全与效益、安全与改革的关系,认真做好对员工的全过程教育。二是能力保证,从岗位培训抓起,开展技术练兵、比武、竞赛等,以达到适应岗位要求的能力。三是制度保证,建立健全保证安全生产的各项规章制度和安全操作规程,同时开展安全质量标准化工作,规范人的安全行为。

作业环境是"物"的另一种表现形式,治理"作业环境"方面事故隐患的立足点是努力改进和完善生产现场的劳动保护设施和技术措施,使员工处于安全有保障的作业环境中,即使员工因主观原因出现工作疏忽也不至于产生严重后果,同时能消除职工生产过程中的紧张状态,发挥出人的最大潜能。

对于"物"的不安全状态方面的事故隐患,采取技术措施是其主要途径。技术措施主要包括:通过改变结构设计,尽可能避免或消除事故隐患;减少或限制操作者涉入危险区域;实现

"环境条件"最佳化；增加或改进安全防护装置；履行安全人机工程学原则措施和准确使用安全信息等。

3.4.1 危险作业管理

现场作业管理是企业安全生产管理的重要组成部分。企业应根据企业实际生产工艺、设备设施的情况，制定出确实可行的《安全操作规程》，应明确辨识危险源、安全操作流程及有效的应急处理措施。尤其对现场危险作业管理应做到有规可循，有据可查，严格审批，杜绝违章，从而减少事故的发生。

以下为某企业部分危险作业安全管理制度示例：

《XXXX公司高处作业安全管理制度》

第一条 为减少高处作业过程中坠落、物体打击事故的发生，确保职工生命安全和装置安全稳定运行特制定本制度。本制度适用于各部门和外委施工队伍的高处作业。

第二条 本制度所指高处作业是指在坠落高度基准面2米以上(含2米)，有坠落可能的位置进行的作业。

高处作业分为四级：

(一)高度在2~5米，称为一级高处作业；

(二)高度在5~15米，称为二级高处作业；

(三)高度在15~30米，称为三级高处作业；

(四)高度在30米以上，称为特级高处作业。

第三条 进行高处作业时，必须办理《高处作业票》。高处作业票由施工单位班长或组长负责填写，施工单位(队或车间级)领导或工程技术人员负责审批。安全管理人员进行监督检查。未办理高处作业票，严禁进行高处作业。

第四条 凡患高血压、心脏病、癫痫病以及其他不适于高处作业的人员，不得从事高处作业。

第五条 高处作业人员必须系好安全带、戴好安全帽，衣着要灵便，禁止穿底面钉铁钉或易滑的鞋。

第六条 安全带必须系挂在施工作业处上方的牢固构件上，不得系挂在有尖锐棱角的部位。安全带系挂点下方应有足够的净空。安全带应高挂(系)低用，一般不得采用低于腰部水平的系挂方法。严禁用绳子捆在腰部代替安全带。若上方无固定点时，方可采用低于腰部水平系挂方法，但下部必须有足够的净空。

第七条 在邻近地区设有排放有毒、有害气体及粉尘超出允许浓度的烟囱及设备等场合严禁进行高处作业。如在允许浓度范围内，也应采取有效的防护措施。在五级风以上和雷电、暴雨、雾天等恶劣气候条件下影响施工安全时，禁止进行露天高处作业。高处作业要与架空电线保持规定的安全距离。

第八条 脚手架的搭设必须符合国家有关规程和标准的要求。高处作业应使用符合安全要求的吊架、梯子、防护围栏、挡脚板和安全带等，跳板必须符合作业要求，两端必须捆绑牢固。作业前，应仔细检查所用的安全设施是否坚固、牢靠。夜间高处作业应有足够的照明。

第九条　高处作业严禁上下投掷工具、材料和杂物等，所用材料要堆放平稳，必要时要设安全警戒区，并设专人监护。工具应放在工具套（袋）内，并有防止坠落的措施。在同一坠落平面上，一般不得进行上下交叉高处作业，如需进行交叉作业，中间应有隔离措施。

第十条　梯子不得缺挡，不得垫高使用。梯子横挡间距以30厘米为宜。下端应采取防滑措施。单面梯与地面夹角以60—70度为宜，禁止二人同时在梯上作业。如需接长使用，应绑扎牢固。人字梯底角要拉牢。在通道处使用梯子，应有人监护或设置围栏。

第十一条　高处作业人员不得站在不牢固的结构物（如石棉瓦、木板条等）上进行作业。高处作业人员不得坐在平台边缘、孔洞边缘和躺在通道或安全网内休息。楼板上和平台上的孔洞应设坚固的盖板或围栏。在没有安全防护设施的条件下，严禁在屋架、桁架的上弦、支撑、檩条、挑架、挑梁、砌体、未固定的构件上行走或作业。30米以上的特级高处作业与地面联系应设有专人负责的通讯装置。

第十二条　外用电梯、罐笼应有可靠的安全装置。非载人电梯、罐笼严禁乘人。高处作业人员应沿着通道、梯子上下，不得沿着绳索、立杆或栏杆攀登。

第十三条　因事故或灾害需进行特殊高处作业，包括强风、异温、雨天、雾天、雪天、带电、悬空和抢救高处作业，要制定作业方案并经现场主管安全部门与主管领导审批。紧急情况为抢救人员时，可由施工负责人或其他领导在保护救护人员安全的前提下口头批准，并报安全部门，在报告前，抢救作业应立即进行。

第十四条　本规定从发布之日起执行。未尽事宜可按国家有关标准、制度、法规执行。高处作业票由公司统一印制。

第十五条　本制度由公司机动工程部负责起草，与公司生产安全部共同审定并解释。

《XXXX公司临时用电安全管理规定》

第一条　为加强临时用电管理，避免人身触电、火灾爆炸及各类电气事故，特制定本规定。

第二条　本实施细则适用于公司范围内各单位正式运行电源上所接的一切临时用电。

第三条　临时用电审批程序。

（一）一般不允许在运行的生产装置、罐区、油气装卸台站及水净化场等区域内接临时电源。确属生产必须时，临时用电要同时按规定办理"用火票"。

（二）本企业内部单位的临时用电，由作业（用电）单位持用火票、电工执照到供电主管部门办理临时用电票。

（三）非本企业的临时用电，由作业单位持施工许可证、用火票、电工执照到供电主管部门办理。

（四）临时用电票申批、确认后，由供电执行部门将"用电开始"栏填写确认完毕，方可用电。

第四条　临时用电票期限应与火票一致。

第五条　临时用电管理。

（一）无临时用电票或填写不规范不得用电。

（二）临时用电票一式三联，第一联由临时用电操作人保存，第二联由作业人携带备查，第三联由供电执行部门保存三个月。

（三）用电结束后，由作业人员通知用电操作人，操作人停电后，将"施工结束"栏填写确认后，将第一联交回供电执行部门。

第六条　有自备电源的施工队，自备电源不得接入电网电源。

第七条　用电结束后，临时施工用的电气设备和线路立即拆除，其中符合标准的室外固定检修专用配电箱必须断电，供电执行部门与所在单位区域技术人员共同检查验收签字。

第八条　临时用电必须严格确定用电时限，超过时限要重新办理临时用电票的延期手续，同时要办理继续用火的"用火票"手续。

第九条　安装临时用电线路的作业人员，必须具有电工操作证方可施工。严禁擅自接用电源，对擅自接用的按窃电处理。电气故障应由电工排除。

第十条　临时用电设备和线路必须按供电电压等级正确选择，所用的电气元件必须符合国家规范标准要求，临时用电电源施工、安装必须严格执行电气施工、安装规范。

（一）在防爆场所使用的临时电源、电气元件和线路要达到相应的防爆等级要求，并采取相应的防爆安全措施。

（二）临时用电的单相和混用线路应采用五线制。

（三）临时用电线路架空时，不能采用裸线，架空高度不得低于2.5米，穿越道路不得低于6米；横穿道路时要有可靠的保护措施，不得在树上或脚手架上架设临时用电线路。在脚手架上架设临时照明线路时，竹、木脚手架应加设绝缘子，金属脚手架上应设横木担。严禁接近热源，严禁用金属丝绑扎电线。

（四）采用暗管埋设及地下电缆线路必须设有"走向标志"及安全标志。电缆埋深不得小于0.7米，穿越公路在有可能受到机械伤害的地段应采取保护套管、盖板等措施。

（五）对现场临时用电配电盘、箱要有编号，要有防雨措施，盘、箱门必须能牢靠的关闭。

（六）行灯电压不得超过24伏；在特别潮湿的场所或塔、釜、槽、罐等金属设备内作业装设的临时照明行灯电压不得超过24伏。

（七）临时用电设施，必须安装符合规范要求的漏电保护器，移动工具、手持式电动工具应一机一闸一保护。

第十一条　供电执行部门送电前要对临时用电线路、电气元件进行检查确认，满足送电要求后，方可送电。

第十二条　临时用电设施要有专人维护管理，每天必须进行巡回检查，建立检查记录和隐患问题处理通知单，确保临时供电设施完好。临时用电接通后配电盘或室外固定专用配电箱由供电执行部门负责，其接出线等由用电操作人负责。

第十三条　临时用电单位，必须严格遵守临时用电的规定，不得变更地点和工作内容，禁止任意增加用电负荷，一旦发现违章用电，供电执行部门有权予以停止供电。

第十四条　临时用电结束后，临时用电单位应及时通知供电执行部门停电，由原临时用电单位拆除临时用电线路，其他单位不得私自拆除，如私自拆除而造成的后果由拆除单位负责。

第十五条　临时用电单位不得私自向其他单位转供电。

第十六条　临时用电票由公司制订。

第十七条　本规定由公司机动工程部负责起草，与公司生产安全部共同审定并解释。未尽事宜按国家有关标准、法令、法规执行。

第十八条　本规定从印发之日起执行。

《XXXX公司进入设备作业安全管理规定》

第一条　为加强进入设备作业安全管理,防止发生缺氧、中毒窒息和火灾爆炸事故,保证职工生命和国家财产安全,制定本规定。

第二条　本管理规定的适用范围是各部门、事业单位,包括外委施工单位人员在公司所属生产、施工区域内进入设备作业和公司人员在厂区外进入设备作业。

第三条　凡在已投产区域进入或探入(指头部入内)设备内(包括炉、塔、釜、罐、容器、槽车、罐车、反应器及各种槽、管道、烟道、隧道、下水道、沟、坑、井、池、涵洞等)及其他封闭、半封闭设施及场所作业均为进入设备作业。在被油类和其他化学危险品污染区域和地域及在生活区采暖、供热、供燃料气及上、下水系统进入下水道、沟、坑、池、涵洞作业同样为进入设备作业。

第四条　凡进入设备作业,必须办理《进入设备作业票》。进入设备作业票由车间(分厂)安全技术人员统一管理,车间(分厂)领导或安全部门负责审批。未办理作业票,严禁作业。

第五条　进入设备作业必须设专人监护,作业单位和设备所在单位不是同一单位时,双方应各出一名监护人,不得在无监护人或作业时间以外作业。

第六条　进入设备作业票的办理程序

(一)进设备作业负责人向设备所属单位的车间(分厂)提出申请;

(二)车间(分厂)技术人员根据作业现场实际确定安全措施、安排对设备内的氧气、可燃气体、有毒有害气体的浓度进行分析;安排作业监护人,并与监护人一道对安全措施逐条检查、落实后向作业人员交底。在以上各种气体分析合格后,将分析结果报告填在《进入设备作业票》上,同时签字;

(三)车间(分厂)领导在对上述各点全面复查无误后,批准作业;

(四)进入设备作业票一式三联,第一联由监护人持有,第二联由作业负责人持有,第三联由审批人员留存备查。

(五)进入危险性较大的设备内进行特种进入设备作业时,应将安全措施报厂领导审批,厂安全监督部门派人到现场监督检查。

第七条　监护人的职责

(一)监护人应熟悉作业区域的环境、工艺情况及作业人员,有判断和处理异常情况的能力,懂急救知识;

(二)监护人对安全措施落实情况进行检查,发现落实不好或安全措施不完善时,有权提出暂不进行作业;

(三)监护人应和作业人员拟定联络信号。在出人口处保持与作业人员的联系,发现异常,应及时制止作业,并立即采取救护措施;

(四)监护人要携带《进入设备作业票》,并负责保管。

第八条　进入设备作业人员应遵循的职责

(一)持批准的《进入设备作业票》方可作业;

(二)无《进入设备作业票》不作业;

(三)进设备作业任务、地点(位号)、时间与票不符不作业;

(四)监护人不在场不作业;
(五)劳动保护着装和器具不符合规定不作业;
(六)对违反本制度强令作业或安全措施没落实,有权拒绝作业。

第九条　作业票应注明作业时间,一天一开,当日有效。全面停车大修期间,作业票有效期不超过3天,间断作业要对进入作业的环境重新分析。

第十条　在进入设备作业期间,严禁同时进行各类与该设备相关的试车、试压或试验工作及活动。

第十一条　对工艺上装催化剂等有特殊要求的进设备作业时,要采取特殊预防措施,按特种进入设备作业管理。

第十二条　凡新建未投产未进过易燃、可燃、有毒物质的地上设备需进入作业时必须遵守高处作业和临时用电及 GB/T 13869—92《用电安全守则》的规定。其中已引进过惰性气体的必须执行 GB 8958—88《缺氧危险作业安全规程》的规定。

第十三条　进设备作业的综合安全措施

(一)车间领导指定专人对监护人和作业人员进行必要的安全教育,内容包括所从事作业的安全知识、作业中可能遇到意外时的处理、救护方法。

(二)对所进设备要切实做好工艺处理,所有与设备相连的管线、阀门必须加盲板断开,并对该设备进行吹扫、蒸煮、置换合格。不得以关闭阀门代替盲板,盲板应挂牌标示。

(三)带有搅拌器等转动部件的设备,必须在停机后切断电源办理停电手续后,在开关上挂"有人检修、禁止合闸"标示牌,并设专人巡检监护。

(四)取样分析要有代表性、全面性。设备容积较大时要对上、中、下各部位取样分析,应保证设备内部任何部位的可燃气体浓度和含氧合格(当可燃气体爆炸极限大于4%时,指标为小于0.5%,爆炸极限小于4%时,指标为小于0.2%;氧含量19.5%—23.5%为合格);有毒有害物质不超过国家规定的"车间空气中有毒物质的最高允许浓度"的指标。设备内温度宜在常温左右,作业期间应每隔四小时取样复查一次(分析结果报出后,样品至少保留4小时),如有1项不合格,应立即停止作业。

(五)进入存有残渣、填料、吸附剂、催化剂、活性炭等设备内工作,监护人必须每半小时用测氧仪、测爆仪检测一次。对进入其他设备内作业,必须每两小时检测一次。

(六)进设备作业,必须遵守动火、临时用电、起重吊装、高处作业等有关安全规定,进设备作业票不能代替上述作业各票,所涉及的其他作业要按有关规定办票。

(七)对盛装过能产生自聚物的设备,作业前必须按有关规定蒸煮并做聚合物加热试验。

(八)设备的出入口内外不得有障碍物,应保证其畅通无阻,便于人员出入和抢救疏散。

(九)进设备作业一般不得使用卷扬机、吊车等运送作业人员,特殊情况需经厂安全监督部门批准。

(十)进入设备作业使用行灯必须符合 GB 8958—88《安全电压》的有关规定,其行灯电压不得超过24 V,行灯必须为防爆型并带有金属保护罩;行灯必须由安全隔离电源供电,不得采用自耦式变压器供电。

(十一)进设备作业的人员、工具、材料要登记,作业前后应清点,防止遗留在设备内。

(十二)设备外的现场要配备一定数量符合规定的应急救护器具和灭火器材。

(十三)作业人员进设备前,应首先拟定紧急状况时的外出路线、方法。设备内人员每次作业时间不宜过长,应安排轮换作业或休息。

(十四)为保证设备内空气流通和人员呼吸需要,可采用自然通风,必要时可再采取强制通风方法(不允许通氧气)。在人员进入时,设备人孔必须全部打开,如属卧罐或只有一个人孔的,必须采取强制通风。

(十五)在特殊情况下,要经安全监督部门批准进行特种进入设备作业。作业人员可戴长管面具、空气呼吸器等,但佩戴长管面具时,一定要仔细检查其气密性,同时应防止长管被挤压,吸气口应置于空气新鲜的上风口,并有人监护。

特种进入设备作业包括:

1. 氧含量不足时,执行 GB 8958—88《缺氧危险作业安全规程》。
2. 有毒有害物质超标,处理困难,工期所限,非进入不可时。
3. 温度较高时,必须穿戴高温隔热服,并视情况佩戴呼吸设备。

(十六)出现有人中毒、窒息的紧急情况,抢救人员必须佩戴空气防护面具进入设备,并至少应有一个在外部做联络工作。

(十七)以上措施如在作业期间发生变化,应立即停止作业,待处理并达到作业的安全条件后,方可再进入设备作业。

第十四条 《进入设备作业票》是进设备作业的依据,不得涂改、代签、要妥善保管,保存期为 1 年。

第十五条 其他非生产区域的进入设备作业,可参照本规定执行。

第十六条 本规定未尽事宜可参照国家有关标准、制度、法规执行。

3.4.2 改进现场作业

安全生产标准化不仅对安全管理制度、现场作业管理等提出的要求,同时对企业的现场作业环境(厂区环境、车间作业环境、仓库作业场所、生产区域采光、生产设备布局、物料码放、生产区域地面状态、高空作业梯台、厂房建筑、有毒有害作业点治理、防尘防毒等)也都提出了详细的要求。

以定置管理为例,详解企业如何做好现场的定置管理:

定置管理是我国工业企业 20 世纪 80 年代从日本学习引进的一种先进管理方法。是对生产现场中的人、物、场所三者之间的关系进行科学的分析研究,使之达到最佳状态的一种科学管理方法。

定置管理是生产现场管理的一个重要组成部分,其主要任务是研究作为生产过程主要要素的人、物、场所三者的相互关系。它通过运用调整生产现场的物品放置位置,处理好人与物、人与场所、物与场所的关系;通过整理,把与生产现场无关的物品消除掉;通过整顿,把生产场所需要的物品放在规定的位置。这种定置要科学、合理,实现生产现场的秩序化、文明化。

3.4.2.1 定置方法

(1)固定位置。即场所固定、物品存放位置固定、物品的信息媒介物固定。这种"三固定"

的方法,适用于那些在物流系统中周期性地回归原地,在下一生产活动中重复使用的物品。主要是那些用作加工手段的物品,如工、检、量具、工艺装备、工位器具、运输机械和机床附件等物品。这些物品可以多次参加生产过程,周期性地往返运动。对这类物品适用"三固定"的方法,固定存放位置,使用后要回复到原来的固定地点。例如,模具平时存贮在指定的场所和地点,需用时取来安装在机床上,使用完毕后,从机床上拆卸下来,经过检测、验收后,仍搬回到原处存贮,以备下次再使用。

(2)自由位置。即相对地固定一个存放物品的区域,至于在此区域内的具体放置位置,则根据当时的生产情况及一定的规则来决定。这种方式同上一种相比,在规定区域内有一定的自由,故称自由位置。这种方法适用物流系统中那些不回归、不重复使用的物品。例如,原材料、毛坯、零部件、产成品。这些物品的特点是按照工艺流程不停地从上一工序向下一工序流动,一直到最后出厂。所以,对每一个物品(例如零件)来说,在某一工序加工后,除非回原地返修,一般就不再回归到原来的作业场所,对这类物品应采用规定一个较大范围区域的办法来定置。由于这类物品的种类、规格很多,每种的数量有时多,有时少,很难就每种物品规定具体位置。如在制品停放区、零部件检验区等。在这个区域内存放的各个品种的零部件,则根据充分利用空间、便于收发、便于点数等规则来确定具体的存放地点。定置管理的实施,即按照设计要求,对生产现场的材料、机械、操作、方法进行科学的整理和整顿,将所有的物品定位。

3.4.2.2 定置图绘制原则

(1)现场中的所有物均应绘制在图上;
(2)定置图绘制以简明扼要、完整为原则;物形为大概轮廓,尺寸按比例,相对位置要准确,区域划分清晰鲜明;
(3)生产现场暂时没有,但已定置并决定已制作的物品也应在图中表示出来,准备清理的无用之物不得在图中出现;
(4)定置物可用标准信息符号或自定信息符号进行标准化,并均在图上加以说明;
(5)定置图应按定置管理标准的要求绘制,但应随着定置关系的变化而进行修改。

3.4.2.3 车间场地的定置要求

(1)要有按标准设计的车间定置图;
(2)生产场地、通道、工具箱、交检区、物品存放区,都要有标准的信息显示,如标牌、不同色彩的标志线等;
(3)对易燃、易爆物品、消防设施、有污染的物品,要符合工厂有关特别定置的规定;
(4)要有车间、工段、班组卫生责任区的定置,并设置责任区信息牌;
(5)临时停滞物品区域的定置规定,包括积压的半成品停滞、待安装设备、建筑维修材料等的规定;
(6)垃圾、废品回收点的定置,包括回收箱的分类标志:料头箱(红色)、铝屑箱(黄色)、铁屑箱(黄色)、铜屑箱(黄色)、垃圾箱(白色)、大杂物箱(蓝色),以上各类箱子有明显的相应标牌信息显示;
(7)按定置图的要求,清除与区域无关的物品。

3.4.2.4 车间各工序、工位、机台的定置要求

(1)必须有各工序、工位、机台的定置要求;
(2)要有图纸架、工艺文件等资料的定置规定;
(3)有工、卡、量具、仪表、小型工具、工作器具在工序、工位、机台停放的定置要求;
(4)有材料、半成品及工位器具等在工序、工位摆放的数量、方式的定置要求;
(5)附件箱、零件货架的编号必须同零件账、卡、目录相一致,账卡等信息要有流水号目录。

3.4.2.5 工具箱的定置要求

(1)必须按标准设计定置图;
(2)工具摆放要严格遵守定置图,不准随便堆放;
(3)定置图及工具卡片,一律贴在工具箱内门壁上;
(4)工具箱的摆放地点要标准化;
(5)同工种、工序的工具摆放要标准化。

3.4.2.6 库房的定置要求

(1)要设计库房定置总图,按指定的地点定置;
(2)易燃、易爆、易污染、有储存期要求的物品,要按工厂安全定置要求,实行特别定置;
(3)有储存期物品的定置,要求超期物品有单独区域放置;接近超期1~3个月的物品要设置期限标志;在库存报表上对超期物品也要用特定符号表示;
(4)账本前面应有序号及物品目录;
(5)特别定置区域,要用标准的信号符号显示;
(6)物品存放的区域、架号、库号,必须同账本的物品目录相一致。

3.4.2.7 检查现场的定置要求

(1)要有检查现场定置图;
(2)要划分不同区域并用不同颜色标志。
①半成品的待检区及合格区;
②成品的待检区及合格区;
③废品区;
④返修区;
⑤待处理区。

待检区(蓝色)、合格区(绿色)、返修区(红色)、待处理区(黄色)、废品区(白色)。即"绿色通、红色停、黄色红道行、蓝色没检查、白色不能用"。
(3)小件物品可装在不同颜色的大容器内,以示区别。

3.4.2.8 定置实施

定置实施必须做到:有图必有物,有物必有区,有区必挂牌,有牌必分类;按图定置,按类存放,账(图)物一致。

第4章　企业安全生产标准化自评

> 本章主要内容：
> ◆ 介绍了企业安全生产标准化自评的流程；
> ◆ 介绍了自评的方法。
>
> 学习要求：
> ◆ 熟悉企业安全生产标准化自评流程；
> ◆ 掌握企业安全生产标准化自评的实施。

4.1　自评的目的

4.1.1　保障安全生产标准化的正常运行

企业在建立完成安全生产标准化相关管理制度和记录档案之后，进入安全生产标准化的正式运行。在运行过程中，安全生产标准化的管理制度及记录档案能否正确实施，实施的效果如何，是否能达到企业安全生产的目标要求，这就需要企业建立一个自我发现问题、自我完善和自我改进的机制。事实证明，一个缺少监督检查机制的管理体系，不能保证持续有效运行，也不能持续改进提高。因此，有效的自评是克服组织内部的惰性、促进企业安全生产标准化良性运作的动力。

4.1.2　为复评做准备

在复评之前，企业通过进行自评，对照安全生产标准化考评细则，结合企业安全生产的现实状况，及时发现与安全生产标准化在安全生产管理制度和现场隐患等方面的不符合项，并进行积极组织整改，以便为顺利通过复评扫清障碍，也可减少不必要的经济损失。

4.1.3　企业管理提升的手段

自评是通过企业对安全生产标准化进行的自我评定，进而找出企业在安全生产标准化运行的过程中存在的问题，进而找出改进的途径，可为企业完善其安全生产标准化提供相关依据，从而保证企业的安全生产。因此企业自评不仅企业的安全生产标准化管理提供了有效的评价，同时也是企业安全生产管理的重要手段。

4.2 自评的组织与实施

自评是由企业组织企业相关人员或聘请相关安全专家以企业名义进行的评审。这种评审是企业建立的一种自我检查、自我完善的持续改进活动,可为规范企业员工安全操作,治理事故隐患,保证企业安全生产提供必要信息,从而保证企业安全生产标准化的正常运行。企业自评的步骤如图 4.1 所示。

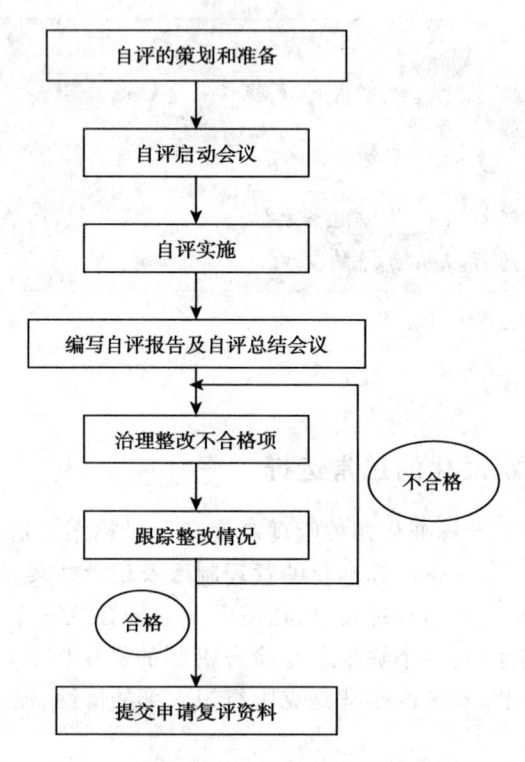

图 4.1 企业安全生产标准化自评步骤图

4.2.1 自评的策划和准备

自评的策划和准备是企业安全生产标准化自评中必不可少的重要阶段。其主要包括:成立企业安全生产标准化领导小组、确定自评范围、制定自评计划、准备自评工作文件等活动。

企业应成立以企业法人为组长安全生产标准化领导小组,并根据企业实际情况成立相应的自评小组,同时做好安全生产标准化的宣传工作,通过宣传教育、挂图等方式报道安全生产标准化的意义及达标要求和考评细则,使全体员工明确通过开展安全生产标准化活动,能进一步强化企业安全生产基础管理,改善企业安全生产条件,提高全员安全生产意识,提高企业员工职业健康水平,从而使企业安全生产工作纳入标准化、制度化、规范化轨道。

(1)组成自评组是自评策划和准备的主要工作之一,企业根据情况任命自评组长,有条件单位可以聘请相应安全机构的安全专家为企业自评把关。自评组由自评组长、自评员、技术专家组成。根据专业情况可具体细分为安全管理制度及文档记录自评组、设备电气自评组、现场防火防爆自评组、职业卫生自评组等,以更专业更具体地对企业进行自评。

自评组在整体上应具备以下能力:

能够充分、准确地判断企业安全生产标准化相关的安全法律、法规和其他要求的符合性;

能够准确界定组织的活动领域,确认组织全部活动范围内产生的典型的危险源;

准确掌握企业安全生产标准化安全方面的特殊性。

(2)确定自评范围的重要性表现在以下几个方面:

自评准备和实施自评的依据:自评范围确定了自评范围的内容、场所和工作量,以及平衡自评组成员所要的专业范围;

向复审机构证明企业符合安全生产标准化管理的依据:作为企业安全生产标准化的复评机构,企业自评范围向其提供了一个具体的管理对象。

(3)制定自评计划:自评计划是确定现场自评的人员、工作时间安排以及自评路线的文件,是指导企业现场自评工作的重要依据。

(4)自评工作文件是指自评员在现场评审中所使用的文件资料、技术指导书、自评检查表和自评记录表单等。企业自评中主要采用安全检查表的方法进行实施,常用的安全检查表形式如表4.1所示。

表4.1 安全检查表示例

安全检查表	
检查项目或部位	
参加检查人员	
检查记录:	
检查结论及整改要求:	

4.2.2 自评启动会议

自评启动会议是自评的序幕,自评启动会议是自评组与本企业领导介绍自评过程的第一次会议。由自评组长主持,参加会议人员为自评组全体成员,受评部门负责人及管理人员。

自评启动会议应明确以下目的:

(1)确认自评范围、目的和计划,共同认可自评进度表;

(2)简要介绍自评中采用的方法和程序;

(3)确认自评组所需的资源与条件;

(4)确认自评总结会议的日期和时间;
(5)促进受评审部门的积极参与。

4.2.3 自评检查

自评人员根据计划进行自评,通过面谈、提问、查阅文件、现场查看、测试等方式来收集客观证据,并记录自评结果,对受评部门做出自评。自评员应对照安全生产标准化的考评要求,通过检查表的方式逐项检查,对数量较多的同类项目可以采取随机抽样的方法进行,保证所抽取的样本具有代表性,并认真做好记录。

现场自评后,自评组应对评审所有检查结果,以书面形式开列不符合项,并通知被审部门,以使不符合项得到确认。同时,限定被审部门对不符合项的整改时间,并要求有针对性的展开不符合项的整改活动,以确保整个自评按照计划时间进行。

4.2.4 编写自评报告及自评总结会议

自评组按照安全生产标准化的考核要求对完成对企业的自评检查后,应根据各专业组检查结果统一编写自评报告,自评报告应真实、客观地衡量企业的安全生产管理工作。通过下列方法的运用确保企业安全生产标准化获得的评估结果是一致并且客观的。

(1)将必要的工作分为PDCA(策划、执行、依从、绩效)四个组成部分;
(2)对每一部分设定一个评估要素;
(3)提问足够、深入和相关的问题;
(4)量化并记录结果。

评估要素以分数的形式分配给每一元素,然后再将元素分配的分数分配到每一子元素,最后将每一子元素的分数分配到PDCA,将PDCA的得分及每一子元素得分相加,便得到每一子元素和元素的得分。

例如,某企业的安全生产标准化符合性自评部分单元结果为:
(1)目标与承诺

• 认可项:

基本上达到了无重伤以上事故,重伤以上人身事故为零,轻伤事故控制为零,工作现场所有害因素达标率到98%以上,职业病发生率控制为零,设备损坏事故和操作责任事故为零的目标。

• 改进项:

进一步提高安全管理水平,完善安全设施的建设,降低轻伤事故的发生。

(2)安全生产法律法规与其他要求

• 认可项:

企业相关人员需了解国家有关法律、法规、部门规章、行业标准及规范性文件以及企业定期学习相关的法律、法规并组织考核;

基本符合《安全生产法》、《矿山安全法》、《劳动法》、《职业病防治法》、《矿山特种作业人员安全资格考核规定》、《工伤保险条例》、《民用爆炸物品管理条例》、《小型露天采石场安全生产暂行规定》、《小型露天采石场推广中深孔爆破开采技术的指导意见》、《金属非金属矿山安全规程》、《爆破安全规程》。

- 改进项:

炸药存储场所不符合《民用爆炸物品管理条例》容易造成炸药的丢失;

矿区没有按照《金属非金属矿山安全规程》进行明显的分层;

学习记录不健全。

(3)风险管理

- 认可项:

建立应急救援预案。

- 改进项:

举行应急演练,使工作人员更加熟悉事情发生时应该如何处理。

(4)安全教育与培训

- 认可项:

安全生产教育、培训计划和归档;

制定了完善的安全生产教育和培训计划;

贯彻落实了"三级"教育制度;

建立了从业人员安全教育和培训档案;

安全生产教育、培训内容和时间;

主要负责人和安全生产管理人员的安全生产知识和管理能力经考核合格;

培训内容各类人员培训大纲的规定。

- 改进项:

对新进露天矿的职工进行安全生产教育。

不符合项的确定

(1)必须以客观事实为基础

判定不符合必须以客观事实为基础,客观事实不能掺杂任何个人的主观因素,也不能掺杂"推理"、"假设"或"想当然"的成分。客观证据包括:

- 在文件、记录审阅以及现场观察中发现的客观事实。现场评审发现的不符合事实应请受评审方陪同人员确认,文件、记录中的记载具有可追溯性,现场观察中发现的事实是客观存在的有形证据。对这些事实所做的记录也可作为证据。

- 现场评审中受评审方对评审员所提出的问题,也可成为客观证据。对于通过面谈取得的信息,应当取得其他事实的证实,避免受评审人员情绪紧张或口误造成回答失误,导致错判。

(2)必须以评审准则为依据

判定不符合项时,一定要以评审准则为依据,不能以评审员个人的任何主观意见、观点作依据。也就是说,评审员开具的不符合项必须在评审标准中找到依据,如果找不到,就不能判为不符合。

(3)评审组内相互沟通,统一意见

企业安全生产标准化体系中存在的问题往往不是孤立的,常常存在相互联系。在形成不符合项之前,需要评审组成员充分讨论,交流情况,相互补充印证。这样才能有利于发现受评审方体系上的问题,避免由于某个评审员个人收集信息的局限所带来的片面性。评审发现最终是否形成不符合项,由评审组长确定。

自评总结会议

(1)自评总结会议由自评组长主持,本企业领导、相关部门及自评组全体成员参加。

(2)会上着重向领导汇报自评结果,使领导能了解目前本企业安全生产标准化的运转情况,并对前一段时间安全生产标准化工作运转做出总结,对改进本企业安全生产标准化工作提出建议。

(3)针对自评中发现的问题和不符合项,按"四定"落实。

4.2.5 治理整改、检查落实

自评组对自评中发现的不符合项编写"不符合项报告"和整改意见。各部门在收到不符合项报告后,应在限制整改时间内落实整改资金和整改责任人,按照自评组的整改意见负责整改措施实施。

自评组应在整改要求的时限内对不符合项的整改情况进行督促检查,确保不符合项能按计划时间整改完毕,不影响自评计划的实施。若受评审部门未实施相应的整改措施,自评组人员应向企业领导如实反映,由企业领导责成处理。

(1)整改措施跟踪的目的

自评组应对整改措施的有效性进行验证。验证的目的在于:

①促进受评审部门认真分析原因,找出不符合的根源,防止类似事件再次发生,进一步完善企业安全生产标准化,创造良好的运行条件;

②使受评审部门按照整改措施计划进行有效的纠正,为过去出现的问题画上句号。

(2)措施的制定

①针对不符合的原因所采取的整改措施是否具有可行性、合理性及有效性;

②采取的整改措施是否与不符合项的严重程度相适应;

③整改措施是否可以防患于未然;

④整改措施是否能举一反三,避免同类问题的发生。

(3)实施及效果

①计划是否按规定日期完成;

②计划中的各项措施是否全部完成;

③完成后的效果如何,是否有效控制了类似不符合的再次发生;

④实施情况是否有记录可查,如为资料验证则所提交的资料是否充分,已提交资料能否证明整改措施的有效性。

⑤整改措施和实施情况记录是否由不符合的发生部门完成。

评审组针对不符合项进行了以上跟踪验证后,应确认其有效性,在整改措施跟踪报告一栏中注明验证结论并签字。

4.2.6 提交申请复评资料

企业根据自评结果,落实自评不符合项的整改后,经企业安全生产标准化领导小组同意,可向审核公告的安全生产监督管理部门提出书面评审申请。申请的范例如表4.2、表4.3、表4.4、表4.5、表4.6所示。

表 4.2　书面评审申请范例封面

企业安全生产标准化
评审申请

申请单位：_____
申请行业：_____ 专业：_____
申请性质：_____ 级别：_____
申请日期：_____年_____月_____日

国家安全生产监督管理总局制

表4.3 书面评审申请范例表1

一、基本情况表

申请单位					
单位地址					
单位性质					
安全管理机构					
员工总数	人	专职安全管理人员	人	特种作业人员	人
固定资产		万元	主营业务收入		万元
倒班情况	□有 □没有		倒班人数及方式		
法定代表人		电话		传真	
联系人		电话		传真	
		手机		电子信箱	

本次申请前本专业曾经取得的标准化级别：□一级 □二级 □三级 □无

本次申请的专业外，已经取得的企业安全生产标准化专业、级别和时间：

如果企业是某企业集团的成员单位，请注明企业集团名称：

如果已取得职业健康安全管理体系认证证书，请注明证书名称和发证机构：

		姓名	所在部门职务/职称	电话	备注
本企业安全生产标准化自评小组主要成员	组长				
	成员				

表 4.4　书面评审申请范例表 2

二、企业重要信息表
1. 企业概况：
2. 近三年本企业重伤、死亡或其他重大生产安全事故和职业病的发生情况：
3. 安全管理状况（主要管理措施及主要业绩）：
4. 有无特殊危险区域或限制的情况：

表 4.5　书面评审申请范例表 3

三、其他事项表
1. 企业是否同意遵守评审要求，并能提供评审所必需的真实信息 　　□是　□否
2. 企业在提交申请书时，应附以下文件资料： 　　◇安全生产许可证复印件(未实施安全生产行政许可的行业不需提供) 　　◇工商营业执照复印件 　　◇安全生产标准化管理制度清单 　　◇安全生产组织机构及安全管理人员名录 　　◇工厂平面布置图 　　◇重大危险源资料 　　◇自评报告 　　◇自评扣分项目汇总表 　　◇评审需要的其他材料
3. 企业自评得分：
4. 企业自评结论：   法定代表人(签名)：　　　　　　　　　　(申请单位盖章) 　　　　　　　　　　　　　　　　　　　　年　月　日
5. 上级主管单位意见：   负责人(签名)：　　　　　　　　　　　(主管单位盖章) 　　　　　　　　　　　　　　　　　　　年　月　日
6. 安全生产监督管理部门意见：   负责人(签名)：　　　　　　　　　　　(安监部门盖章) 　　　　　　　　　　　　　　　　　　　年　月　日

表 4.6　书面评审申请范例表填报说明

申请材料填报说明

1．申请材料首页"申请单位"填写申请单位名称并加盖申请单位章；

2．"申请行业"按本考评办法第二条的行业分类填写。"专业"按行业所属专业填写,有专业安全生产标准化标准的,按标准确定的专业填写,如"冶金"行业中的"炼钢"、轧钢专业,"建材"行业中的"水泥"专业,"有色"行业中的"电解铝"、"氧化铝"专业等；

3．"申请性质"为"初次评审"或"延期"。"级别"为"一级"或"二级"、"三级"；

4．"单位性质"按照营业执照登记的内容填写；

5．"本次申请的专业外,已经取得的企业安全生产标准化专业级别和时间"按"专业"、"级别"和证书颁发时间填写已经取得的所有专业的最高级别,如"冶金,一级,2010 年 3 月 5 日"；

6．没有上级主管单位的,"上级主管单位意见"不填；

7．"重大危险源资料"附经过备案的重大危险源登记表复印件。

评审、报告：安全生产监督管理部门收到申请后,经初审符合申请条件,通知评审单位按照相关评定标准的要求进行评审。评审完成后,评审单位向审核公告的安全生产监督管理部门提交评审报告。评审报告格式见附件二。

评审工作应在收到通知之日起三个月内完成(不含企业整改时间)。

4.3　自评的方法

4.3.1　自评方式

自评方式是指总体上如何进行自评的方式,概括起来有四种：按部门自评；按要素自评；顺向追踪；逆向追溯。根据经验,目前常用的主要是按部门自评和按要素自评两种。在这两种自评方式中,有时也根据自评内容的需要适当穿插顺向追踪和逆向追溯的自评方式。在实际自评中,这四种自评方式并非单独或平行使用,往往是两两结合使用。例如：部门自评和顺向追踪方式；部门自评和逆向追溯的方式；要素自评与顺向追踪的方式；要素自评与逆向追溯的方式。在实际自评中根据不同的自评对象,采用交叉自评方法的企业也是常见的。

下面介绍两种主要的自评方式的内涵。

(1)按部门自评

这种方式是以部门为中心进行自评。一个部门往往承担若干要素的职能,因此自评时应以安全生产标准化管理制度为主线,针对与部门有关的要素进行自评。不可能也没必要把每个部门有关的所有要素都查到,但不能遗漏主要的安全生产标准化要素的职能。在按部门自评的计划表中,日程体现了以部门为主线,对各部门相关要素进行自评的思路。进行自评时,可以运用顺向追踪,即按照企业安全生产标准化运行的顺序进行自评。如从文件内容查到实施情况,从生产制造过程中的第一道工序到最后一道工序(不是逐道工序查证,而是抽样),从不可容许风险查到其影响,从企业领导查到基层员工(即通过与上层管理者交谈过的信息,再逐级追踪,最后得到证实)。

(2)按要素自评

这种方式是以要素为中心进行自评。在按要素进行自评的自评计划中,评审一个要素往往涉及两个以上的部门,往往要到不同部门去评审才能达到此要素的要求。在评审中可以运用逆向追溯或顺向追踪。逆向追溯即按照企业安全生产标准化运行的反方向进行自评。如从实施情况查到文件，从后面的工序查到前面的工序，从影响查到不可容许风险，从员工的安全意识查到上级领导的决策。

这几种方式中，最常用到得是部门自评，但这种方式在实施中有较大难度，因为一个部门往往有多项职能，涉及多种要素，在自评中需要捕捉或抽取一个部门多种安全生产标准化活动的样本，比较分散，因此自评员必须事先准备好自评检查表，不要忽略任何一项主要职能和安全生产管理活动，并注意从多方面收集事实，做好记录。

此外，还有以危险源为主线的自评方式。这种自评方式以某些不可容许风险作为自评线索，贯穿全部体系要素，通过自评不可容许风险的管理方案、控制程序、运行状况、控制状况及其结果，将不可容许风险与企业安全生产标准化各要素有机连接起来，最终综合自评发现，对企业安全生产标准化作出总体评价。

4.3.2 自评方法

常用的自评方法有以下四种：

（1）从链条切入查验取证

企业自评员在组织本企业安全生产标准化建设过程中，应按照《评审标准》中的"机构和职责"（第二A级要素）的方针目标、负责人、职责、机构和投入方面（B级要素），形成"量化分解、年度计划、鉴定考核、负责人承诺、二级三员职责、机构设置、人员配置、四级管理网络、从业学历经历资格、安全投入落实"的达标链，并逐项查验取证该企业在机构和职责要素上的达标程度。

（2）从制度切入查看执行

企业自评员在依据《评审标准》中的"法律法规、标准"（第一A级要素），首先从企业是否建立识别、获取、评审、更新安全生产法律法规、标准的管理制度入手，查看企业各职能部门和基层单位是否定期识别和获取本部门适用的安全生产法律法规与标准要求，并由主管部门汇总、发布清单。再看是否及时将识别和获取的安全生产法律法规、标准融入到企业安全生产管理制度当中，将适用的安全生产法律法规、标准要求及时传达给从业人员，并进行相关培训和考核。

（3）从台账切入引申查核

企业自评员可通过安全培训教育台账的统计数据，查核企业负责人和安全管理人员、从业人员、特种作业人员的培训教育情况，重点查看资格证书，每年有多少人在训、有多少人复训，并看是否参加复训，企业三级培训教育的人员、时间、内容是否落实到位等。再比如，依据企业当年第二季度隐患排查治理数据统计，查有无制定隐患排查工作方案，明确排查的目的、范围、方法和要求等，看是否按照方案进行隐患排查工作。重点看一般隐患是多少，整改率多少，效果如何，特别注意查看重大隐患有多少，如果有的话，要重点验证隐患治理"五落实"情况，对重大隐患是否进行分析评估，确定隐患等级，登记建档等情况。

（4）从档案切入验证管理

企业应按13个A级要素建立安全生产标准化管理档案，有利于企业自评员从管理档案中索取相关的文件资料，验证某要素是否实行闭环管理，重点看资料的可追溯性，同时验证现场管理的真实性。

企业安全生产标准化的自评方法通常有三种，即：提问与交谈；查阅文件和记录；现场观察和测试。

应用上述方法应掌握如下技巧:
(1)要善于提问和交谈

自评员基本上按检查表组织提问,但应组织得自然、和谐、切忌生硬刻板。自评员的耐心、礼貌和保持微笑有助于克服受自评方部门代表的畏怯和胆怯心理。自评员可以就同一问题提问不同的人员,或与被提问者作简要交谈,获得可观的答案,或弄清答案不一致性的原因。

(2)要注意倾听

自评员要注意听取谈话对象的回答,并做出适当的反应。首先必要对回答表现出兴趣,保持视线接触,用适当的口头认可的话语表明自己的理解。谈话时应注意观察回答者的表情。当受审方误解了问题或答非所问时,自评员应客气地加以引导,而不是粗暴打断。

(3)要仔细观察和查阅

自评员要仔细观察现场不可容许风险和控制的运行状况,查阅有关的记录,如危险源辨识和评价记录、法律法规辨别和等级记录、目标指标与企业安全生产标准化安全管理方案实施与完成记录、运行控制记录、监控记录、培训记录、不符合与纠正措施记录等。要善于从众多的记录中选取有代表性的样本。当发现问题时要进行深入检查以确定客观证据。客观证据是指建立在通过观察、测量、试验或其他手段所获事实的基础上,证明是真实的信息。自评员获取客观证据,要通过反复求证弄清不符合事实,并作登记。

(4)记录要证据确切

自评员必须"口问手写",对调查获取的信息、证据做好记录。记录应全面,包括有效实施的记录和不符合记录。所作记录包括时间、地点、人物、事实描述、凭证材料、涉及文件、各种标识等。这些信息均应字迹清楚、准确具体、易于再查。很显然,只有完整、准确的信息才能做出正确的判断。

(5)要善于追踪验证

自评员必须善于比较、追踪不同来源所获取的对同一问题的信息,从差别中判断运行状况;必须善于追踪记录与文件、记录与现状的符合情况,并做出结论;必须善于追踪企业安全生产标准化某一组成部分的来龙去脉,发现问题,获取客观证据,而不是轻信口头答复。

(6)通过标准化要素覆盖,查证支撑主轴管理程度

企业自评员通过对企业安全生产"源头管理、过程管理、结果管理"三个支撑管理要素的达标建设,重点查证企业以日常隐患排查治理为基础,从危险源辨识输入,科学研究确定管理方案目标,有效强化运行控制和应急响应管理,适时开展安全检查绩效的输出主轴运行,自评企业的整体标准化管理水平,确定企业安全生产标准化要素支撑主轴管理的受控程度。

(7)通过检查自评,建立企业三级监控机制

自评员要从企业的第一级自我发现监控机制(与安全检查配套)、第二级自我纠正监控机制(与企业自评配套)和第三级自我完善监控机制(与管理评审配套)的建立,看企业"自我发现、自我纠正、自我完善"的安全生产标准化三级监控运行能力,全面把握企业安全生产标准化管理系统的运行状态。

4.3.3 自评注意事项

(1)找准切入点,综合提高企业自评工作质量

自评员在以上四种切入引申检查的基础上,还要把握以下四个切入点开展综合自评活动。

一是找准班组岗位安全管理基础点;二是瞄准标准化各要素管理输入(出)点;三是对准标准化主轴管理支撑点;四是切准主要装置部位的关键点。

(2)分层分线管,覆盖企业安全生产标准化建设面

自评员在组织安全生产标准化达标自评时,要按照企业领导决策层、部门管理层、班组执行层三个层面进行自评。同时,要考虑从企业资源管理、生产装置、安全设施、检测检验、仓库储存等专业分线进行自评,实现全面系统的衡量企业安全生产标准化达标程度。

(3)重岗位达标,全面做好"点面"融合管理

企业安全生产标准化建设基础是岗位达标。那么,企业自评员应重点从岗位操作工的安全生产"承诺、应知、排查、处置"四个方面的"点"管理,有机融合于班组安全生产"强——意识、守——纪律、严——操作、会——处置"四字管理建设之中,这样更能融合于企业安全生产"PDCA"动态循环管理。

(4)以隐患排查,侧重抓好危险源辨识输入管理

企业的整个安全生产标准化建设,是以隐患排查治理为基础,从各个危险源的输入开始,科学研究制定管理方案目标,突出运行控制和应急响应管理,并对实现目标、运行控制和应急响应管理绩效进行检查输出,实现系统管理。

(5)通过标准化要素细化,分解到企业各职能部门

根据企业安全生产标准化管理网络,将13个A级要素细化分解到各个职能部门,形成全员参与的标准化管理格局。从企业管理角度一般分为:领导决策层、部门管理层、班组执行层"三个管理层面",这三个层面能够充分反映企业安全生产标准化建设水平,决定企业安全生产标准化达标创建成败与否。

4.3.4 自评活动的控制

(1)按自评计划实施自评

自评活动的控制首先是对自评计划的控制。这是自评组长和自评组成员的共同责任。

通常情况下,现场自评工作应按计划执行。但在自评过程中,也可能会遇到原来没有预料到的情况。这时应及时调整自评计划。

保证自评按计划实施的关键,是掌握每个部门的自评时间。自评员要注意掌握时间,不要偏离自评线索。一旦出现了对方回答问题超时的现象,自评员要有礼貌地加以提醒,并适时转入下一个问题。

自评员控制自评计划的有效方法就是充分利用自评检查表。这需要根据在该部门所应花费的总时间,掌握每个问题应占的时间长短。对于所指定的自评计划,在实际自评中确实存在某些不周密而需要调整时,经过双方同意,做必要的调整也是允许的,但总的自评天数一般情况下不宜变更。

(2)要合理地选择样本

虽然企业安全生产标准化要覆盖13个A级要素和组织有关的部门,但绝不是要求在每个部门都要自评13个A级要素,也不需要自评该部门的所有现场,更不能要求检查所有有关记录。因此,要通过合理的样本选择实施自评,以保证自评的系统性和完整性。

选择样本应注意控制以下要点:

①多现场抽查的代表性

当一个组织有几个相似的现场,可以对有相似的危险源,并在相同的行政管理机构控制下运行的现场进行抽样评审。自评时,确定有代表性的评审现场应考虑下列因素:
- 管理评审的结果;
- 体系的成熟度;
- 现场规模的差别;
- 体系的复杂性;
- 分班工作情况;
- 工作作业的差别;
- 从事活动的差别;
- 职能的重复性;
- 组织人员在各个现场的分布情况;
- 危险源及相关影响的程度;
- 不同法律法规的要求;
- 相关方的意见。

②要做到随机抽样

例如,一个炼铁厂有多座高炉现场,在一个电视机装配车间有多条装配线,在工艺流程相似和危险源基本一致的情况下,自评员可以抽取若干座高炉,若干条装配线做评审,以核查这类现场的管理水平。

选取哪座高炉或装配线去评审,不要事先通知受评审方,而是临时抽取,这样更有代表性。

4.4 自评表格与自评报告示例

自评报告形式可参考表4.7。

表4.7 自评报告样板

企业名称			
自评组长		成员	
自评日期			
企业自评情况概述 为了贯彻执行《国务院关于进一步加强安全生产工作的决定》,加强企业安全质量标准化建设。集团专门成立了以董事长为组长,以总经理、主管安全副总为副组长,各职能部门领导为成员的创建安全生产标准化工作领导小组,同时根据安全生产标准化的要求成立了五个专业组,负责公司各项职业安全健康管理工作。 开展安全生产标准化以来,集团领导高度重视,首先组织召开了有关管理人员的推进大会,从何谓安全生产标准化,为何要开展安全生产标准化,到如何推进安全生产标准化,作了详细的讲解,同时制订了具体的安全生产标准化实施方案,对各个小组的专业内容都做了非常详细的分工,并按计划每周召开一次小组会,检查落实完成情况。其次市安监局领导、县质监局领导和安全生产有关专家多次亲临现场对公司工作进行咨询和指导,并会同五个专业组按照标准化内容查问题排隐患,累计排查安全隐患20多项,同时制			

续表

定出整改措施和整改计划,定人、定时地进行整改,经过几个反复整改过程,问题基本上得到解决。在整改过程中公司先后投入整改资金 35 万余元,有力地促进了安全生产标准化工作的深入开展,使公司的安全管理工作得到了进一步提高。在相关领导的指导下,我公司对安全工作中存在的问题做了如下整改:

  1. 基础管理:建立健全各项规章制度,深化了员工安全健康教育,加强了职业卫生监察力度。

  2. 电气部分:对配电箱(柜)配置了系统图,加强了对电动设备、电焊机、手持电动工具、移动电气设备等定期监测记录。

  3. 机械部分:进一步完善了机械设备安全防护装置,如起重设备各部位的限位装置等。

  4. 作业环境与职业健康:对厂区、车间的作业环境进行了彻底规划改造,实施全员奉献、全员参与。

  通过开展安全生产标准化工作,集团安全管理的理念、方法得到了改变,使集团安全生产更加规范化、制度化、标准化,使集团安全生产上了一个新台阶。今后我们将以务实的态度、扎实认真的工作作风,不断改进安全管理工作中的新问题,巩固和提高安全生产标准化的成果。

复习思考题:

1. 企业进行安全生产标准化自评的目的是什么?
2. 企业进行安全生产标准化自评的组织与实施的步骤有哪些?
3. 试描述企业进行安全生产标准化自评的方法。
4. 企业如何编制安全生产标准化自评报告?

第5章　安全生产标准化评审与监督

> 本章主要内容：
> ◆ 介绍了我国企业安全生产标准化评审的管理；
> ◆ 介绍了安全生产标准化评审的实施。
> 学习要求：
> ◆ 熟悉企业安全生产标准化评审管理；
> ◆ 了解企业安全生产标准化评审的程序。

5.1　安全生产标准化的评审管理

5.1.1　一、二、三级企业评审指导

《国务院安委会关于深入开展企业安全生产标准化建设的指导意见》（安委[2011]4号）中明确"一级、二级、三级企业的评审、公告、授牌等具体办法，由省级有关部门制定"。要实现"冶金、机械等工贸行业（领域）规模以上企业要在2013年底前，冶金、机械等工贸行业（领域）规模以下企业要在2015年前实现达标"的目标，存在一级、二级、三级申请企业基数大、任务重的工作局面。各地要统筹兼顾，在全面推动建设工作的前提下，合理安排达标进度。适度将评审权限下发到基层安全监管部门，充分发挥县级安全监管部门的工作效能。

由于企业数量众多，各地要规范一、二、三级评审单位的评审行为。重点做好对安全生产标准化二级达标企业评审过程及结果的抽查和考核工作，保证企业建设和外部评审的工作质量；安全生产标准化三级企业的评审，要充分发挥和调动市级安全监管部门工作的主动性和创新性，可以采取企业自查自评，安全监管部门组织有关人员抽查的方式进行，提高评审效率，解决达标企业数量多、评审时间长、评审费用多等问题。

各级安全监管部门要针对小微企业无法达到三级企业标准的状况，在制定小微企业达标标准的前提下，将达标推进任务下放到县级安全监管部门，创新方式方法，以企业自查自评为主，安全监管部门抽查为辅，全面推进安全生产标准化达标建设工作。

5.1.2　评审相关单位和人员管理

评审组织单位、评审单位和评审人员是企业安全生产标准化建设过程的重要组成部分，其工作内容、质量事关建设工作的成效。因此评审组织单位、评审单位、评审人员要按照"服务企业、公正自律、确保质量、力求实效"的原则开展工作，为提高企业安全管理水平，推动企业安全生产标准化建设做出贡献。

5.1.2.1 评审组织单位管理

评审组织单位的职责是统一负责工贸行业企业安全生产标准化建设评审组织工作,由各级安全监管部门考核确定。因此各地要严格甄选评审组织单位,可选择行业协会、所属事业单位等,或由安全监管部门直接承担评审组织职能。评审组织单位在承担安全生产标准化相关组织工作中不得收取任何费用。

评审组织单位应制定与安全监管部门、评审单位衔接的评审组织工作程序。工作程序中应明确初审企业申请材料、报送安全监管部门核准申请、通知评审单位评审、审核评审报告、报送安全监管部门核准报告、颁发证书和牌匾等环节的工作程序,并形成文件,实现评审组织工作程序规范化;建立评审档案管理制度并做好档案管理工作;做好评审人员培训、考核与管理工作,建立相关行业安全生产标准化评审人员信息库,做好评审人员档案管理工作。

评审组织单位应对评审单位的评审收费行为进行统一管理。按照"保本微利"、不增加企业负担的原则,通过"行业自律"的方式,指导评审单位在评审中可参照职业安全健康管理体系评审、安全评价等收费标准,引导评审单位进行评审收费。同时对评审单位收费行为进行监督,一旦发现违法违规乱收费等行为,报请安全监管部门取消其评审单位的资格。

评审组织单位要着力培养工作人员的全局意识和敬业精神。从全局出发,认识自身所承担工作的重要意义,结合安全生产工作的中心工作和主要任务,不断提升专业业务水平,更好地为申请企业和评审单位提供指导和服务。

5.1.2.2 评审单位管理

安全监管部门对于评审单位的认定,可优先考虑行业协会、科研院所、大专院校及中介机构等。在满足评审工作需求的前提下,控制评审单位数量,避免出现过多过滥等现象。评审单位不得因评审收费等问题造成恶性竞争。

评审单位要通过外部、内部培训等方式,加强评审员业务培训,不断提高整体素质和业务水平,使其真正理解和掌握安全生产标准化的内涵。积极服务于企业安全生产工作,从减轻企业负担出发,帮助企业开展隐患排查和治理,消除事故隐患,为推动和规范企业安全生产标准化建设积极献计献策。

5.1.2.3 评审人员管理

各地要做好各级评审人员的管理工作。充分发挥本地区注册安全工程师、相关行业技术专家的作用,加大安全生产标准化培训力度,使其成为合格的安全生产标准化评审人员,避免由于评审人员对安全生产标准化运行理解不准确,造成对企业的误导。建立各行业安全生产标准化评审专家库,调动评审专家的积极性,充分发挥其现场工作经验。

5.2 企业安全生产标准化评审申请

5.2.1 申请安全生产标准化评审的企业必备条件

(1)设立有安全生产行政许可的,已依法取得国家规定的相应安全生产行政许可。

(2)申请一级企业的,应为大型企业集团、上市公司或行业领先企业。申请评审之日前一年内,大型企业集团、上市集团公司未发生较大以上生产安全事故,集团所属成员企业90%以上无人员死亡生产安全事故;上市公司或行业领先企业(指单个独立法人企业)无人员死亡生产安全事故。

(3)申请二级企业的,申请评审之日前一年内,大型企业集团、上市集团公司未发生较大以上生产安全事故,集团所属成员企业80%以上无人员死亡生产安全事故;企业死亡人员未超过1人。

(4)申请三级企业的,申请评审之日前一年内生产安全事故累计死亡人员未超过2人。

5.2.2 考评程序

安全生产标准化考评程序为:

5.2.2.1 企业自评

企业成立自评机构,按照评定标准的要求进行自评,形成自评报告。

5.2.2.2 申请评审

企业根据自评报告结果,经相应的安全生产监督管理部门同意后,提出书面评审申请。

申请安全生产标准化一级企业的,经所在地的省级安全监管部门同意后,向一级企业评审组织单位提出申请;申请安全生产标准化二级企业的,经所在地的地市级安全监管部门同意后,向所在地的省级安全监管部门或二级企业评审组织单位提出申请;申请安全生产标准化三级企业的,经所在地的县级(市、区、盟)安全生产监督管理部门同意后,向所在地的地市级安全监管部门或三级企业评审组织单位提出申请。

评审组织单位收到相应安全监管部门同意的企业申请后,应在十个工作日内完成对申请材料的合规性审查工作。文件、材料符合要求的,评审组织单位对申请进行初步审查,报请审核公告的安全生产监督管理部门核准同意后,在相应评审业务范围内的评审单位名录中通过随机方式选择评审单位,将申请材料转交评审单位开展评审工作;不符合申请要求的,评审组织单位函告相应的安全监管部门和申请企业,并说明原因。

5.2.2.3 评审与报告

评审单位收到评审组织单位授权和转交的申请材料后,应及时与申请企业确定现场评审时间,并签订技术服务合同,函告申请企业,明确评审对象、范围以及双方权利、义务和责任等。

现场评审时,按照申请企业评审的评定标准的管理、技术、工艺等要求,配足相应的评审人员,组成评审组。评审组至少由5名以上评审人员组成,其中包括由评审组织单位备案的评审专家至少2名,现场评审分为3个小组:管理、工艺及设备等;指定有经验的评审员担任评审组长,全面负责现场评审工作;现场评审采用资料核对、人员询问、现场考核和查证的方法进行;现场评审完成后,评审组向申请企业出具现场评审结论,并对发现的问题提出整改完成时间,评审组全体成员须在现场评审结论上签字。

评审结果未达到企业申请等级的,经评审组织单位与申请企业同意,限期整改后重审;或根据评审实际达到的等级,向相应的安全生产监督管理部门申请审核。

评审工作应在收到评审通知之日起三个月内完成(不含企业整改时间)。

申请企业整改完成后,评审单位依据整改情况实际需要,进行现场或整改报告复核,确认其整改效果。若整改符合相关要求,评审单位形成评审报告,由评审单位主要负责人审核后,向评审组织单位提交评审报告、评审工作结束、评审结论原件、评审得分表、评审人员信息等相关材料。

5.3 安全生产标准化评审

5.3.1 评审目的

评审是由独立于受评方且不受其经济利益制约或不存在行政隶属关系的第三方机构依据特定的评审准则,按规定的程序和方法对受评方进行的评审。

安全生产监督管理部门收到申请后,经初审符合申请条件,通知评审单位按照相关评定标准的要求进行评审。

在评审中,由国家认可的机构依据认证制度的要求实施的以认证为目的的评审。

评审的目的是:

(1)向外界展示企业的安全生产标准化是符合要求的

通过评审方评审,为受评方提供符合性的客观证明和书面保证,向所有的相关方证明企业的安全生产标准化是符合规定要求的。这样可以为企业在社会上树立良好的形象,使企业在市场上更具有竞争力。

(2)实施、保持和企业的安全生产标准化

通过评审方的评审和年度的监督评审,促使企业坚持按照标准保持体系的有效运行,并可借助评审专家的经验和专长,进一步改进和完善企业的安全生产标准化。

5.3.2 评审程序

(1)评审单位收到评审组织单位授权和转交的申请材料后,根据申请材料,确定评审范围,与申请企业联系,在双方协商一致后,签订技术服务合同,确认现场评审时间。

(2)根据企业规模、工艺特点等,组建评审组,并指定一名评审员任评审组领队,全面负责本次现场评审涉及的相关工作。评审组由5名以上评审员和评审专家构成,评审专家为评审组织单位备案的、适合本次评审工作的人员,并指定一名评审专家任评审组组长,全面负责技术工作。

(3)准备相关材料。评审组需准备好和现场评审相关的文件及表格等。通知企业提前准备好评审所涉及的全部要素的支撑性材料。提前发给企业,由企业确认后盖章签字,并在首次会议上由企业主要负责人宣读。

(4)函告申请企业,包括现场评审时间、评审内容、评审组人员组成等。

接受现场评审的企业应做出声明,保证所提供的材料是真实、可靠的。具体形式参照表5.1。

表 5.1　接受评审企业声明

在(填写申请单位名称)(填写行业)企业安全生产标准化建设、申请和评审过程中严格遵守国家关于(填写行业)安全生产标准化考评的相关规定,保证提供的所有申请材料和现场资料真实、可靠,自愿接受评审组现场评审。 　　　　　　　　　　　　　　　　　　　　　　　　　　承诺人: 　　　　　　　　　　　　　　　　　　　　　　　　　　年　月　日 　　　　　　　　　　　　　　　　　　　　　　　　　　(公司公章)

5.3.3　现场评审步骤

5.3.3.1　工作程序(见图 5.1)

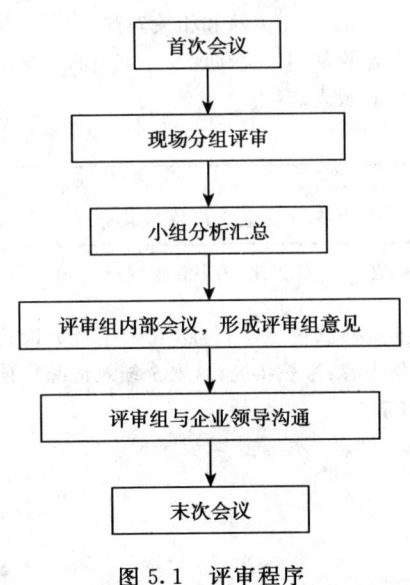

```
首次会议
  ↓
现场分组评审
  ↓
小组分析汇总
  ↓
评审组内部会议,形成评审组意见
  ↓
评审组与企业领导沟通
  ↓
末次会议
```

图 5.1　评审程序

5.3.3.2　要求

(1)首次会议

首次会议的内容主要介绍现场评审的目的、依据、介绍评审组成员,介绍参加现场评审的国家、省、市安全监管部门代表、听取企业安全生产标准情况的介绍、确定现场评审的方法与具体安排等。因此,要求评审组全体成员和企业主要领导和相关人员必须参加。表 5.2 为某公司首次会议议程,表 5.3 为该企业参评安全生产标准化条件的重申与确定。

表 5.2　评审首次会议议程

评审首次会议议程
首次会议是评审第一项工作,所有参加会议人员必须签到。会议由评审组领队(评审单位的评审员)主持。会议程序如下: 　　一、宣布首次会议开始。 　　二、介绍评审组组长及成员。 　　三、介绍参会的国家、省和市三级安全生产监督管理部门的代表。 　　四、介绍企业及其上级单位的参会领导及成员,企业领导致辞。 　　五、企业参评安全生产标准化条件重申与确定。 　　六、介绍国家安全监管总局关于企业安全生产标准化的有关规定、政策以及此次评审的目的、范围和依据。 　　七、宣读企业承诺声明。 　　八、宣读评审组人员公正、保密性承诺。 　　九、宣读评审单位保密承诺。 　　十、企业汇报安全生产标准化建设情况和考核期内安全生产绩效。 　　十一、专家以及国家、省和市三级安全监管局领导和代表提问与咨询。 　　十二、国家、省和市三级安全监管部门领导讲话。 　　十三、评审组组长介绍现场评审分工、评审方法和相关安排。 　　十四、确定国家、省、市三级安全监管部门人员在现场评审中的参与情况。 　　十五、企业陪同人员名单并确定联系人。 　　十六、首次会议结束,开始进行现场评审。

表 5.3　企业参评安全生产标准化条件重申与确定

申请(行业)安全生产标准化一级企业现场评审条件重申及确认
按照(文件名称及文号)中的考评办法规定,(行业)安全生产标准化一级企业申请条件为:(文件内容)。根据(申请单位名称)自评报告内容:考核年度内(安全绩效情况)、自评分数(分值),符合申请(行业)安全生产标准化一级企业现场评审条件。 　　宣读完毕。   　　　　　　　　　　　　　　　　　　　　　　　　　　企业负责人签字: 　　　　　　　　　　　　　　　　　　　　　　　　　　　　年　　月　　日

(2) 现场分组考评

　　根据企业具体情况,将评审组按照专业分为若干个小组进行分组现场评审,每小组至少有一名与评审工作的专业相适应的评审员或评审专家,并确定各小组组长。企业应为每个评审小组均配备专业技术过硬人员全程陪同,负责解释相关问题。

　　评审组人员及评审单位应对受评审单位的有关情况进行保密承诺。表 5.4、表 5.5 为保密承诺样本。

表 5.4 评审组人员保密承诺

现场评审组人员公正、保密承诺
接受现场评审企业名称： 　　现场评审日期：　　年　　月　—　月　　日 　　现场评审组全体成员承诺： 　　坚持客观、公正、负责、缜密的工作态度，严格按照（文件名称及文号）进行现场评审，实事求是，准确记录，认真履行评审职责，严守企业秘密，为企业提供优质服务。 　　评审组　　　组长签字： 　　评审组　　　成员签字： 　　　　　　　　　　　　　　　　　　　　　　　承诺日期：　　年　　月　　日 注：1. 全体成员签字。 　　2. 本承诺在首次会议上宣读后交企业留存。

表 5.5 评审单位保密承诺

评审单位保密承诺
接受现场评审企业名称： 　　根据贵厂申请，（评审单位名称）对贵厂申报安全生产标准化一级企业进行现场评审，现郑重承诺： 　　严格遵守保密工作制度，妥善保存企业申请材料和现场评审资料，为企业保守技术、商业秘密，维护企业合法权益。 　　　　　　　　　　　　　　　　　　　　　　　　　　　　　年　　月　　日 注：本保密承诺在现场评审首次会议上宣读后交接受现场评审企业留存。

（3）评审组内部会议

现场分组评审结束后，评审组需要独立召开内部会议。各小组召开碰头会，完成小组评审意见；各小组将意见汇总后，对照适用的相关行业安全生产标准化评定标准及有关规定，对给分点、扣分点、不符合项等进行汇总，形成一致的、公正客观的组长分意见，并给出现场评审结论和等级推荐意见。因此，企业必须为评审组提供独立的会议场所。

（4）专家组与企业领导沟通

在评审组内部会议形成了现场评审结论后、末次会议前，根据需要，评审组就现场评审结论与企业领导进行沟通。

若在现场评审中发现存在较大的原则性问题而导致无法通过现场评审时,由评审组领队及组长与接受评审企业主要领导充分沟通,达成一致意见。

(5)末次会议

末次会议主要是由各小组组长宣布小组评审意见及评审组组长宣读现场评审结论以及下一步工作安排。因此,参加首次会议的人员应全部参加。宣读现场评审结论后,与企业确定整改日期和整改后的验证方式,表5.6为一个末次会议流程样本。表5.7—表5.11为末次会议时填写的若干表格。

表5.6 末次会议议程

现场评审末次会议议程
末次会议是现场评审工作的最后程序,参加首次会议的所有人员都应参加并签到。会议议程如下: 一、主持人宣布末次会议开始,并对现场评审工作进行简短总结。 二、现场评审小组分别汇报各小组评审结论和意见。 三、评审组长宣布现场评审结论、意见和建议。 四、现场评审企业领导发言。 五、主持人宣布末次会议结束,现场评审工作完成。

表5.7 首(末)次会议签到表

时间: 年 月 日	地点:		
评审组成员			
姓名	评审组职务	工作单位	联系电话
	组长		
	领队		
	小组长		

表5.8 企业现场评审陪同人员签到表

企业名称		
评审时间	年 月 日—— 月 日	
组别	评审组人员	企业陪同人员

表 5.9　现场评审总结表(组长用)

年　月　日	
接受评审企业名称	
现场评审组成员	
评审系统(或单元)	
存在主要问题及建议	

序号	内容

表 5.10　现场评审总结表(小组用)

年　月　日	
接受评审企业名称	
评审组成员	
评审系统(或单元)	
现场评审发现存在主要问题	

序号	内容描述

表 5.11　评审档案存档登记表

序号	资料名称	份数	页数	是否存档	备注
1	企业自评报告				
2	企业申请表				
3	专家审查意见表				
4	现场考评通知				
5	专家邀请函				
6	现场考评打分表				
7	考评小组汇总表				
8	组长汇总表				
9	首次会议签到表				
10	末次会议签到表				
11	企业陪同人员签到表				
12	企业申明				
13	专家承诺				
14	评审报告				
15	呈报工作函				
16	备案表				
归档时间:			归档人:		

5.3.4 后续活动的实施

评审单位与申请单位约定现场评审中发现的问题的整改完成时间,其中所发现的问题应包括各小组的全部意见,重点关注评审组意见。申请单位整改完成后,通知评审单位,由评审单位进行复审。若通过文字和图片形式可验证整改效果的,可将整改材料报送评审单位,进行材料复审;若需进行现场验证的,由评审单位组织一两名评审人员进行现场验证。通过现场验证的,将验证情况报评审单位;若整改不合格的,则要求申请单位继续整改,直至通过现场验证。

5.3.5 评审报告的编制与提交

现场评审结束后,由评审单位形成评审报告,由评审单位主要负责人审核后,向评审组织单位提交评审报告、现场评审结论原件、评审得分表、评审人员信息等相关材料。

评审单位提交的评审报告,内容包括:
(1)评审组组长及成员姓名、资格;
(2)评审日期;
(3)申请企业的名称、地址和邮编编码,联系人;
(4)评审的目的、范围和依据;
(5)文件评审综述;
(6)现场评审综述;
(7)得分情况说明、扣分点、整改措施、验证方式及综述;
(8)现场评审结果和等级推荐意见;
(9)其他需说明的问题。

5.3.6 审核、公告

审核公告的安全生产监督管理部门对评审单位提交的评审报告进行审核,符合标准的企业予以公告;对不符合标准的企业,书面通知申请企业和评审单位,并说明理由。

评审结果未达到企业申请等级的,经申请企业同意,受理申请的安全生产监督管理部门根据评审实际达到的等级,将申请、评审材料转交对应的安全生产监督管理部门审核公告。

安全生产标准化一级企业评审单位由国家安全生产监督管理总局确定,二、三级企业评审单位由省级安全生产监督管理部门确定。

5.3.7 颁发证书、牌匾

经公告的企业,由审核公告的安全生产监督管理部门或评审单位颁发相应级别的安全生产标准化证书和牌匾。证书、牌匾由安全生产监督管理总局统一监制。证书样式见图5.2,牌匾样式见图5.3。

图 5.2 企业安全生产标准化证书样式

图 5.3 安全生产标准化牌匾式样
注：图中×为级别，大写数字"一"、"二"、"三"；
括号中为考评办法第二条规定的行业。

证书编号规则为：地区简称＋字母"AQB"＋行业代号＋级别＋顺序号。一级企业无地区简称，二、三级企业的地区简称为省、自治区、直辖市简称；级别代号一、二、三级分别为罗马字"Ⅰ"、"Ⅱ"、"Ⅲ"；顺序号为5位数字，从00001开始顺序编号；行业代号如表5.11所示。

表 5.11 行业代码表

序号	行业	代号
1	冶金	Y
2	有色	YS
3	建材	JC
4	机械	H
5	轻工	QG
6	纺织	FZ
7	烟草	YC
8	商贸	S

277

5.4 证后监督

证后监督包括监督评审和管理,或在特殊情况下组织评审。对在监督评审、管理和评审过程中发现的问题应及时进行处置。监督评审和评审程序应与对受评审方进行初次评审的程序一致。受评审方的认证证书有效期满时,可以提交复审,申请再次认证。

5.4.1 监督评审

5.4.1.1 监督评审的目的

验证获证组织的企业安全生产标准化体系是持续满足认证标准的要求,或考察组织运行引起的安全生产标准化的变化是否符合认证要求。

5.4.1.2 监督评审的要求

(1)在证书有效期内实施定期监督评审。对初次通过认证的组织的首次监督评审应在获得证书注册后6个月内进行,以后监督评审间隔不超过12个月。

(2)每次监督评审应派出正式评审组按初次现场评审的程序进行,但人日数一般为初次现场评审的1/3。特殊情况需增加评审人日数的,按实际评审天数计算。评审组必须有熟悉该专业的人员。

(3)监督评审可采用抽样方式进行。如获证组织分布于几个不同现场或组织内部不同场所,每次评审可针对不同情况进行抽样,但应确保在三年内覆盖全部现场或场所,其中对其总部或最高管理层的评审每年至少一次。

(4)每次监督评审可能涉及部分或全部的安全生产标准化要素,但每次对各个要素的评审应有所侧重,同时应复查初次评审或上次监督评审遗留问题、不符合纠正措施实施情况以及证书是否按规定使用。

(5)较之初次评审,监督评审的要求不仅不应放松,反而应适度从严。如果发现了与上次评审相同的问题应考虑不符合性质的升级。

(6)在监督评审中,评审组仍应使用评审检查表,按评审计划进行,并做好评审记录;评审之后向委托方提交监督评审报告,作为保持认证资格的依据。

5.4.1.3 监督评审的主要内容

(1)企业安全生产标准化安全方针、目标方面的持续有效性;
(2)评审结论的跟踪;
(3)为实现整体安全绩效的改进,企业安全管理方案的实施情况和成效;
(4)上次评审中发现的不符合所采取纠正措施的现场验证;
(5)安全生产标准化制度文件的修改与调整;
(6)选定的其他评审内容。

监督评审同认证评审一样,可以采用审阅文件、查阅记录、现场观察、交谈及会谈等方式。需要指出的是,与企业安全管理者代表交谈是监督评审的重要内容之一,因为他们在企业安全生产标准化的建立、实施、维护、保持中起着核心的作用。

5.4.1.4 监督评审结论

评审组提供的监督评审报告应对监督评审结果进行总结,做出评审结论。评审结论的主要内容包括:

(1)安全生产标准化是否得到正确的实施和保持;

(2)安全生产标准化题词能否正确保持适宜性和有效性;

(3)组织是否持续遵守安全生产标准的法律法规及其他要求,有无违法违规现象;

(4)不符合项是否影响体系运行的完整性、有效性,是否得到纠正;

(5)做出监督评审结论,即推荐认证保持、认证暂停或认证撤销三种结论之一。

取得安全生产标准化证书的企业,在证书有效期内发生生产安全事故累计造成的人员伤亡或经济损失符合下列规定,或发生其他造成较大社会影响的生产安全事故、存在隐瞒事故行为的,由原审核单位撤销其安全生产标准化企业称号:

一级企业,大型企业集团发生较大以上生产安全事故,或集团所属成员企业20%以上发生人员死亡生产安全事故;上市公司或行业领先企业发生人员死亡生产安全事故;

二级企业生产安全事故死亡超过2人;

三级企业生产安全事故死亡超过3人。

被撤销安全生产标准化称号的企业,应向原发证单位交回证书、牌匾。

5.4.2 复审

获准认证的受评审方在认证证书有效期内出现以下情况之一的,由认证机构组织复审。

(1)获准认证的受评审方可能影响组织的活动与运行的重大变更(例如组织所有权、人员或设备的改变等);

(2)获准认证的受评审方发生了影响到其认证基础的更改(如认证标准变更、认证范围扩大或缩小等);

(3)发生了重大安全事故。

复习思考题:

1. 企业申请安全生产标准化评审的必备条件是什么?
2. 企业进行安全生产标准化评审的考评程序有哪些?
3. 企业进行安全生产标准化评审的目的是什么?
4. 企业进行安全生产标准化评审的程序是什么?现场评审的步骤有哪些?
5. 企业取得安全生产标准化证书后如何对其进行监督?